Bielefelder Schriften zur Didaktik der Mathematik

Band 7

Reihe herausgegeben von

Andrea Peter-Koop, Universität Bielefeld, Bielefeld, Deutschland

Rudolf vom Hofe, Universität Bielefeld, Bielefeld, Deutschland

Michael Kleine, Institut für Didaktik der Mathematik, Universität Bielefeld, Bielefeld, Deutschland

Miriam Lüken, Institut für Didaktik der Mathematik, Universität Bielefeld, Bielefeld, Deutschland

Die Reihe Bielefelder Schriften zur Didaktik der Mathematik fokussiert sich auf aktuelle Studien zum Lehren und Lernen von Mathematik in allen Schulstufen und –formen einschließlich des Elementarbereichs und des Studiums sowie der Fort- und Weiterbildung. Dabei ist die Reihe offen für alle diesbezüglichen Forschungsrichtungen und –methoden. Berichtet werden neben Studien im Rahmen von sehr guten und herausragenden Promotionen und Habilitationen auch

- empirische Forschungs- und Entwicklungsprojekte,
- theoretische Grundlagenarbeiten zur Mathematikdidaktik,
- thematisch fokussierte Proceedings zu Forschungstagungen oder Workshops.

Die Bielefelder Schriften zur Didaktik der Mathematik nehmen Themen auf, die für Lehre und Forschung relevant sind und innovative wissenschaftliche Aspekte der Mathematikdidaktik beleuchten.

Weitere Bände in der Reihe https://link.springer.com/bookseries/13433

Maximilian Hettmann

Motivationale Aspekte mathematischer Lernprozesse

Eine Untersuchung zu professionellen Kompetenzen der Motivationsförderung im Mathematikunterricht

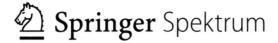 Springer Spektrum

Maximilian Hettmann
Bielefeld, Deutschland

Dissertation Universität Bielefeld, 2021

I acknowledge support for the publication costs by the Open Access Publication Fund of Bielefeld University and the Deutsche Forschungsgemeinschaft (DFG).

ISSN 2199-739X   ISSN 2199-7403   (electronic)
Bielefelder Schriften zur Didaktik der Mathematik
ISBN 978-3-658-37179-1   ISBN 978-3-658-37180-7   (eBook)
https://doi.org/10.1007/978-3-658-37180-7

Die Deutsche Nationalbibliothek verzeichnet diese Publikation in der Deutschen Nationalbibliografie; detaillierte bibliografische Daten sind im Internet über http://dnb.d-nb.de abrufbar.

Planung/Lektorat: Marija Kojic
Springer Spektrum ist ein Imprint der eingetragenen Gesellschaft Springer Fachmedien Wiesbaden GmbH und ist ein Teil von Springer Nature.
Die Anschrift der Gesellschaft ist: Abraham-Lincoln-Str. 46, 65189 Wiesbaden, Germany

Geleitwort

Untersuchungen der letzten Jahre haben gezeigt, dass Motivation nicht nur relevant für das Mathematiklernen ist, sondern neben Vorwissen und Intelligenz zu den wichtigsten Faktoren einer erfolgreichen Lernentwicklung gehört. Dies gilt umso mehr für Gruppen mit defizitärer Lerngeschichte, die häufig aufgrund mangelnder Erfolgserlebnisse hochgradig demotiviert sind und nicht nur im kognitiven, sondern auch im motivationalen Bereich besonderer Förderung bedürfen. Dagegen gibt es bislang wenig gesichertes Wissen über Professionskompetenzen, die Lehrkräfte entwickeln sollten, um motivational begründete Lernhemmungen abzubauen und Motivation im Mathematikunterricht gezielt zu fördern. Im Bereich dieser Thematik bewegt sich die vorliegende Arbeit von Maximilian Hettmann.

Sie beginnt mit einer Darstellung des aktuellen Forschungsstands zum Einfluss von Motivation auf mathematisches Lernen und zu damit zusammenhängenden besonderen Bedingungen bei Gruppen mit Lernschwierigkeiten. Diese setzt der Autor mit aktuellen Modellen zur Unterrichtsqualität in Beziehung und entwickelt ein Modell zur Förderung von Lernenden mit mathematikbezogenen Lernschwierigkeiten. Im Folgenden diskutiert der Autor den neueren Wissensstand zu Professionskompetenzen von Lehrkräften und konzeptualisiert auf dieser Basis den spezifischen Kompetenzbereich der Förderung motivierenden Mathematiklernens. Der hierfür ausgewählte empirische Kontext wird im Folgenden konkretisiert als Seminarkonzept zur Förderung von Lernenden mit mathematischen Lernschwierigkeiten, das sich an Lehramtsstudierende im vierten Semester richtet. Ein Zyklus darauf basierender Veranstaltungen bildet die empirische Grundlage für die folgenden beiden Studien. In seiner theoretischen Fundierung knüpft Herr Hettmann an den vorhandenen Wissensstand an und erarbeitet auf dieser Basis eine Konzeptualisierung der von ihm fokussierten auf Stärkung der

Motivation bezogenen Förderkompetenz. Diese bildet nicht nur eine tragfähige Grundlage für seine hier dargestellten Studien, sondern darüber hinaus auch einen allgemeinen Rahmen für weitere Studien in diesem Bereich. Es folgen zwei empirischen Studien. Bei der ersten Studie handelt es sich um eine quantitative Untersuchung, die in klassischer Weise im Pre-Post-Design mit Experimental- und Kontrollgruppe durchgeführt wird. Die Kernfrage hierbei besteht darin, ob das im Hinblick auf die Förderung von professionellen Motivationskompetenzen entwickelte Seminarformat bei den angehenden Lehrkräften auch tatsächlich zu einer messbaren Kompetenzentwicklung führt und inwieweit es bessere Ergebnisse zeigt als eine Kontrollgruppe, die bis auf die explizit motivationsspezifischen Lehrelemente parallelisiert wurde. Die Entwicklung der Forschungsfragen und die Hypothesenbildung erfolgen in Bezug auf die im Theorieteil konzeptualisierten Teilaspekte motivationalen Lehrerhandelns. Die Ergebnisse werden ausführlich dokumentiert und diskutiert. Dabei zeigt sich zum einen, dass auf der Basis des Pre- und Posttests in einem wesentlichen Teil der relevanten Aspekte signifikante Effekte zu verzeichnen sind, die sich i. S. eines Kompetenzzuwachses im Laufe der Lehrveranstaltung interpretieren lassen. Dieser Kompetenzzuwachs betrifft jedoch in weiten Teilen auch die Kontrollgruppe, so dass sich der diesbezügliche Mehrwert der Experimentalgruppe nicht in dem angenommenen Umfang bestätigen lässt. Diese Ergebnisse werden vor dem Hintergrund des Studiendesigns und des Veranstaltungsformats kritisch reflektiert.

Die grundsätzliche Begrenztheit der Aussagekraft quantitativer Studien der vorliegenden Art motiviert Maximilian Hettmann dazu, die Arbeit mit einer explorativen qualitativen Untersuchung (zweite Studie) abzurunden. Dabei geht es insbesondere um die Frage, wie die untersuchte motivationale Professionskompetenz in der konkreten Unterrichtspraxis umgesetzt wird und inwieweit die in der Lehre intendierten Unterstützungshandlungen im faktischen Lehrerhandeln tatsächlich identifizierbar sind. Basis hierfür sind transkribierte Unterrichtsmitschnitte, die vom Autor mit Methoden der interpretativen Unterrichtsforschung ausgewertet werden. Es gelingt Maximilian Hettmann dabei, eine Reihe von unterschiedlichen Mustern für Unterstützungshandlungen zu identifizieren und überzeugend zu kategorisieren. Darunter finden sich sowohl bekannte Interaktionsmuster wie die trichterförmige Verengung lehrergelenkter Kommunikation, als auch Beispiele für offene Interaktionsmuster, die sensibles dialogisches Eingehen der Lehrkraft auf Lernende dokumentieren. Insgesamt liefert die Untersuchung einen konkreten Einblick in die Praxis von mathematischem Förderunterricht, wie er in der vorliegenden Ausdifferenzierung bislang nicht verfügbar war.

Insgesamt entwickelt Maximilian Hettmann Ergebnisse zu drei zentralen Feldern:

- Im Hauptteil seiner Arbeit generiert Herr Hettmann im Rahmen einer theoretisch fundierten quantitativen Studie neue Ergebnisse zur Entwicklung von motivationalen Professionskompetenzen und ermittelt Hinweise auf die Förderung dieser Kompetenz in universitären Lehrveranstaltungen.
- Die auf der Basis seines begrifflichen Instrumentariums umgesetzten qualitativen Analysen liefern neue Erkenntnisse über die konkrete Ausprägung motivationalen Lehrerhandelns in mathematischen Fördersituationen und tragen somit zur Erweiterung des didaktischen Wissens über motivationale Merkmale mathematischer Lernprozesse bei.
- Die vom Autor weiterentwickelten Modelle und Kategorisierungen zur empirischen Erfassung motivationalen Lehrerhandelns zeigen darüber hinaus auch grundsätzliche Perspektiven für die didaktische Forschung auf.

Es ist zu wünschen, dass diese Ergebnisse Eingang in Theorie und Praxis finden und zur Fortentwicklung der empirischen Erforschung motivationaler Aspekte mathematischer Lernprozesse beitragen können.

Bielefeld   Rudolf vom Hofe
im Februar 2022

Danksagungen

An dieser Stelle möchte ich all den Menschen meinen Dank aussprechen, die mich in den vergangenen Jahren unterstützt haben und ohne die diese Arbeit niemals fertig geworden wäre. Mein Dank gilt besonders

- meinem Doktorvater Prof. Dr. Rudolf vom Hofe für die vielen Anregungen, guten Ideen, für die bereichernde Kritik und das mir entgegengebrachte Vertrauen;
- Prof. Dr. Stanislaw Schukajlow-Wasjutinski für konstruktive Anregungen und die Übernahme des Zweitgutachtens dieser Arbeit;
- Prof. Dr. Kerstin Tiedemann für wertvolle Ratschläge, die mir inhaltlich neue Perspektiven eröffnet und mich methodisch bedeutend weitergebracht haben;
- Dr. Michael Braksiek, der mir stets mit fachlicher Expertise und persönlichem Rat zur Seite stand;
- den teilnehmenden Schüler*innen und Studierenden sowie den Lehrkräften der Kooperationsschulen, die mir die Durchführung der Studie ermöglicht haben;
- meinen Kolleg*innen am IDM und in Bi[professional] für eine großartige Zeit und das Gefühl mit der Promotion nicht allein zu sein;
- meinen zwei liebsten Deutschlehrerinnen Franziska Herwede und Nadia Wahbe für das Korrekturlesen der Arbeit;
- Ruth Nahrgang, die mich wie keine Zweite von Anfang an in den Höhen und Tiefen der Arbeit an der Dissertation ertragen und getragen hat;
- meinen Eltern Susanne und Jürgen Hettmann sowie Matthias Schlüter für Geduld und Verständnis, Begleitung und Unterstützung, Zuspruch und Ermutigung.

Inhaltsverzeichnis

Abbildungsverzeichnis

Tabellenverzeichnis

Einleitung

Im Unterricht von heterogenen Schüler*innengruppen sind Lernschwierigkeiten ein konstitutiver Bestandteil. Besonders im Fach Mathematik ist diese Thematik Gegenstand zahlreicher Diskussionen und Untersuchungen geworden (vgl. zusf. Gold 2018; Moser Opitz 2013). Der Umgang mit den Lernschwierigkeiten von Schüler*innen ist besonders vor dem Hintergrund der Forderung nach der Berücksichtigung von Verschiedenheit und der Förderung der Potentiale aller Schüler*innen eine zentrale Herausforderung für Lehrkräfte (vgl. z. B. Kultusministerkonferenz 2018).

Schwierigkeiten beim Mathematiklernen können für betroffene Schüler*innen mit zahlreichen Nachteilen verbunden sein. Diese umfassen deutlich langsamere und geringere Lernfortschritte, entsprechend schwache Mathematikleistungen und Defizite in verschiedenen Bereichen des Mathematiklernens wie dem Basisstoff oder dem Problemlösen (vgl. Moser Opitz 2013). Schwierigkeiten beim Mathematiklernen weisen negative Zusammenhänge zu verschiedenen Voraussetzungen erfolgreichen Lernens, wie Aufmerksamkeits- und Gedächtnisfunktionen, Vorwissen und Strategienutzung sowie zu verschiedenen motivationalen Variablen, wie der Selbstwirksamkeit, dem akademischen Selbstkonzept und Attributionen für Erfolge und Misserfolge auf (vgl. Hasselhorn und Gold 2017; Schunk und DiBenedetto 2016; Marsh et al. 2005; Graham und Taylor 2016). Diese Schwierigkeiten können aus kognitiven Einschränkungen der Schüler*innen oder unangemessener Beschulung resultieren (vgl. Moser Opitz 2013).

Lehrkräfte, die diese speziellen Ausgangsbedingungen von Schüler*innen mit Schwierigkeiten beim Mathematiklernen berücksichtigen wollen, müssen einige Besonderheiten bei der Gestaltung von Lernangeboten beachten. Diese Besonderheiten umfassen auf mathematischer Ebene eine Fokussierung auf mathematischen Basisstoff und nutzvolle Lern- und Lösungsstrategien (vgl. Schipper 2005; Moser Opitz 2013). Aus motivationspsychologischer Perspektive liegt das

© Der/die Autor(en) 2022
M. Hettmann, *Motivationale Aspekte mathematischer Lernprozesse*,
Bielefelder Schriften zur Didaktik der Mathematik 7,
https://doi.org/10.1007/978-3-658-37180-7_1

Ziel der Förderung auf einem Aufbau von Selbstwirksamkeit, Selbstkonzept und günstigen Kausalattributionen (vgl. Bandura 1997; Marsh und Shavelson 1985; Weiner 2010). Darüber hinaus gelten die Qualitätskriterien der Effizienz der Klassenführung, der kognitiven Aktivierung und konstruktiven Unterstützung wie für mathematischen Regelunterricht (vgl. Kunter und Voss 2011; Gold 2016).

Vor dem Hintergrund dieser spezifischen Herausforderungen gewinnt die Frage nach den professionellen Kompetenzen von Lehrkräften, Schüler*innen mit Schwierigkeiten bei Mathematiklernen individuell fördern zu können, an Relevanz. Kompetenz wird mit Blömeke et al. (2015) und Hammer (2016) als latente Disposition definiert, die einer Bewältigung praktischer Anforderungssituationen zugrunde liegt und umfasst dabei Weinert (2014) folgend sowohl kognitive als auch affektiv-motivationale Aspekte. Nach dem Ansatz von Blömeke et al. (2015), die Kompetenz als Kontinuum konzeptualisieren, werden Kompetenzfacetten auf drei Ebenen unterschieden: Die kognitiven und affektiv-motivationalen dispositionalen Faktoren, die situationsspezifischen Fähigkeiten der Wahrnehmung, Interpretation und Entscheidungsfindung und das konkrete beobachtbare Handeln.

Es überrascht, dass, trotz des steigenden Interesses der mathematikdidaktischen Forschung sich mit motivationalen Prozessen empirisch zu beschäftigen (vgl. Schukajlow et al. 2017), die hinter erfolgreichem Handeln im Handlungsfeld individueller Motivationsförderung im Fach Mathematik stehenden Kompetenzen bislang kaum modelliert und erforscht wurden. Diese Arbeit leistet einen Beitrag dazu, diese Forschungslücke zu schließen, indem sie auf Basis einer Analyse von Anforderungen, denen Lehrkräfte im Rahmen von motivationsförderlichem mathematischen Förderunterricht gegenüberstehen, und einer umfassenden Literaturrecherche dispositionale Facetten einer neu konzeptualisierten *professionellen Kompetenz, motiviertes Lernen zu fördern* herausarbeitet. Die Facetten umfassen verschiedene Wissensaspekte, motivationale Orientierungen und Überzeugungen zum Lehren und Lernen, die erfolgreichem Handeln in diesem Bereich zugrundeliegen. Diese Facetten stehen theoretisch und empirisch eng im Zusammenhang mit dem Mathematiklernen der Schüler*innen und verschiedenen motivationalen Aspekten.

Das zentrale Erkenntnisinteresse dieser Arbeit bezieht sich auf die dispositionalen Faktoren und die Performanz-Ebene der *professionellen Kompetenz, motiviertes Lernen zu fördern.* Zu den erfolgreichem Lehrer*innenhandeln zugrundeliegenden dispositionalen Faktoren sind bereits einige große Studien durchgeführt worden (vgl. Blömeke, Kaiser, Lehman 2008; Kunter, Baumert et al. 2011). Allerdings beziehen diese sich auf die gesamte Tätigkeit von Lehrkräften und versuchen, einen allgemeinen umfassenden Überblick über die wichtigsten Dispositionen zu geben. Eine ausführliche Untersuchung der spezifischen Kompetenzen, die motivationsförderlichem Unterrichtshandeln im Fach Mathematik zugrundeliegen, steht noch aus. Hinsichtlich der dispositionalen Faktoren stellt sich aus der Perspektive der Lehrer*innenbildungsforschung insbesondere die Frage nach der Entwicklung dieser Aspekte im Rahmen von universitären Veranstaltungsformaten. Zur Performanz-Ebene, also dem real beobachtbaren motivationsförderlichen Handeln von Lehrkräften im Mathematikunterricht, ist bisher wenig bekannt. Diese Arbeit soll daher einen ersten fokussierten Einblick in das professionelle Handeln von angehenden Mathematiklehrkräften geben. Der Schwerpunkt soll aufgrund der hohen Relevanz für Schüler*innen mit Schwierigkeiten beim Mathematiklernen auf Unterstützungshandlungen gelegt werden. Durch die Bearbeitung dieser Fragen wird ein wichtiger Beitrag für die Erforschung von Lehrer*innenkompetenzen geleistet und es werden neue Ansätze für die Aus- und Fortbildung von Mathematiklehrkräften gewonnen.

Die Dissertation ist eingebunden in ein Teilprojekt des Projekts Biprofessional[1], welches Teil der Bielefelder Qualitätsoffensive Lehrerbildung vom Bundesministerium für Bildung und Forschung ist. Im Rahmen dieses Teilprojekts wurde in einer Kooperation[2] von Mathematikdidaktiker*innen und Psycholog*innen ein in der Mathematikdidaktik etabliertes Veranstaltungsformat mit integrierter Praxisphase zur individuellen Förderung von Schüler*innen mit Schwierigkeiten beim Mathematiklernen adaptiert und um motivationspsychologische Aspekte ergänzt. Die Veranstaltung setzt den inhaltlichen Schwerpunkt auf das regelmäßige Ermöglichen von Erfolgen bei den Schüler*innen und bietet einen Handlungsrahmen für angehende Mathematiklehrkräfte zur Umsetzung einer motivationsförderlichen mathematischen Förderung. Inhaltlich werden mathematikdidaktische Elemente der Diagnostik, Grundvorstellungen und individuellen Förderung mit motivations-psychologischen Theorien der Selbstwirksamkeit, Kausalattributionen und Bezugsnormorientierung kombiniert (vgl. Hettmann et al. 2019). Ziel des Projekts ist die evidenzbasierte Evaluation und anschließende Implementation des Veranstaltungskonzepts zur Verbesserung der Lehrer*innenbildung am Standort Bielefeld.

---

[1] Biprofessional wird im Rahmen der gemeinsamen „Qualitätsoffensive Lehrerbildung" von Bund und Ländern aus Mitteln des Bundesministeriums für Bildung und Forschung gefördert (Förderkennzeichen 01JA1908).

[2] Als Vertreter*innen der Mathematikdidaktik leiteten Prof. Dr. vom Hofe und Prof. Dr. Salle das Projekt gemeinsam mit den Vertreter*innen der pädagogischen Psychologie Prof. Dr. Fries und PD. Dr. Axel Grund. Durchgeführt wurde das Projekt von M. Hettmann und R. Nahrgang.

Entsprechend der zwei zentralen Erkenntnisinteressen wurden im Rahmen dieser Arbeit zwei Studien durchgeführt und ausgewertet. In der ersten Studie zu den dispositionalen Faktoren der professionellen Kompetenz, motiviertes Lernen zu fördern, wurde eine quantitative Untersuchung mit Mathematik-Lehramtsstudierenden durchgeführt. Dabei sollte überprüft werden, inwieweit es möglich ist, im Rahmen eines universitären Veranstaltungsformats mit integrierter Praxisphase, in der die teilnehmenden Studierenden eine kleine Schüler*innengruppe individuell fördern, die professionellen Kompetenzen zur Motivationsförderung angehender Mathematiklehrkräfte zu entwickeln. Dazu wurden Studierende, die die entsprechende Veranstaltung belegt haben, zu Beginn und am Ende der Veranstaltung zu den oben genannten Kompetenzfacetten befragt. Neben den Kompetenzfacetten wurden als Indikatoren die Akzeptanz der Studierenden gegenüber der Lehrveranstaltung, motivationale Variablen der in der Praxisphase unterrichteten Schüler*innen sowie Selbstberichte der Studierenden zu eigenen Lernzuwächsen und zur Nutzung der Veranstaltungsinhalte in der Praxis verwendet. Darüber hinaus wurde in einem Pre-Post-Kontrollgruppendesign überprüft, ob es einen Unterschied in der Kompetenzentwicklung gibt, wenn gezielt motivationspsychologische Inhalte in das Veranstaltungskonzept integriert werden.

In der zweiten ergänzenden Studie zu der Performanz-Ebene wurde ein exploratives Design verwendet. Im Rahmen des Veranstaltungskonzeptes mit expliziter Förderung motivationsförderlicher Inhalte wurden mehrere Studierendengruppen in der Praxisphase bei einzelnen Förderstunden gefilmt. Die dabei entstandenen Unterrichtsvideos wurden qualitativ strukturierend ausgewertet, um einen Einblick in die Unterstützungspraxis der Studierenden zu gewinnen und die ablaufenden Prozesse zu verstehen. In der Auswertung der Unterstützungssituationen werden Unterstützungsmuster identifiziert und strukturiert und anhand von Fallbeispielen zwei für die Gestaltung von Unterstützungssituationen zentrale Faktoren, Interaktionsstruktur und Lernmaterial, reflektiert.

In den folgenden Absätzen wird der Aufbau der Arbeit dargestellt, um zu verdeutlichen, wie die aufgeworfenen Erkenntnisinteressen bearbeitet werden. Im theoretischen Teil dieser Arbeit werden zwei Ebenen unterschieden: Die Schüler*innenebene und die Lehrkräfteebene. Im zweiten Kapitel werden mathematische Lernschwierigkeiten begrifflich charakterisiert und Besonderheiten von betroffenen Schüler*innen beim Lernen von Mathematik dargestellt. Dabei werden sowohl kognitive Faktoren als auch affektiv-motivationale Aspekte berücksichtigt. Darauf aufbauend werden Kriterien für das effektive Unterrichten dieser Schüler*innengruppe aufgestellt und theoretisch begründet sowie ein

Modell zur Förderung mathematischer Leistung und individueller Motivation bei Schüler*innen mit Schwierigkeiten beim Lernen ausgearbeitet. Das dritte Kapitel befasst sich mit der Ebene der Lehrkräfte. Hier werden zunächst der Begriff der professionellen Kompetenz definiert und verschiedene Ansätze zur Modellierung professioneller Kompetenzen von Lehrkräften vorgestellt. In der Integration der theoretischen Grundlagen mit einer Anforderungsanalyse der spezifischen Herausforderungen einer motivationsförderlichen mathematischen Förderung, werden die *professionelle Kompetenz, motiviertes Lernen zu fördern* konzeptualisiert und die einzelnen Facetten dieser Kompetenz theoretisch und empirisch begründet. Den Abschluss des Theorieteils bilden Forschungsergebnisse zur Förderung professioneller Kompetenzen von Lehrkräften in Aus- und Fortbildungsformaten.

Der praktische Teil der Arbeit ist entsprechend der zentralen Erkenntnisinteressen zweigeteilt. In den Kapiteln fünf bis zehn werden Methodik, Auswertung, Ergebnisse und Diskussion der ersten quantitativen Studie zu den dispositionalen Aspekten dargestellt und in den Kapiteln elf bis dreizehn die entsprechenden Kapitel der zweiten qualitativen Studie zur Performanz-Ebene. Abschließend werden die Ergebnisse beider Studien zusammengefasst und ein Ausblick für Forschung und Lehre gegeben.

Mathematiklernen und Motivation bei Schüler*innen mit Lernschwierigkeiten

2

Schulische Lernprozesse sind abhängig von zahlreichen Faktoren. Helmke (2017) stellt mit dem Angebots-Nutzungs-Modell einen strukturellen Rahmen vor, der diese Zusammenhänge auf empirischer Basis in ein Bedingungsgefüge setzt (vgl. ebd. S. 71).

(Förder-)Unterricht wird hierbei als Lernangebot modelliert, das die Schüler*innen als Lerngelegenheit nutzen können, aber nicht zwangsläufig nutzen. Die Nutzung des Lernangebots, also die Lernaktivitäten der Schüler*innen hängen neben der Qualität und Quantität des Lernangebots insbesondere von den Charakteristika der Lernenden ab. Hier haben sich selektive Aufmerksamkeit und Arbeitsgedächtnis, Strategienutzung, Vorwissen und motivationale Aspekte als wichtige Voraussetzungen für erfolgreiche Lernprozesse erwiesen (vgl. Hasselhorn und Gold 2017). Während die kognitiven Fähigkeiten die Qualität der Angebotsnutzung beeinflussen, wirken motivationale Aspekte auf die Wahrscheinlichkeit der Angebotsnutzung durch die Schüler*innen. Wenn die Schüler*innen das Angebot effektiv nutzen, kann es zu den erwünschten Wirkungen von Unterricht auf Ebene der Schüler*innenkompetenzen[1] kommen.

Gerahmt wird das Modell von den Einflussfaktoren auf die Gestaltung des Lernangebots und die Angebotsnutzung. Die Charakteristika der Lernenden werden besonders vom familiären Kontext, wie der Herkunft oder dem sozioökonomischen Status, bedingt (vgl. Moser Opitz 2013). Die Merkmale der Lehrperson nehmen indirekt über die Ausgestaltung des Lernangebots Einfluss auf das Lernen der Schüler*innen. Die schulischen Kontextbedingungen beeinflussen den gesamten Prozess der Angebotsbereitstellung und -nutzung (vgl. Helmke 2017).

---

[1] Kompetenz umfasst im Verständnis dieser Arbeit sowohl kognitive als auch affektiv-motivationale Aspekte (vgl. Kapitel 3 zu Lehrer*innenkompetenzen).

© Der/die Autor(en) 2022
M. Hettmann, *Motivationale Aspekte mathematischer Lernprozesse*,
Bielefelder Schriften zur Didaktik der Mathematik 7,
https://doi.org/10.1007/978-3-658-37180-7_2

Ziel der folgenden Abschnitte ist es, im Rahmen dieses Bedingungsgefüges schulischen Lernens die Besonderheiten von Schüler*innen mit Lernschwierigkeiten im Fach Mathematik herauszustellen. In Abschnitt 2.1 wird dafür zunächst der Begriff der Lernschwierigkeiten genauer definiert und von anderen, in diesem Kontext typischerweise genutzten Begriffen, wie Lernbehinderung, -störung und -schwäche, abgegrenzt. Daraufhin werden Lernprozesse und deren Voraussetzungen bei Schüler*innen mit Lernschwierigkeiten beschrieben. Die motivationalen Voraussetzungen werden aufgrund ihrer Relevanz für die Fragestellung dieser Arbeit in einem gesonderten Abschnitt (2.2) behandelt. In Abschnitt 2.3 werden Qualitätskriterien aus der Fachliteratur zur Qualität und Effektivität von Unterricht herausgearbeitet, die für den Unterricht von Schüler*innen mit Lernschwierigkeiten von besonderer Bedeutung sind. In Abschnitt 2.4 wird zusammenfassend ein Modell zur Förderung mathematischer Leistung und individueller Motivation bei Schüler*innen mit Schwierigkeiten beim Lernen entwickelt. Abschnitt 2.5 gibt einen Einblick in potenzielle motivationspsychologische Erweiterungen des theoretischen Modells.

Das Kapitel 3 befasst sich daran anschließend mit den Merkmalen der Lehrperson, insbesondere mit deren professionellen Kompetenzen. In Kapitel 4 wird dann auf Basis der vorangegangenen Erkenntnisse zusammenfassend ein Seminarkonzept für angehende Mathematiklehrkräfte beschrieben, das die Förderung individueller Motivation und mathematischer Leistung für Schüler*innen mit Lernschwierigkeiten fokussiert.

2.1　Mathematiklernen bei Schüler*innen mit mathematischen Lernschwierigkeiten

2.1.1　Mathematische Lernschwierigkeiten – Begriffe und Charakterisierung

In der Literatur finden sich zahlreiche Begrifflichkeiten für gescheiterte Lernprozesse oder Probleme beim Lernen, wie Lernbehinderung, Lernstörung oder Lernschwäche. Diese Begriffe werden in der Regel über den Quotienten der allgemeinen Intelligenz (IQ) definiert und darüber voneinander abgegrenzt (vgl. Moser Opitz 2013). Eine *Lernbehinderung* oder auch ein *sonderpädagogischer Förderbedarf im Förderschwerpunkt Lernen* liegt vor, wenn Schüler*innen einen erheblichen Leistungsrückstand und eine deutlich geringere Intelligenz im Vergleich zum Durchschnitts-IQ (IQ-Werte < 70) aufweisen. Mathematische *Lernstörungen und -schwächen* werden als Minderleistungen beim Rechnen ohne gleichzeitige

Intelligenz-Minderung (IQ-Werte $\geq$ 70) definiert. Bei der Lernstörung[2] ist diese Diskrepanz jedoch deutlicher als bei der Lernschwäche (vgl. ausführlicher Gold, 2018). Moser-Opitz (2013) zeigt auf, dass das Diskrepanz-Kriterium zwischen Intelligenz und Rechenleistung zur Definition von Lernschwierigkeiten kritisch betrachtet wird. Begründet wird die Kritik einerseits anhand der Studienlage, die aufzeigt, dass Schüler*innen mit Lernschwierigkeiten eine große Streuung in Intelligenztests aufweisen (vgl. z. B. Wagner und Garon 1999), und andererseits mit Studien, in denen bei verschiedenen mathematischen Aufgaben keine einheitlichen Leistungsprofile von Schüler*innen mit Lernschwierigkeiten und hohen bzw. niedrigen Intelligenz-Werten gefunden werden konnten (vgl. Gonzalez und Espinel 1999; 2002).

Vor diesem Hintergrund wird in dieser Arbeit, Gold (2018) und Moser Opitz (2013) folgend, der allgemeinere Begriff der *mathematischen Lernschwierigkeiten* verwendet. Lernschwierigkeiten im Fach Mathematik zeigen sich besonders in einem Versagen im Mathematikunterricht bei Schüler*innen auf unterschiedlichen Intelligenzniveaus, also in stark unterdurchschnittlichen Mathematikleistungen und einem deutlich langsameren Erwerb mathematischer Kompetenzen. Schüler*innen mit mathematischen Lernschwierigkeiten benötigen über den Mathematikunterricht hinaus eine externe Förderung, um das geforderte Regelniveau erreichen zu können (vgl. Schipper 2005). Durch diese Definition lassen sich Lernschwierigkeiten zusammenfassen, die auf kognitiven Einschränkungen oder auf unangemessene Beschulung zurückzuführen sind (vgl. Moser Opitz 2013). Das Konstrukt der mathematischen Lernschwierigkeiten umfasst demnach eine heterogene Schüler*innengruppe, die im Folgenden nur vorsichtig charakterisiert werden kann.

Je nach Definition von mathematischen Lernschwierigkeiten sind ein Anteil von ca. 20 % aller Kinder davon betroffen, eine mathematische Lernstörung ist bei 3–6 % zu beobachten (vgl. Schipper 2005; Kucian und Aster 2015; Shalev und Aster 2008). Diese Kinder zeichnen sich insbesondere durch Probleme im Stoff der Grundschulmathematik aus, selbst wenn sie schon höhere Jahrgangsstufen besuchen (vgl. z. B. Jones et al. 1997). Ihre Leistungen sind bis zu vier Schuljahre hinter denen ihrer Mitschüler*innen zurück, sie brauchen deutlich länger zur Erarbeitung neuer Inhalte und zeigen geringere Lernfortschritte (vgl. Parmar und Cawley 1997). Hinsichtlich mathematischer Aspekte nutzen sie vermehrt ungünstige Lern- und Lösungsstrategien, wie das zählende Rechnen, haben

---

[2] Der in diesem Kontext häufig verwendete Begriff der Dyskalkulie bezeichnet eine mathematikbezogene Lernstörung.

Probleme bei der Unterscheidung von links und rechts, beim Wechsel von Darstellungsebenen sowie der Deutung von Zahlen und Operationen (vgl. Hanich et al. 2001). Außerdem zeigen sie verschiedenste Fehlermuster (vgl. Parmar und Cawley 1997) und das Problemlösen bereitet ihnen Schwierigkeiten (vgl. Hanich et al. 2001). (vgl. zusf. Moser Opitz 2013; Schipper 2005)

2.1.2 Lernen als Konstruktion von Wissen

Große Teile des akademischen Lernens haben zum Ziel, Wissen zu erwerben bzw. zu konstruieren und Kompetenzen aufzubauen. Lernen wird dabei als individueller, aktiver und kumulativer Prozess der eigenständigen Verarbeitung und Konstruktion von Wissen und Fähigkeiten verstanden (vgl. Hammer 2016; Kunter und Voss 2011).

Für den Erwerb dieses Wissens stellen Hasselhorn und Gold (2017) in Anlehnung an Mayer (1992) ein vereinfachtes Modell der menschlichen Informationsverarbeitung auf. Lernen wird darin als interdependentes System der Informationsaufnahme, -organisation und -integration modelliert.

Informationen werden in den sensorischen Registern, die zur Verarbeitung visueller und auditiver Reize zuständig sind, sehr kurzfristig, unter eine Sekunde lang, gespeichert. Über Prozesse der selektiven Aufmerksamkeit wird aus der Informationsfülle ein Teil der Informationen gezielt oder unwillkürlich ausgewählt, die in das Arbeitsgedächtnis weitergegeben werden. Nicht weitergegebene Informationen werden wieder vergessen. Das Arbeitsgedächtnis dient als kognitives System, das es dem Individuum ermöglicht, die Informationen für wenige Sekunden zu sammeln, verarbeiten und mit neuen und bereits bestehenden Informationen in Beziehung zu setzen (vgl. Zoelch et al. 2019). Die im Arbeitsgedächtnis ablaufenden Prozesse der Organisation neuen und alten Wissens und der Integration in bestehende Wissensstrukturen im Langzeitgedächtnis, bezeichnet man als Konstruktion von Wissen (vgl. Hasselhorn und Gold 2017). Im Langzeitgedächtnis werden die neugewonnenen und -organisierten Informationen clusterartig langfristig in semantischen Netzwerken gespeichert (vgl. Kunter und Trautwein 2013). Diese langfristig gespeicherten Informationen nehmen einen Einfluss auf die selektive Aufmerksamkeit und die Verarbeitung neuer Informationen (vgl. Hasselhorn und Gold 2017).

Baddeley (2000) hat für das Arbeitsgedächtnis ein Modell vorgestellt, das aus vier Elementen besteht: Einer zentralen Exekutive, die die Verarbeitungsprozesse im Arbeitsgedächtnis überwacht und steuert, einem visuell-räumlichen Notizblock, welcher für die Speicherung und Verarbeitung von visuellen und räumlichen Informationen zuständig ist, die phonologische Schleife, die entsprechend für sprachliche und akustische Informationen zuständig ist, und dem episodischen Puffer, der als Schnittstelle zum Langzeitgedächtnis fungiert (vgl. auch Hasselhorn und Gold 2017).

2.1.3 Voraussetzungen erfolgreichen Lernens bei Schüler*innen mit Lernschwierigkeiten

Nach dem INVO Modell von Hasselhorn und Gold (2017) unterscheiden sich erfolgreiche Lerner*innen von weniger erfolgreichen in vier Aspekten individueller Voraussetzungen: Aufmerksamkeits- und Arbeitsgedächtnisfunktionen, Vorwissen, Lernstrategien sowie motivationale und volitionale Dispositionen.

Aufmerksamkeits- und Arbeitsgedächtnisfunktionen umfassen zum einen die Aufmerksamkeitsprozesse, bei denen aus der dargebotenen Informationsfülle nur diejenigen Informationen in das Arbeitsgedächtnis aufgenommen werden, auf die Aufmerksamkeit gelegt wird. Zum anderen gehören dazu alle Organisationsprozesse in den verschiedenen Teilsystemen des Arbeitsgedächtnisses. Vor dem Hintergrund der oben skizzierten Modellierung der Konstruktion von Wissen ist die besondere Bedeutung dieser Prozesse für das Mathematiklernen und das Lernen im Allgemeinen offensichtlich (vgl. Abschnitt 2.1.2). Wenn ein Individuum effizienter mathematikrelevante Informationen aufnimmt, strukturiert und verarbeitet, kann es entsprechend effektiver Neues lernen und bereits Gelerntes anwenden oder transferieren (vgl. Menon 2016). Verschiedene Studien konnten zeigen, dass Schüler*innen mit mathematischen Lernschwierigkeiten Probleme gerade in diesen Funktionen aufweisen: Für Aufmerksamkeitsprozesse konnten Shalev et al. (1995) nachweisen, dass Kinder mit Rechenstörungen signifikant häufiger Aufmerksamkeitsprobleme zeigen, als gleichaltrige Kinder ohne Rechenstörung. Haberstroh und Schulte-Körne (2019) beschreiben ebenfalls eine Koinzidenz von Aufmerksamkeitsstörungen und mathematischen Lernschwierigkeiten und Passolunghi et al. (2005) berichten, dass Kinder mit mathematischen Lernschwierigkeiten in Textaufgaben signifikant häufiger irrelevante Informationen zur Aufgabenlösung heranziehen. Für Funktionen des Arbeitsgedächtnisses zeigt Geary (2010; 2011) zusammenfassend auf, dass Zusammenhänge zu mathematischen Lernschwierigkeiten bestehen. Swanson et al. (2008) konnten beispielsweise nachweisen, dass Kinder mit mathematischen Lernschwierigkeiten geringere Leistungswerte in dem Arbeitsgedächtnis assoziierten kognitiven Facetten aufweisen als Kinder ohne Lernschwierigkeiten. Darüber hinaus legen verschiedene Studien mit Schüler*innen mit Lernschwierigkeiten in Mathematik

Defizite in verschiedenen Bereichen des Arbeitsgedächtnisses offen (vgl. z. B. Passolunghi und Siegel 2004; Mammarella et al. 2015; Bull et al. 1999; Swanson und Sachse-Lee 2001; Swanson et al. 2015; Johnson et al. 2010; zusf. Moser Opitz 2013).

Die enorme Bedeutung des *Vorwissens* für das Lernen (von Mathematik) wurde in verschiedenen Studien nachgewiesen (vgl. z. B. Weinert et al. 1989; Grube und Hasselhorn 2006; Klauer und Leutner 2012). Diese Effekte werden unter anderem darauf zurückgeführt, dass Vorwissen zum einen Relevanzentscheidungen bei der Informationsaufnahme erleichtere und zum anderen bei der Informationsverarbeitung dazu beitrage, dass schneller Verknüpfungen zu bestehenden Wissensstrukturen aufgebaut werden können (vgl. Hasselhorn und Gold 2017; Kunter und Trautwein 2013). Moser Opitz (2013) fasst zahlreiche Studien zusammen und stellt zusammenfassend heraus, dass Kindern mit Lernschwierigkeiten Vorwissen in verschiedenen Bereichen des mathematischen Grundlagenwissens aus der Primarstufe fehlt. Dies umfasse besonders folgende Bereiche, für die Krauthausen (2018) die Wichtigkeit für das weitere mathematische Lernen betont:

- „Zählen
- Bündeln, Einsicht Stellenwerte, Zahlaufbau
- Aufgaben des Typs $a\pm? = c$
- Rechnen mit der Null
- Konzeptuelles Verständnis Multiplikation und Division
- Verständnis von schriftlichen Verfahren
- Vermischen von Überschlagsrechnen und Runden
- Problemlösen, Mathematisieren: Problemlösen generell, Orientierung an Schlüsselwörtern, Verständnis von Relationalzahlen
- Abrufen von Zahlenfakten → zählendes Rechnen" (Moser Opitz 2013, S. 138; vgl. auch Gold 2018)

Hinsichtlich der *Strategienutzung* konnte gezeigt werden, dass Kinder mit mathematischen Lernschwierigkeiten ungünstigere Lern- und Lösungsstrategien verwenden. Beispielsweise konnte am Beispiel der Einordnung natürlicher Zahlen auf dem Zahlenstrahl nachgewiesen werden, dass Kinder mit mathematischen Lernschwierigkeiten weniger funktionale Lern- und Lösungsstrategien verwenden (vgl. van der Weijden et al. 2018; van't Noordende et al. 2016; van Viersen et al. 2013). Eine besonders häufig auftretende problematische Rechenstrategie ist die des zählenden Rechnens (vgl. Schipper 2005). Moser Opitz (2013) bezeichnet diese „als ein zentrales Merkmal von Rechenschwäche" (S. 100). Neben

Lern- und Lösungsstrategien weisen Schüler*innen mit mathematischen Lernschwierigkeiten auch schwächere metakognitive Strategien auf (vgl. Desoete et al. 2004).

Die *motivationalen Voraussetzungen* der Schüler*innen sind besonderer Fokus dieser Arbeit und werden daher ausführlich im folgenden Abschnitt 2.2 behandelt.

Zusammenfassend haben Schüler*innen mit mathematischen Lernschwierigkeiten eine erhöhte Wahrscheinlichkeit auf ungünstigere Lernvoraussetzungen in den Bereichen Aufmerksamkeits- und Arbeitsgedächtnisfunktionen, Vorwissen und Lernstrategien. Unabhängig davon ist zu beachten, dass Schüler*innen mit Lernschwierigkeiten nicht grundsätzlich anders Lernen als ihre Mitschüler*innen. Sie erarbeiten sich mathematische Konzepte und Verfahren auf vergleichbare Art und Weise, brauchen dafür nur mehr Zeit und erreichen oftmals nicht das gleiche Niveau (vgl. Gerster und Schultz 2004; Parmar et al. 1994; Moser Opitz 2013; Gold 2016).

2.2 Motivation bei Schüler*innen mit Lernschwierigkeiten

Motivation bezeichnet nach Rheinberg und Vollmeyer (2019) die „aktivierende Ausrichtung des momentanen Lebensvollzugs auf einen positiv bewerteten Zielzustand" (S. 15). Bandura (2001) ergänzt, dass dieses zielgerichtete Verhalten durch Erfolgserwartungen eingeleitet und aufrechterhalten wird. Individuen unterscheiden sich in ihrem individuellen Motivationsgeschehen. Dabei lassen sich insbesondere bei Schüler*innen mit Schwierigkeiten beim Lernen Unterschiede zu ihren Mitschüler*innen nachweisen. In den folgenden Abschnitten wird darauf fokussiert,

1. inwiefern Schüler*innen Erfolge und Misserfolge bei herausfordernden Anforderungssituationen erwarten (*Selbstwirksamkeit*),
2. wie Schüler*innen ihre eigenen Leistungen einschätzen und bewerten (*Leistungsbezogenes Selbstvertrauen und Selbstkonzept*) und
3. wie Schüler*innen Erfolge und Misserfolge erklären und auf welche Ursachen sie diese zurückführen (*Kausalattributionen*).[3]

---

[3] Die Forschungslandschaft zu motivationalen Aspekten ist so umfangreich, dass eine Schwerpunktsetzung unabdingbar ist. In dieser Arbeit werden die drei beschriebenen Konstrukte fokussiert, da deren Bedeutung für den Kontext der Förderung von Schüler*innen mit Schwierigkeiten beim Lernen vielfach belegt wurde (vgl. Abschnitt 2.2.4). Ein Einblick in weitere in der Mathematikdidaktik bedeutsame Konstrukte wird in Abschnitt 2.5 gegeben.

Die drei entsprechenden motivationalen Konstrukte werden in den folgenden Abschnitten kurz theoretisch gerahmt, um anschließend Besonderheiten bei Schüler*innen mit Lernschwierigkeiten herauszustellen.

2.2.1 Selbstwirksamkeit

Das Konstrukt der Selbstwirksamkeit ist eines der meistbeforschten motivationalen Konstrukte. Bandura (1995) definiert:

> „Perceived self-efficacy refers to beliefs in one's capabilities to organize and execute the courses of action required to manage prospective situations" (S. 2).

Schwarzer und Jerusalem (2002) ergänzen mit ihrer Definition von Selbstwirksamkeit als „subjektive Gewissheit, neue oder schwierige Anforderungssituationen auf Grund eigener Kompetenz bewältigen zu können" eine genauere Charakterisierung der zu bewältigenden Situationen als *anforderungsreich* (S. 35). In beiden Definitionen werden die subjektiven Einschätzungen eines Individuums betont, genügend eigene Kompetenzen zu besitzen, um herausfordernde zukünftige Situationen zu meistern. Dieses komplexe Gedankenbündel lässt sich mit der Aussage ‚Ich glaube, ich kann diese Herausforderung bewältigen' zusammenfassen. Schwarzer und Jerusalem (2002) bezeichnen Selbstwirksamkeit dementsprechend auch als „optimistische Selbstüberzeugung" (S. 37).

Der spezifische Fokus von Selbstwirksamkeitserwartungen auf Anforderungssituationen hat dazu geführt, dass sich situationsbezogene Unterkonstrukte der Selbstwirksamkeitserwartungen entwickelt haben, die einen unterschiedlichen Grad an Situationsnähe aufweisen, wie beispielsweise die mathematikbezogene Selbstwirksamkeit oder konkret aufgabenbezogene Selbstwirksamkeitsüberzeugungen. Hier konnte gezeigt werden, dass situationsnähere Ausprägungen der Selbstwirksamkeitserwartungen höhere Korrelationen zu Leistungswerten aufweisen (vgl. Schunk und DiBenedetto 2016).

Selbstwirksamkeitsüberzeugungen werden von den Konsequenzerwartungen unterschieden. Konsequenzerwartungen oder auch Handlungs-Ergebnis-Erwartungen beziehen sich auf den Zusammenhang bestimmter Verhaltensweisen und ihrer Konsequenzen (vgl. Schwarzer und Jerusalem 2002). Beispielsweise wäre eine Konsequenzerwartung für das Übe-Verhalten eine*r Schüler*in: ‚Wenn man viel übt, wird man in Mathe besser', also der Gedanke, dass das Üben von Fähigkeiten und Fertigkeiten zum fachlichen Erfolg führt. In Abgrenzung dazu meinen Selbstwirksamkeitserwartungen, die subjektive Überzeugung darüber, ob die Schülerin das Verhalten auch zeigen kann, also ob die Schülerin glaubt in der Lage zu sein, viel zu üben.

Hinsichtlich der Ursachen von Selbstwirksamkeitserwartungen herrscht weitestgehend Einigkeit. Es werden vorrangig vier Quellen der Selbstwirksamkeit in absteigender Wichtigkeit in der Literatur aufgeführt (vgl. Bandura 1997; Schunk und DiBenedetto 2016; Usher und Pajares 2008b):

1. *Selbstbewirkte Erfolgserlebnisse* sind die stärkste Quelle der Selbstwirksamkeit (vgl. Butz und Usher 2015). Die Selbstwirksamkeit eines Individuums steigt, wenn dieses im Rahmen einer anforderungsreichen Situation durch eigene Anstrengung eine Herausforderung überwindet und dies als selbstbewirkten Erfolg interpretiert. Entgegengesetzt können Misserfolge die Selbstwirksamkeitsüberzeugungen schwächen. Dieser Zusammenhang wirkt allerdings nur, wenn zuvor noch keine starken Selbstwirksamkeitsüberzeugungen durch vorangegangene Erfolge ausgebaut wurden.
2. *Stellvertretende Erfahrungen* können Selbstwirksamkeitserwartungen steigern, wenn Lernende sehen, wie Modelle, die selbst Schwierigkeiten hatten, eine Herausforderung zu bewältigen, diese bewältigen. Dahinter steckt der Gedanke, ‚wenn andere es können, kann ich es auch'. Diese Quelle der Selbstwirksamkeit ist besonders effizient, wenn das Modell dem Lernenden ähnelt.
3. *Überredung* ist die dritte Quelle für Selbstwirksamkeit. Hier geht es darum, Lernende durch verbale Aussagen wie ‚du kannst es' davon zu überzeugen, dass sie Herausforderungen, denen sie gegenüberstehen, bewältigen können. Hier ist wichtig, dass die überredende Person subjektiv glaubwürdig ist. Eine Form der Überredung ist das *Attributionale Feedback* (vgl. Kapitel 4).
4. *Physiologische Einflüsse* sind die schwächste Quelle der Selbstwirksamkeit. Dabei werden physiologische Reaktionen, wie Angstreaktionen oder Stress in der Schule als Hinweis für fehlende Kompetenz interpretiert. Diese Interpretationen wirken sich dann negativ auf die Selbstwirksamkeit aus.

Bei allen der vier Quellen der Selbstwirksamkeit ist wichtig, wie diese Erlebnisse interpretiert werden und auf welche Ursachen sie jeweils zurückgeführt werden (vgl. Abschnitt 2.2.3). Studien, die auf eine Förderung von Selbstwirksamkeit zielen, fokussieren maßgeblich auf die vier von Bandura benannten Quellen der Selbstwirksamkeit und bestätigen deren Bedeutung (vgl. Usher und Pajares 2006; Usher und Pajares 2008b; für die mathematikbezogene Selbstwirksamkeit: Phan 2012; Joët et al. 2011). Yetkin Özdemir und Pape (2013) weisen darauf hin, dass Schüler*innen in ihrer Fallstudie Erfolgserlebnisse individuell unterschiedlich wahrgenommen haben und die Art der Leistung sowie die Unterstützung durch die Lehrkraft einen Einfluss auf die Selbstwirksamkeit nehmen können. Einige aktuelle Studien berichten darüber hinaus positive Effekte auf die Selbstwirksamkeit von Schüler*innen

- für eine Intervention mit Modellierungsaufgaben (vgl. Schukajlow et al. 2012; Schukajlow und Krug 2012),
- für problembasiertes Lernen (vgl. Masitoh und Fitriyani 2018),
- in einer explorativen Studie für eine Intervention mit Fermi-Aufgaben (vgl. Reinhold et al. 2020),
- bei einer Intervention, in der die Schüler*innen multiple Lösungswege für Modellierungsaufgaben produzieren sollten (vgl. Schukajlow et al. 2019),
- in einer explorativen Studie bei einer Intervention, die auf die Veränderung ungünstiger Überzeugungen von Schüler*innen zielt (vgl. Stylianides und Stylianides 2014) sowie
- bei einer Intervention, in der Mathematiklehrkräfte darin angeleitet wurden, bestimmte Formen des Feedbacks und der Zielsetzung in ihrem Unterricht zu nutzen (vgl. Siegle und McCoach 2007).

Hinsichtlich der Auswirkungen von Selbstwirksamkeit in pädagogischen Kontexten werden Studien zu folgenden Bereichen berichtet: Motivation, Lernprozesse und Leistung (vgl. zusf. Zimmerman 2000; Schunk und DiBenedetto 2016; Schunk und Pajares 2005; für die Mathematik: Pantziara 2016). Hinsichtlich motivationaler Aspekte lässt sich nachweisen, dass Lernende entsprechend ihrer Selbstwirksamkeit Entscheidungen treffen (vgl. zusf. Patall 2012). Beispielsweise konnten Bandura und Schunk (1981) nachweisen, dass eine höhere mathematikbezogene Selbstwirksamkeit dazu führt, dass Schüler*innen eher mathematische Aktivitäten ausführen als Aktivitäten mit anderem Fachbezug und Pantziara und Philippou (2015) konnten Zusammenhänge der Selbstwirksamkeit zum mathematischen Interesse aufzeigen. Lernende mit höherer Selbstwirksamkeit wählen eher herausfordernde und schwierige Aufgaben und bearbeiten diese mit einer höheren Ausdauer, Anstrengung und Resilienz (vgl. Salomon 1984; Schunk und DiBenedetto 2016; Multon et al. 1991). Für Lernprozesse lassen sich insbesondere Zusammenhänge der Selbstwirksamkeit mit selbstregulativen und metakognitiven Fähigkeiten nachweisen (vgl. Usher und Pajares 2008a). Beispielsweise wählen Lernende mit höherer Selbstwirksamkeit eher herausfordernde Ziele (vgl. Zimmerman et al. 1992), sind eher in der Lage, ihren Arbeitsprozess zu überwachen und nutzen effektivere Lern- und Lösungsstrategien (vgl. Bouffard-Bouchard et al. 1991; Zimmerman und Martinez-Pons 1990). Für die Zusammenhänge der Selbstwirksamkeit mit verschiedenen Leistungsvariablen gibt es innerhalb und außerhalb der mathematischen Domäne zahlreiche Untersuchungen, die positive Effekte berichten (vgl. Honicke und Broadbent 2016; Stajkovic und Luthans 1998; Williams und Williams 2010; Pantziara und Philippou 2015; Chang 2012; Hoffman und Spatariu 2008). Hannula et al. (2014) konnten für die mathematische Domäne zeigen, dass eine reziproke Beziehung zwischen der Selbstwirksamkeit und der Leistung besteht, allerdings scheint der Effekt der Leistung auf die Selbstwirksamkeit größer zu sein, als der umgekehrte Effekt (vgl. auch Street et al. 2018).

2.2.2 Akademisches Selbstkonzept

Shavelson et al. (1976) beschreiben das Konstrukt des Selbstkonzepts:

> „In very broad terms, self-concept is a person's perception of himself" (Shavelson et al. 1976, S. 411).

Diese Selbstwahrnehmung ist ein deskriptives mentales Modell eines Individuums über dessen Fähigkeiten und Eigenschaften (vgl. Moschner und Dickhäuser 2018). Lernende beschreiben sich nicht nur auf der deskriptiven Ebene, sondern messen ihre Beschreibungen an Gütemaßstäben und bewerten sie daran (vgl. Shavelson et al. 1976). Marsh und Shavelson (1985) charakterisieren das Selbstkonzept anhand verschiedener Aspekte: Das Selbstkonzept ist in einzelne Facetten hierarchisch organisiert. So lassen sich einem allgemeinen Selbstkonzept untergeordnet, akademische und nicht-akademische Selbstkonzepte unterscheiden und wiederum dem akademischen Selbstkonzept untergeordnet das mathematische und das verbale Selbstkonzept (vgl. auch Marsh et al. 1988; s. Abbildung 2.1).

Je tiefer die Facette des Selbstkonzepts in der Hierarchie angeordnet ist, desto situationsspezifischer und somit veränderbarer ist sie. Während das allgemeine Selbstkonzept sehr stabil ist, lassen sich Selbstkonzepte auf den tieferen Ebenen, beispielsweise ein Selbstkonzept für das Lösen von arithmetischen Aufgaben, eher beeinflussen. Die Ausgestaltung des Selbstkonzepts in einzelne Facetten wird im Verlauf der Entwicklung eines Menschen differenzierter und ausführlicher. Ein letzter Aspekt des Selbstkonzepts ist, dass es sich von anderen Konstrukten abgrenzen lässt, insbesondere von der Leistung. Das akademische Selbstkonzept lässt sich vor diesem Hintergrund als Selbstbeschreibungen und -bewertungen eines Individuums über ihre*seine akademischen Fähigkeiten definieren.

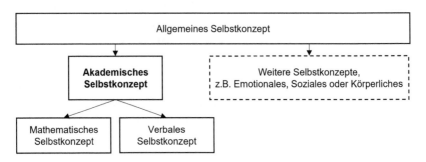

Abbildung 2.1 Selbstkonzepte nach Shavelson et al. (1976), S. 413 und Marsh et al. (1988), S. 371. Adaptiert durch MH

Das akademische Selbstkonzept speist sich aus zwei zentralen Quellen: Erfahrungen hinsichtlich der eigenen Fähigkeiten und Leistungsrückmeldungen von relevanten Bezugspersonen. Dabei spielen besonders kognitive Verarbeitungsprozesse wie Ursachenzuschreibungen (vgl. Abschnitt 2.2.3) und soziale Vergleichsprozesse eine besondere Rolle. Hinsichtlich der Vergleichsprozesse zeigt sich ein eindrücklicher Effekt, der den Einfluss der Informationen über soziale Vergleiche aufzeigt. Der *Big-Fish-Little-Pond-Effekt* beschreibt das Phänomen, dass das Selbstkonzept von Schüler*innen von der individuell wahrgenommenen relativen Position in der Rangreihe der Klasse abhängt. Zwei Schüler*innen mit gleicher Leistung weisen in der Tendenz unterschiedliche Selbstkonzepte auf, je nachdem, ob sie sich am unteren oder oberen Ende der Leistungsrangfolge einer Bezugsgruppe befinden (vgl. Lüdtke et al. 2005; Marsh 2005; Marsh und Hau 2003). Für den Mathematikunterricht konnten Cambria et al. (2017) den Big-Fish-Little-Pond-Effekt für das Selbstkonzept und weitere motivationale Variablen nachweisen.

In einer Meta-Studie konnten O'Mara et al. (2006) die Bedeutung von Lob- und Feedbackprozessen für den Aufbau eines positiven Selbstkonzepts nachweisen. Diese Effekte zeigten sich bei Interventionen mit und ohne parallele Förderung von Fähigkeiten. Insbesondere konnten sie zeigen, dass eine Förderung von Fähigkeiten ohne Lob und Feedback geringere Effektstärken aufweist als deren Kombination. Darüber hinaus berichten Sproesser et al. (2015) von positiven Effekten auf das statistikbezogene Selbstkonzept einer Intervention, die auf die drei psychologischen Grundbedürfnisse (vgl. Ryan und Deci 2004) zielt.

Für das akademische Selbstkonzept lassen sich Zusammenhänge mit motivationalen Variablen und akademischen Leistungen nachweisen. Hinsichtlich motivationaler Aspekte konnten Marsh et al. (2005) in einer Längsschnittstudie zeigen, dass das mathematische Selbstkonzept einen signifikanten Einfluss sowohl auf das mathematische Interesse als auch auf die mathematischen Leistungen in Schulnoten und standardisierten Tests nimmt. Diese Effekte waren reziprok. In einer anderen Studie konnten Marsh et al. (2016) Zusammenhänge des akademischen Selbstkonzepts mit Anstrengung und akademischen Leistungen nachweisen. Ahmed et al. (2012) konnten zeigen, dass das mathematische Selbstkonzept einen negativ-reziproken Zusammenhang zu mathematikbezogener Ängstlichkeit hat. Hinsichtlich der akademischen Leistungen hat sich in einigen weiteren Studien herausgestellt, dass ein reziproker Zusammenhang zum Selbstkonzept besteht (vgl. Marsh und Craven 2006; Marsh et al. 2018; Seaton et al. 2014; für die mathematische Domäne vgl. z. B. Skaalvik und Skaalvik 2006).

2.2.3 Ursachen für Erfolge und Misserfolge – Kausalattributionen

Für die Verarbeitung erfolgs- und misserfolgsbezogener Erfahrungen sind die Ursachen, die Individuen diesen zuschreiben, von besonderer Bedeutung. Die Attributionstheorie befasst sich mit diesen Ursachenzuschreibungen. Nach Weiner (2010) werden Attributionen hinsichtlich zweier Dimensionen unterschieden (s. Abbildung 2.2): Ihrer Lokalität und ihrer Stabilität. Internal lokalisierte Ursachen liegen in der Person selbst, während externale Ursachen außerhalb liegen. Stabile Ursachen sind zeitlich langfristiger überdauernd und eher unveränderbar, während variable Ursachen sich ändern können.

Beispiele für internal-stabile Ursachen sind dispositionale Aspekte, wie die eigenen Fähigkeiten oder die allgemeine Intelligenz[4]. Diese sind in der Person liegend, allerdings relativ stabil. Internal, aber variabler ist die momentane Anstrengung oder die verwendeten Lern- und Lösungsstrategien der Lernenden. External stabile Attributionen sind die Schwierigkeit der Aufgabe oder sich nicht ändernde Merkmale des Unterrichts, wie die Sympathie der Lehrkraft oder die Klassenzusammensetzung. External variable Attributionen sind Aspekte wie Glück und Pech oder aber Merkmale des Unterrichts, die Schüler*innen als variabel wahrnehmen. In einigen Ansätzen werden noch weitere Dimensionen unterschieden: die Kontrollierbarkeit bezieht sich darauf, inwieweit

---

[4] Bei der Einordnung von Ursachen in dieses Raster ist zu beachten, dass es um die Wahrnehmung des Individuums geht. Nimmt ein Individuum die eigenen Fähigkeiten als variabel wahr, müssten sie entsprechend bei internal-variablen Ursachen eingeordnet werden. Die folgenden Beispiele nehmen *wahrscheinliche* Interpretationen der einzelnen Ursachen an.

das Individuum die Ursache für Erfolg oder Misserfolg kontrollieren kann und die Globalität beschreibt, ob die Ursache spezifisch für diese Situation oder global über mehrere Situationen gültig ist (vgl. Möller 2018; Stiensmeier-Pelster und Schwinger 2007).

		Ort der Kausalität	
		internal	external
Stabilität	stabil	*z.B. Fähigkeit / Begabung, Dispositionen*	*z.B. Rahmenbedingungen,*
	variabel	*z.B. Anstrengung, Lern- und Lösungsstrategien*	*z.B. Zufall / Glück und Pech, Unterrichtsaspekte*

Abbildung 2.2 Attributionsstile in Anlehnung an Weiner (2010)

Ursachenzuschreibungen für Erfolge und Misserfolge werden besonders durch leistungsbezogene Informationen aus dem eigenen Erleben in Leistungssituationen sowie durch das Verhalten von der Lehrkraft oder Mitschüler*innen beeinflusst. Dabei spielen besonders drei Informationsarten eine Rolle (vgl. Möller 2018): Konsensus-Informationen geben Informationen darüber, inwieweit ein Merkmal bei vielen Personen (hoher Konsens) bzw. bei wenigen Personen (niedriger Konsens) auftritt. Distinktheits-Informationen machen eine Aussage darüber inwieweit ein Merkmal nur in bestimmten (hohen Distinktheit) oder in vielen vergleichbaren Situationen (niedrige Distinktheit) auftritt. Konsistenz-Informationen geben wieder, ob eine Reaktion mehrfach aufgetreten ist (hohe Konsistenz) oder nur einmalig (niedrige Konsistenz). Schneidet ein Individuum bei einer Klassenarbeit schlecht ab, dann wird es diesen Misserfolg in Abhängigkeit von den drei beschriebenen Informationen interpretieren. Ist der Konsensus niedrig, weil beispielsweise nur wenige andere Schüler*innen ebenfalls nicht erfolgreich waren, die Konsistenz hoch, weil das Individuum häufig schlechte Noten schreibt und die Distinktheit niedrig, weil es in anderen Bereichen auch schlechte Noten zeigt, wird das Individuum diesen Misserfolg eher auf internale Ursachen, wie mangelnde Fähigkeiten zurückführen. Im entgegengesetzten Fall bei hohem Konsens, niedriger Konsistenz und hoher Distinktheit würde es eher external variable Ursachen annehmen, wie eine zu schwierige Klassenarbeit. Als Beispiel für die Auswirkungen leistungsbezogener Informationen auf die Attributionen, konnten Sit et al. (2016) zeigen, dass Sitzenbleiber eher ungünstige externale Attributionen für Misserfolge in Mathematik vornehmen.

Neben diesen internen Reflexionen über die eigene Leistung kann auch das Verhalten der Lehrkraft bestimmte Attributionen begünstigen. Es konnte beispielsweise gezeigt werden, dass unaufgeforderte Hilfe und Lob bei relativ einfachen Aufgaben von Schüler*innen und ihren Mitschüler*innen als Anzeichen mangelnder Fähigkeit interpretiert werden kann, vergleichbare Effekte zeigten sich, wenn Lehrkräfte bei Misserfolg Sympathie zeigen (vgl. Graham und Taylor 2016).

Hinsichtlich der Wirkungen von Kausalattributionen lassen sich Zusammenhänge mit motivationalen Variablen und akademischen Leistungen nachweisen. Ursachenzuschreibungen beeinflussen die Erwartungen, mit denen Schüler*innen an zukünftige Aufgaben gehen. Dabei lässt sich zeigen, dass im Erfolgsfall stabile Ursachenzuschreibungen dazu führen, dass die Erwartungen für zukünftige Erfolge hoch sind, während sie bei Misserfolg dazu führen, dass Erfolgserwartungen und Anstrengung sinken (vgl. zusf. für die Mathematik: Shores und Smith 2010). Variable Ursachenzuschreibungen hingegen ermöglichen es Schüler*innen im Misserfolgsfall, weiterhin hohe Erwartungen zu haben (vgl. Weiner 2018). Stajkovic und Sommer (2000) konnten darüber hinaus nachweisen, dass internale, stabile und kontrollierbare Ursachenzuschreibungen für Erfolg einen positiven Einfluss auf die Selbstwirksamkeit nehmen. Bei Misserfolg stehen Attributionen auf Anstrengung im Zusammenhang mit höherer Selbstwirksamkeit (vgl. Hsieh und Schallert 2008). Ebenfalls für die Selbstwirksamkeit konnte Hsieh (2004) zeigen, dass im Erfolgsfall internale oder stabile Ursachenzuschreibungen external-variablen Attributionen überlegen sind und bei Misserfolg internale und variable Ursachen günstiger sind als stabile oder externale. Für das Selbstkonzept zeigt sich besonders die Dimension der Lokalität von Relevanz: Internal attribuierte Erfolge stärken das Selbstkonzept, während internal attribuierte Misserfolge dieses eher senken (vgl. Möller 2018). Für Leistungsvariablen konnte nachgewiesen werden, dass Attributionen auf externale Faktoren zu geringeren Leistungen führen (vgl. House 2006) als Attributionen auf internale oder kontrollierbare Ursachen (vgl. Connell 1985; You et al. 2011; Cortés Suárez 2004). Zusammenfassend scheinen im Erfolgsfall besonders internale, stabile und kontrollierbare Attributionen für motivationale Aspekte und erfolgreiches Lernen von Vorteil zu sein, während im Misserfolgsfall besonders internal-variable und kontrollierbare Ursachen angeraten sind.

2.2.4 Motivationale Aspekte von Schüler*innen mit Lernschwierigkeiten

Hinsichtlich motivationaler Aspekte wurde der Fokus in den vorherigen Abschnitten besonders auf das Selbstkonzept, die Selbstwirksamkeit und Kausalattributionen gesetzt. Für diese drei Bereiche lässt sich zeigen, dass Schüler*innen mit Lernschwierigkeiten besonderen motivationalen Bedingungen gegenüberstehen.

Jones et al. (1997) zeigen auf, dass Selbstwirksamkeitserwartungen für Schüler*innen mit Lernschwierigkeiten aufgrund zahlreicher vorangegangener Misserfolge eine Hürde darstellen können. Lackaye et al. (2006) sowie Baird et al. (2009) konnten zeigen, dass Schüler*innen mit Lernschwierigkeiten eine geringere Selbstwirksamkeit und weniger Zuversicht auf Erfolg haben. Hampton und Mason (2003) konnten nachweisen, dass dieser Effekt über den mangelnden Zugang zu Quellen der Selbstwirksamkeit moderiert wird. In einem Review zu dem Zusammenhang von Lernschwierigkeiten und Selbstwirksamkeitsüberzeugungen fand Klassen (2002) allerdings auch einige Studien, die davon berichten, dass Schüler*innen mit Lernschwierigkeiten dazu tendieren, ihre Fähigkeiten zu überschätzen und eine höhere Selbstwirksamkeit zu zeigen als aufgrund der vorhandenen Fähigkeiten zu erwarten gewesen wäre. Siefer et al. (2020) stellen in ihrer Studie fünf unterschiedliche Kompetenzprofile bei Schüler*innen heraus: Leistungsstarke Schüler*innen, die ihre Leistung richtig einschätzen, Leistungsstarke Schüler*innen, die sich unterschätzen, durchschnittliche Schüler*innen, die sich unterschätzen, leistungsschwache Schüler*innen, die sich leicht überschätzen und leistungsschwache Schüler*innen, die sich stark überschätzen. Eine unreflektierte reine Steigerung der Selbstwirksamkeit ohne Veränderung der Kompetenzen scheint demnach gerade für leistungsschwache Schüler*innen nicht angemessen.

Hinsichtlich des Selbstkonzepts zeichnen sich ebenfalls Nachteile für Schüler*innen mit Lernschwierigkeiten ab (vgl. Tabassam und Grainger 2002; Zeleke 2004; Bear et al. 2002). Da das Selbstkonzept von vorangehenden Leistungen und interindividuellen Leistungsvergleichen abhängig ist und diese bei Schüler*innen mit Lernschwierigkeiten eher negativ ausfallen, ist dieser Effekt erwartbar. Die Tendenz der Überschätzung bei der Einschätzung eigener Fähigkeiten von Schüler*innen mit Lernschwierigkeiten zeigt sich auch im Selbstkonzept. Hier konnten Meltzer et al. (1998) zwar zeigen, dass die Einschätzungen der Schüler*innen mit Lernschwierigkeiten geringer waren als die ihrer Mitschüler*innen, allerdings eine deutliche Diskrepanz zu den Einschätzungen der assoziierten Lehrkräfte aufwiesen.

Für Kausalattributionen hat Chapman (1988) gezeigt, dass Schüler*innen mit Schwierigkeiten beim Lernen ihre geringen Fähigkeiten als stabil betrachten und geringe Erwartungen auf Erfolge in der Zukunft aufweisen. Baird et al. (2009) konnten nachweisen, dass Schüler*innen mit Lernschwierigkeiten seltener günstige Attributionen auf die internal variable Ursache Anstrengung anführen. Sideridis (2009) und González-Pienda et al. (2000) berichtet davon, dass Schüler*innen mit Lernschwierigkeiten Erfolge eher external auf Glück attribuieren und Misserfolge eher internal auf mangelnde Fähigkeiten. Vergleichbar nachteilige Attributionstendenzen bei Schüler*innen mit Lernschwierigkeiten finden auch Tabassam und Grainger (2002), Ring und Reetz (2000) sowie Pasta et al. (2017).

Insgesamt zeigen Schüler*innen mit Lernschwierigkeiten in allen drei der betrachteten motivationalen Konstrukte deutliche Nachteile gegenüber ihren Mitschüler*innen. Diese ungünstigen Voraussetzungen bedingen den Lernprozess negativ. So verstärken sich mangelnde Kompetenz und ungünstige Ausprägungen in den motivationalen Variablen gegenseitig in einer Negativspirale. Niedrige Selbstwirksamkeit und Selbstkonzept schwächen die Anstrengungsbereitschaft bei der Auseinandersetzung mit Mathematik. Dies kann zu schlechteren Verarbeitungen der mathematischen Inhalte führen, die sich wiederum in geringeren Kompetenzen niederschlagen. So steigt die Wahrscheinlichkeit für mathematikbezogene Misserfolge im Unterricht. Diese werden von Schüler*innen mit Lernschwierigkeiten eher auf problematische Ursachen, wie die eigenen Fähigkeiten zurückgeführt, wodurch Selbstwirksamkeit und Selbstkonzept weiter sinken könnten. Für die Förderung von Schüler*innen mit Lernschwierigkeiten scheint es daher angeraten, sowohl den mathematischen Kompetenzaufbau zu unterstützen als auch parallel motivationale Aspekte zu fördern.

2.3 Kriterien der Unterrichtsqualität für das Unterrichten von Schüler*innen mit Lernschwierigkeiten

Im Rahmen der COACTIV-Studie wurden auf Basis einer vergleichbaren Charakterisierung schulischen Lernens (vgl. Abschnitt 2.1.2) drei Dimensionen der allgemeinen Unterrichtsqualität ausgeführt (vgl. Kunter und Voss 2011):

1. Effizienz der Klassenführung
2. Kognitive Aktivierung
3. Konstruktive Unterstützung

Kunter und Voss (2011) konnten im Rahmen der COACTIV-Studie zeigen, dass die Kriterien der Effizienz der Klassenführung und der kognitiven Aktivierung

Vorhersagen der Mathematikleistung der Schüler*innen ermöglichen. Schukajlow und Krug (2014) und Schukajlow und Rakoczy (2016) konnten exemplarisch zeigen, dass durch kognitiv aktivierende Aufgaben in Form von unterbestimmten Modellierungsaufgaben, für die mehrere Lösungswege entwickelt werden sollten und Annahmen getroffen werden mussten, auch motivational-emotionale Variablen wie das Interesse, Kompetenzerleben und Freude gefördert werden können. Das Kriterium der konstruktiven Unterstützung nimmt im Rahmen der COACTIV-Studie einen positiven Einfluss auf motivational-emotionale Kriterien, wie Freude und geringe Ängstlichkeit (vgl. Kunter und Voss 2011). Für die Freude zeigte sich auch die Dimension der Klassenführung als Prädiktor.

Gold (2016) ergänzt für den Unterricht mit Schüler*innen mit Lernschwierigkeiten ein viertes Kriterium, das bei Kunter und Voss (2011) unter der konstruktiven Unterstützung zu finden ist:

4. Adaptivität

Im Folgenden werden die vier Kriterien näher charakterisiert und ihre Relevanz für Schüler*innen mit Lernschwierigkeiten dargestellt. Unter Berücksichtigung des Fokus dieser Arbeit werden die Dimensionen der Klassenführung und der kognitiven Aktivierung nur kurz beschrieben.

Die *Effizienz der Klassenführung* bezeichnet die Bemühungen einer Lehrkraft im Kontext komplexer sozialer Unterrichtsstrukturen, die Zeit möglichst effektiv für das Lernen zu nutzen und nicht lernbezogene Tätigkeiten zu minimieren (vgl. Kunter und Voss 2011). Das Ermöglichen eines hohen Anteils echter Lernzeit in einer Unterrichtsstunde gilt als zentrale Voraussetzung für effektives schulisches Lernen für Schüler*innen mit und ohne Lernschwierigkeiten (vgl. z. B. Brophy 2006; Seidel und Shavelson 2007). Helmke (2017) integriert unter dem Begriff der Klassenführung „präventive, proaktive und reaktive Elemente", legt aber den Fokus auf die Prävention von Unterrichtsstörungen, die die Lernzeit reduzieren. In der Unterrichtsforschung hat sich herausgestellt, dass es verschiedene Wege gibt, dieses Ziel zu erreichen, beispielsweise über Regeln und Routinen, den Aufbau einer konstruktiven Beziehung zwischen Lehrkraft und Schüler*in, eine interessante und strukturierte Unterrichtsgestaltung oder disziplinäre Maßnahmen (vgl. Bear 2014, Emmer et al. 2003; Lenske und Mayr 2015). Durch effiziente Klassenführung wird die aktive Lernzeit unabhängig von der Qualität der Lernprozesse erhöht. Für die Qualität dieser Lernprozesse ist das folgende Kriterium von besonderer Bedeutung.

Das Potential einer Lernumgebung verständnisvolle und tiefgehende Lernprozesse anzuregen, wird mit dem Begriff *Kognitive Aktivierung* bezeichnet (vgl.

Kunter und Voss 2011). Diese Lernprozesse werden besonders in der Auseinandersetzung mit Lerninhalten auf einem optimalen Niveau angeregt und sind dementsprechend stark von dem jeweiligen Fähigkeitsniveau der Lernenden abhängig (vgl. Leuders und Holzäpfel 2011). Um dieses Potential zu entfalten werden in der Literatur Maßnahmen auf zwei Ebenen diskutiert: Die Auswahl von anspruchsvollen Aufgaben und die Implementation dieser Aufgaben in den Unterricht (vgl. Kunter und Voss 2011). Anspruchsvolle Aufgaben sind vor diesem Hintergrund komplexe Aufgaben, die nicht sofort durch bereits vorhandenes Wissen gelöst werden können und die es Schüler*innen ermöglichen, bestehende Wissensstrukturen mit neuen zu verknüpfen oder diese auf neue Sachverhalte anzuwenden. Dies sind in der Regel Aufgaben mit mehreren Lösungswegen, mit kognitiven Konflikten, mit einer Aktivierung von Grundvorstellungen oder mit der Notwendigkeit zur Suche nach nicht vorliegenden Informationen (vgl. Kunter und Trautwein 2013; Leuders und Holzäpfel 2011; Neubrand et al. 2011). Eine kognitiv aktivierende Implementation von Aufgaben zeichnet sich dadurch aus, dass die Lehrkraft Prozesse initiiert, in denen die Schüler*innen herausgefordert werden, selbstständig die Gültigkeit ihrer Lösungsvorschläge zu überprüfen, unterschiedliche Lösungswege zu finden und erläutern, zu diskutieren und zu begründen, Widersprüche und Konflikte zu thematisieren und verschiedene Aspekte des Lerninhalts zu reflektieren (vgl. Kunter und Trautwein 2013). Bei Schüler*innen mit niedrigeren Kompetenzen lässt sich beobachten, dass Lehrkräfte, vermutlich aus Angst sie zu überfordern, eher Aufgaben mit einem niedrigen kognitiven Potential anbieten (vgl. Kunter und Voss 2011; Kunter und Trautwein 2013). Gold (2015) betont vor diesem Hintergrund, dass es gerade bei Schüler*innen mit geringen Fähigkeiten und Vorkenntnissen besonders wichtig ist, sie kognitiv zu aktivieren, „damit ihre Lernprozesse überhaupt in Gang gesetzt werden" (S. 65). Scherer et al. (2016) betonen vor diesem Hintergrund die Bedeutung entdeckenden Lernens gerade für Schüler*innen mit Schwierigkeiten beim Mathematiklernen. Damit auch Schüler*innen mit geringen Vorkenntnissen und Lernschwierigkeiten auf einem möglichst hohen Niveau Lernen können, benötigen sie eine konstruktive Unterstützung.

Maßnahmen der *konstruktiven Unterstützung* sind Hilfestellungen auf inhaltlicher und motivationaler Ebene, die „dazu beitragen, individuelle Lernprozesse zu optimieren" (Gold 2015, *S.* 79). Für die *inhaltliche Unterstützung* kann auf die Literatur zum Scaffolding Rückgriff genommen werden (vgl. zusf. Bakker et al. 2015). Der Ansatz des Scaffolding geht auf Vygotskys (2012) Konzept der Zone der nächsten Entwicklung zurück, mit der Vygotsky den Fähigkeitsbereich bezeichnet, der sich zwischen dem aktuellen Leistungsstand und der möglichen Entwicklung liegt. Hier sollen Lernende mit Unterstützung beispielsweise durch

Lehrkräfte dazu angeregt werden, in der Entwicklung den nächsten Schritt voranzuschreiten und Probleme auf der nächsten Entwicklungsstufe zu bearbeiten. Die Unterstützungsbemühungen werden solange aufrechterhalten, bis die Lernenden die Probleme auf der neuen Entwicklungsstufe selbstständig lösen können (vgl. Puntambekar und Hubscher 2005). In diesem Sinne formulieren Simons und Klein (2007):

> „Scaffolds should function including constraining efforts, focusing attention on relevant features to increase the likelihood of the learner's effective action, and modeling advanced solutions or approaches" (S. 45).

Puntambekar und Hubscher (2005) ergänzen drei weitere Aspekte des Scaffolding: ein gemeinsames Verständnis des Unterrichtsziels und der Aufgabe, prozessbezogene Diagnose, um die Hilfen adaptiv anpassen zu können und das sogenannte Fading, was einen Abbau der Hilfestellungen meint, sobald diese nicht mehr benötigt werden. Die zentralen Aspekte inhaltlicher Unterstützung umfassen demnach eine klare Strukturierung und Zieltransparenz im Unterricht sowie ein adaptives Unterstützungssystem, das es Schüler*innen ermöglicht, mit hoher Wahrscheinlichkeit Erfolge zu verzeichnen. Dieses Unterstützungssystem zeichnet sich durch eine Aufmerksamkeitslenkung auf zentrale Elemente sowie das Vormachen und Reflektieren von Lösungen und Lösungswegen aus und kann abgebaut werden, sobald die Lernenden ohne Hilfestellungen zurechtkommen (vgl. ebd.).

Für die klare Strukturierung und Zieltransparenz konnte der Zusammenhang eines klar strukturierten Unterrichts mit der Leistung und motivationalen Aspekten von Schüler*innen nachgewiesen werden (vgl. Rakoczy et al. 2007). Rakoczy et al. (2010) konnten zeigen, dass die klare Strukturierung insbesondere für Schüler*innen mit geringen Vorkenntnissen bedeutsam ist (vgl. auch Gold 2016; Bruder 2008). Drei Studien berichten darüber hinaus von positiven Effekten von Scaffolding-Interventionen auf das Lösen von Textaufgaben (vgl. Kajamies et al. 2010) oder Modellierungsaufgaben (vgl. Schukajlow et al. 2015) und auf eine Lerneinheit zu Wahrscheinlichkeiten (vgl. Roll et al. 2012).

Konstruktive Unterstützungen *auf motivationaler Ebene* umfassen Maßnahmen zum Umgang mit Fehlern, die Gestaltung einer Lehrkraft-Lernenden-Beziehung und das Geben von Feedback (vgl. Kunter und Voss 2011). Fehler die Schüler*innen im Unterricht machen, werden von diesen und ihren Mitschüler*innen in der Regel als Misserfolg wahrgenommen. Um das lernwirksame Potential von Fehlern entfalten zu können (vgl. Prediger und Wittmann 2009; Helmke 2017), gilt es, ein fehlerfreundliches Lernklima zu etablieren, das sich dadurch auszeichnet, dass Fehler als Lerngelegenheiten begrüßt und nicht defizitär wahr-genommen werden (vgl. Kunter und Trautwein 2013; Oser und Spychiger 2005; Steuer 2014). Steuer (2014) konnte einen kleinen Zusammenhang eines positiven Fehlerklimas mit den mathematischen Leistungen von Schüler*innen nachweisen. Eine konstruktiv unterstützende Beziehung zwischen Lehrkraft und Schüler*innen zeichnet sich unter anderem durch Geduld, Empathie, Wertschät-zung und das Vermeiden von Kränkungen aus (vgl. z. B. Davis 2003; Koca 2016). Für die Lehrkraft-Lernenden-Beziehung konnte Cornelius-White (2007) in einer Meta-Analyse positive Zusammenhänge zu kognitiven wie motivationalen Schü-ler*innenmerkmalen nachweisen (vgl. auch Quin 2017). Rückmeldungsprozesse sind nach Hattie (2009) einer der zentralsten Faktoren für den Erfolg von Unter-richt. Beim Feedback von Lehrkräften werden einfache Feedbackaussagen, in denen nur die Information über die Richtigkeit einer Lösung oder eines Lösungs-weges geliefert wird, von ausführlicheren Formen unterschieden, die zusätzliche Informationen wie Lern- und Lösungsstrategien bereitstellen (vgl. Kunter und Trautwein 2013). Lipowsky (2015) zeigt zusammenfassend auf, dass das ausführ-lichere Feedback einen positiven Einfluss auf die Leistung nimmt, während die reine Information über die Richtigkeit keinen Effekt hat. Hattie und Timperley (2007) unterscheiden bei den ausführlicheren Formen prozessbezogenes Feed-back (‚Du hast an dieser Stelle das falsche Lösungsverfahren angewandt, probiere es mit Verfahren XY‘), selbstregulationsbezogenes Feedback (‚Überprüfe dein Ergebnis mit dem Probe-Verfahren aus der letzten Stunde‘) und persönliches Feedback (‚Du bist ein guter Schüler‘). Hier konnte gezeigt werden, dass sich besonders prozessbezogenes Feedback und selbstregulationsbezogenes Feedback positiv auf den Lernerfolg auswirken und für personenbezogenes Feedback eher keine Auswirkungen nachgewiesen wurden (vgl. auch Drechsel und Schindler 2019). Rakoczy et al. (2013) konnten zeigen, dass sich prozessbezogenes Feed-back dann positiv auf Lernerfolg und Schüler*inneninteresse auswirkt, wenn es als nützlich und unterstützend wahrgenommen wird. Nach Hattie und Timper-ley (2007) sollte Feedback zu folgenden drei Bereichen Informationen enthalten: Lernziel, aktueller Lernstand und Strategien zur Erreichung des Ziels.

Vor dem Hintergrund der motivationalen Nachteile der Schüler*innen mit Lernschwierigkeiten sollten Maßnahmen zur konstruktiven Unterstützung auf motivationaler Ebene besonders geeignet sein, diese Schüler*innengruppe zu unterstützen.

Unter *adaptiven Unterricht* versteht man einen auf die individuellen Lern-voraussetzungen der Schüler*innen angepassten Unterricht, um im Sinne der vorangegangenen Qualitätskriterien allen Schüler*innen ein erfolgreiches Ler-nen zu ermöglichen. Da die Lernvoraussetzungen nicht bei allen Schüler*innen gleich sind, gilt es diesem Anspruch über Differenzierungsmaßnahmen gerecht zu werden (vgl. Paradies und Linser 2017). Hier werden Maßnahmen auf unterschiedlichen Ebenen unterschieden: Differenzierung hinsichtlich des Lernziels, der Lernzeit und der Methoden. Lernzieladaptiver Unterricht ermöglicht es Schüler*innen, Leistungen auf unterschiedlichen Niveaus erbringen zu dürfen. Nicht alle Schüler*innen einer Klasse können das gleiche Kompetenzniveau erreichen. Groeben (2013) schlägt daher vor, Kompetenzniveaus zwischen dem Fundamentum, das einem Mindeststandard entspricht, den alle Schüler*innen erreichen müssen, um sinnvoll weiterarbeiten zu können, und einem Additum, das Wahlaufgaben auf unterschiedlichen Niveaus umfasst, anhand derer Schüler*innen sich weitere Kompetenzen aneignen können, zu unterscheiden. Schüler*innen mit Lernschwierigkeiten können die zur Verfügung stehende Lernzeit dafür nutzen, den Mindeststandard zu erreichen, während starke Schüler*innen an für sie angemessenen Aufgaben nach oben nicht begrenzt sind. Unterricht ist adaptiv hinsichtlich der Lernzeit, wenn Schüler*innen, die mehr Zeit benötigen, diese auch bekommen und Schüler*innen, die Aufgaben schneller bearbeiten und verstehen, keine unnötigen Wartezeiten haben. Für die Schüler*innen mit Lernschwierigkeiten ist es vor dem Hintergrund der ineffektiveren kognitiven Verarbeitung von Informationen (vgl. Abschnitt 2.1.2) von besonderer Wichtigkeit, ausreichend Zeit zu bekommen, um sich mit den Inhalten auseinanderzusetzen (vgl. Gold 2016). Methodisch werden sowohl Lernziel- als auch Lernzeitadaptivität beispielsweise über Wochenplanarbeit, Lerntheken, Stationenarbeit oder vergleichbare Lernarrangements ermöglicht (vgl. z. B. Castelli et al. 2016). Eine Differenzierung über Aufgaben wird beispielsweise von Salle et al. (2014), Büchter und Leuders (2016) oder Bruder (2006) beschrieben. Es ist zu beachten, dass sich in solchen selbstdifferenzierenden Settings nicht automatisch ein niveauangemessenes Arbeiten im Sinne der kognitiven Aktivierung etabliert (vgl. Prediger und Scherres 2012). Dieses gilt es durch entsprechende Unterstützungsmaßnahmen zu sichern. Grünke (2006) konnte zeigen, dass Schüler*innen mit Lernstörungen besser mit stärker angeleiteten Methoden mit größerem Instruktionsanteil arbeiten können. Gold (2016) ergänzt den Aspekt eines hohen Anteils an Übungen und Wiederholungen als günstig für Schüler*innen mit Lernschwierigkeiten.

Zusammenfassend gelten die Kriterien der Unterrichtsqualität nach Kunter und Voss (2011) insbesondere auch für das Unterrichten von Schüler*innen mit Lernschwierigkeiten. Als besonders bedeutsam wurden eine ausgeprägte konstruktive Unterstützung, klare Struktur, adaptiver Unterricht und eine kognitive Aktivierung herausgestellt.

2.4   Zusammenfassung und Modellentwicklung: Förderung mathematischer Leistung und individueller Motivation bei Schüler*innen mit Schwierigkeiten beim Mathematiklernen

Fasst man die Ergebnisse der vorangegangenen Abschnitte zusammen, lassen sich daraus empirisch fundierte Grundsätze für die Förderung mathematischer Leistung und individueller Motivation bei Schüler*innen mit Lernschwierigkeiten ableiten. Übergreifendes Ziel einer solchen Förderung ist das Durchbrechen der Negativspirale von Kompetenz und Motivation im Sinne ungünstiger Ausprägungen in den beschriebenen motivationalen Variablen. Die Maßnahmen zielen also auf inhaltlich-mathematische und auf motivationale Aspekte.

Auf der inhaltlich-mathematischen Ebene sollte das Ziel einer solchen Förderung darin liegen, die noch nicht sicher beherrschten Inhalte des Basisstoffs aus der Grundschulmathematik, die für viele Inhalte benötigt werden, aufzubauen, bevor der aktuelle Stoff bearbeitet wird (vgl. Scherer et al. 2016). Eine Liste von wichtigen Basisinhalten von Moser Opitz (2013) wurde in Abschnitt 2.1.3 vorgestellt. Besonders relevant sind dabei der Wechsel von Darstellungsebenen und die Deutung von Zahlen und Operationen. Ein solcher Fokus auf mathematischen Basisstoff ist auch für Schüler*innen in der Sekundarstufe I von Bedeutung, die ebenfalls oft noch Probleme im Bereich der Inhalte der Primarstufe haben (vgl. Hettmann und Tiedemann 2022). Neben dem Aufbau inhaltlicher Elemente sollte der Fokus auf nutzvolle Lern- und Lösungsstrategien gesetzt werden (vgl. Scherer et al. 2016). Überzeugende, mathematikdidaktisch fundierte Interventionen zur Aufbereitung des mathematischen Basisstoffs und zum Aufbau angemessener Rechenstrategien haben Selter et al. (2014) im Rahmen des Projekts *Mathe sicher können* und Häsel-Weide et al. (2014) vorgelegt. Grundlegende Voraussetzung für eine solche Förderung ist eine konsequente Diagnose und Berücksichtigung des Vorwissens der Schüler*innen.

Auf der motivationalen Ebene ist das Ziel der Förderung der Aufbau von Selbstwirksamkeit, Selbstkonzept und günstigen Kausalattributionen. Dies geschieht im besonderen Maße, wenn Lernsituationen so gestaltet werden, dass sie den Schüler*innen regelmäßige selbstbewirkte Erfolgserlebnisse und das Erleben von Kompetenz ermöglichen. Dazu ist es vorteilhaft, wenn herausfordernde, an das Fähigkeitsniveau der Schüler*innen angepasste, Aufgaben und Anforderungen gestellt werden. Sind die Aufgaben und deren Implementation in den Unterricht darüber hinaus kognitiv aktivierend, können die Schüler*innen einerseits die mathematischen Defizite abbauen und gleichermaßen Erfolge erleben. Dieser Prozess der Überwindung von herausfordernden Hindernissen durch die

Schüler*innen kann durch konstruktive inhaltliche und motivationale Unterstützung begleitet werden. Für Schüler*innen mit Schwierigkeiten beim Lernen sind auf inhallicher Ebene entsprechend der Ansätze zum Scaffolding (vgl. Puntambekar und Hubscher 2005; Simons und Klein 2007) besonders strukturierende, aufmerksamkeitslenkende Hilfestellungen, eine Unterstützung der Arbeitsgedächtnisfunktionen sowie die Modellierung elaborierter Lösungswege wichtig. Unterstützungen auf motivationaler Ebene umfassen die selbstwirksamkeitsförderliche Verarbeitung von Fehlern, eine konstruktiv unterstützende Lehrkraft-Lernenden-Beziehung sowie Feedbackprozesse. Um eine günstige Verarbeitung der Erfahrungen sicherzustellen, sollten die regelmäßigen Erfolgserlebnisse von der Lehrkraft rückgemeldet und gemeinsam mit den Schüler*innen nachbereitet werden. Hier gilt es, die oft ungünstigen Ursachenzuschreibungen der Schüler*innen für Erfolg und Misserfolg durch angemessene Formen zu ersetzen. Im Erfolgsfall sind dies internal stabile und kontrollierbare Ursachenzuschreibungen und im Misserfolgsfall internal variable und kontrollierbare (vgl. Abschnitt 2.2.3).

Aus der methodischen Perspektive gilt es möglichst viel Zeit für die Verarbeitung neuer Inhalte zur Verfügung zu stellen, da Schüler*innen mit Schwierigkeiten beim Lernen für die Verarbeitung und Speicherung von Informationen mehr Zeit benötigen. Diese kann im Rahmen von externem Förderunterricht oder im adaptiven Unterricht generiert werden. In beiden Fällen wird die Lernzeit durch eine effiziente Klassenführung erhöht.

Die beschriebenen Grundsätze beschreiben ein umfassendes Modell (s. Abbildung 2.3), das für die mathematische und motivationale Förderung von Schüler*innen mit Schwierigkeiten beim Mathematiklernen genutzt werden kann. Es vereinigt zahlreiche empirisch fundierte Ansätze der Mathematikdidaktik, der Unterrichtsforschung und der Motivationspsychologie.

2.5 Mögliche theoretische Erweiterungen des Modells zur Förderung mathematischer Leistung und individueller Motivation bei Schüler*innen mit Schwierigkeiten beim Mathematiklernen

Das Motivationsgeschehen von Schüler*innen und auch die mathematikdidaktische und psychologische Forschung dazu ist komplexer als die bisherigen Ausführungen andeuten. Die ausgewählten Konstrukte Selbstwirksamkeit, Selbstkonzept und Kausalattributionen haben eine hohe Erklärungskraft und Bedeutung für verschiedene pädagogische Situationen, insbesondere für Schüler*innen mit

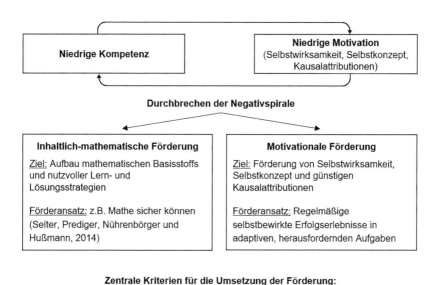

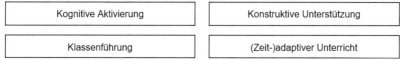

Abbildung 2.3 Modell der Förderung von mathematischen Kompetenzen und Motivation bei Schüler*innen mit Schwierigkeiten beim Mathematiklernen. Eigenentwicklung.

Schwierigkeiten beim Mathematiklernen, haben jedoch blinde Flecken, die unberücksichtigt bleiben (vgl. Krapp und Ryan 2002). Neben den in dieser Arbeit betrachteten Konstrukten sind in der aktuellen mathematikdidaktischen Forschung ebenfalls zwei motivationsbezogene Ansätze prominent (vgl. Schukajlow et al. 2017[5]): Die Selbstbestimmungstheorie (vgl. Ryan und Deci 2004) und die Interessenstheorie (vgl. Krapp 2018). Im Folgenden werden ein kurzer Einblick in die entsprechenden Theorien gegeben.

In der Selbstbestimmungstheorie unterscheiden Deci und Ryan (2004b) intrinsische Motivation, die sich aus dem Erleben im Handlungsvollzug selbst speist, von unterschiedlich autonomen Formen extrinsischer Motivation, die sich durch

---

[5] Schukajlow et al., 2017 stellen einen weiteren in der mathematikdidaktischen Forschung bedeutsam Ansatz heraus: Emotionen. Emotionen werden in dieser Arbeit nur randständig betrachtet, da der Fokus auf den motivationalen Aspekten liegt.

unterschiedliche Grade an Identifikation mit der anstehenden Aufgabe auszeichnen. Sie erweitern damit Ansätze, wie den der Selbstwirksamkeit, die den Fokus auf die Stärke der Motivation setzen um eine Qualitätskomponente, die verdeutlicht, aus welchem Grund eine Person etwas tut (vgl. Krapp und Ryan 2002; Eccles und Wigfield 2002). Des Weiteren postuliert die Selbstbestimmungstheorie drei psychologische Grundbedürfnisse nach Autonomie, Kompetenzerleben und sozialer Eingebundenheit (vgl. Deci und Ryan 2004b). Sie ergänzen damit den Wunsch nach dem Erleben von Kompetenz, der sich wie die Selbstwirksamkeit auf das Gefühl bezieht, „dass man mit seinem eigenen Verhalten etwas bewirken kann und sich in der Lage sieht, den vorgegebenen oder selbstgewählten Anforderungen gerecht werden zu können" (Krapp und Ryan 2002, S. 72), um zwei weitere Bedürfnisse: Das Bedürfnis nach Autonomie beschreibt den Wunsch eines Individuums, die Verursachung eigener Handlungen in sich selbst verortet zu sehen und über eigene Tätigkeiten bestimmen zu können (vgl. Deci und Ryan 2004b). Das Bedürfnis nach sozialer Eingebundenheit beschreibt den Wunsch, mit anderen Individuen in Beziehung zu stehen sowie warme und sichere emotionale Bindungen aufzubauen (vgl. ebd.). Durch diese Hinzunahme weiterer Grundbedürfnisse können Phänomene der Motivationsentwicklung differenzierter beschrieben und analysiert werden.

In klassischen Erwartungs-Wert-Modellen werden Erfolgserwartungen und Wertabschätzungen unterschieden (vgl. Krapp und Ryan 2002; Krapp 2018). Während sich die Selbstwirksamkeitstheorie besonders mit dem Erwartungsaspekt befasst und die Wertkomponente eine untergeordnete Rolle hat, wird in der Interessenstheorie eine Person-Gegenstands-Beziehung modelliert, die sich durch eine besondere Wertschätzung des Gegenstands auszeichnet (vgl. Hidi und Renninger 2006; Krapp 2018). Diese Wertschätzung ist gepaart mit positivem Erleben bei der Auseinandersetzung mit dem Interessensgegenstand. Das Interessenskonstrukt hat dabei Zusammenhänge mit verschiedenen bedeutsamen Schüler*innenvariablen, wie der Zielsetzung (vgl. Harackiewicz et al. 2008), der Ausdauer (vgl. Ainley et al. 2002), der Selbstregulation (vgl. Pintrich 1999) und der Leistung (vgl. Heinze et al. 2005). Hidi und Renninger (2006) nehmen an, dass überdauernde Interessen aus situationalem Interesse resultieren, welches wiederum durch verschiedene Interventionen beispielsweise im Rahmen von Mathematikunterricht hervorgerufen werden kann. Wie in der Selbstbestimmungstheorie wird in der Interessenstheorie angenommen, dass die Befriedigung der Bedürfnisse nach Autonomie, Kompetenzerleben und sozialer Eingebundenheit einen Einfluss auf diese Interessensentwicklung nehmen (vgl. Krapp und Ryan 2002). Das Kompetenzerleben scheint dabei von besonderer Wichtigkeit zu sein. So konnten Rakoczy et al. (2013) zeigen, dass Feedback, mediiert über die Kompetenzwahrnehmung der Schüler*innen, einen positiven Zusammenhang zur Interessensentwicklung aufweist. Schukajlow und Krug (2014) konnten bei einer Intervention, in der Schüler*innen multiple Lösungen für Modellierungsaufgaben produzieren sollten, ebenfalls nachweisen, dass die positiven Effekte der Intervention auf das Interesse über das Kompetenzerleben mediiert werden. Es ist demnach nicht überraschend, dass sich der *Big-Fish-Little-Pond-Effekt* auch für das Interesse nachweisen lässt (vgl. Trautwein et al. 2006). Umfassende Darstellungen zur Förderung von Interesse liefern beispielsweise Schulze Elfringhoff und Schukajlow (2021), sowie Renninger und Hidi (2016).

Das geschilderte Modell (s. Abbildung 2.3) ließe sich den vorangegangenen Ausführungen folgend unter Berücksichtigung der Selbstbestimmungstheorie und der Interessenstheorie besonders mit einem Fokus auf das Kompetenzerleben weiter ausdifferenzieren. Da sich die Zielgruppe der Schüler*innen mit Schwierigkeiten beim Lernen besonders durch Defizite in den Bereichen der Selbstwirksamkeit, des Selbstkonzepts und der Kausalattributionen auszeichnet, scheint die Fokussierung in dieser Arbeit auf diese Ansätze jedoch weiterhin angemessen. Das Modell bietet eine Grundlage für das Herausarbeiten von Herausforderungen, denen (angehende) Mathematiklehrkräfte bei der Förderung von Schüler*innen mit Schwierigkeiten beim Lernen gegenüberstehen. Die hinter der Bewältigung dieser Herausforderungen stehenden Kompetenzen, sind Gegenstand des folgenden Kapitels. Aus der Perspektive der Lehrer*innenbildung ist es bedeutsam diese Kompetenzen zu modellieren und Möglichkeiten für deren Entwicklung zu untersuchen.

Professionelle Kompetenzen, motiviertes Lernen zu fördern

Ein wichtiger Einflussfaktor im Angebots-Nutzungs-Modell (s. S. 11) von Helmke (2017) sind die Merkmale der Lehrperson mit ihrem Wissen, ihren Überzeugungen und ihrem Engagement. Dieser Faktor wirkt sich, vermittelt über das Unterrichtsangebot, auf die Lernaktivitäten der Schüler*innen und somit auf ihre fachlichen und überfachlichen Leistungen sowie erzieherische Aspekte aus. Diese Merkmale der Lehrperson werden als entscheidende Stelle zur Optimierung von Bildungs- und Lernprozessen im schulischen Kontext gesehen (vgl. Leutner et al. 2013; Hattie 2009). Nicht überraschend ist vor diesem Hintergrund das große Interesse an Personenmerkmalen von Lehrkräften, die qualitätsvollem unterrichtlichen Handeln zugrunde liegen (vgl. Kunter, Baumert et al. 2011; Blömeke, Kaiser, Lehman 2008; Klieme und Leutner 2006; Darling-Hammond und Bransford 2005).

Für die Untersuchung lehrer*innenseitiger unterrichtlicher Zusammenhänge haben sich zahlreiche Forschungsansätze etabliert (vgl. Herzmann und König 2016). Der kompetenztheoretische Ansatz ist wegen seiner Ausrichtung auf die unterrichtlichem Handeln zugrunde liegenden Fähigkeiten von Lehrkräften und seiner prominenten Stellung in der aktuellen Forschung der zentrale theoretische Bezugspunkt dieser Arbeit.

Dieses Kapitel skizziert den kompetenztheoretischen Rahmen dieser Arbeit, indem zunächst der Begriff der professionellen Kompetenz für die Domäne der Lehrer*innenbildung eingeführt wird (Abschnitt 3.1) und unterschiedliche Konzeptualisierungen und Ausgestaltungen dieses Konstrukts vorgestellt werden (Abschnitt 3.2). Im Abschnitt 3.3 wird der zuvor eingeführte Kompetenz-Begriff für das Handlungsfeld der schulischen Förderung von mathematischen Kompetenzen und individueller Motivation konkretisiert und der Begriff der *professionellen Kompetenz, motiviertes Lernen zu fördern* (KMLF) entwickelt und ausdifferenziert. Dafür werden Anforderungen an (Förder-)lehrkräfte in diesem

© Der/die Autor(en) 2022
M. Hettmann, *Motivationale Aspekte mathematischer Lernprozesse*,
Bielefelder Schriften zur Didaktik der Mathematik 7,
https://doi.org/10.1007/978-3-658-37180-7_3

Bereich herausgearbeitet und ausformuliert. Aus dieser Anforderungsanalyse werden unterschiedliche Facetten der KMLF abgeleitet. In Abschnitt 3.4 werden aktuelle Forschungsergebnisse zur Förderung von Kompetenzen bei (angehenden) Lehrkräften zusammengestellt. Abschließend werden in Abschnitt 3.5 die Erkenntnisse zusammengefasst und Forschungsdesiderata abgeleitet.

3.1 Professionelle Kompetenz – Begriff und zugrundeliegendes Konstrukt

Die Begrifflichkeit der professionellen Kompetenz wird in der aktuellen Literatur intensiv diskutiert (vgl. Blömeke et al. 2015; König und Seifert 2012b; Baumert und Kunter 2011a). Dabei haben sich für beide Begriffsteile eine Vielzahl von Definitionen und Konzeptualisierungen entwickelt (vgl. Baumert und Kunter 2006). Die beiden Begriffe der Profession und Kompetenz werden daher im Folgenden definiert.

Für den Professionsbegriff stellt Schwarz (2013) heraus, dass sich, trotz Fehlens einer einheitlichen Definition, einige in verschiedenen Ansätzen wiederkehrende Eigenschaften herausstellen lassen, durch die sich Professionen auszeichnen. Radtke (2000) grenzt den Begriff der Profession von denen der Arbeit und des Berufs anhand dreier Aspekte ab, die insbesondere für Professionen relevant sind:

(a) „Wissenschaftliche Fundierung der Tätigkeit in
(b) gesellschaftlich relevanten, ethisch normierten Bereichen der Gesellschaft, wie Gesundheit, Recht, auch Erziehung und
(c) ein besonders lizensiertes Interventions- und Eingriffsrecht in die Lebenspraxis von Individuen" (S. 1)

Baumert et al. (2011) ergänzen die Verwaltung gesellschaftlicher Güter in den unter (b) benannten Gesellschaftsbereichen und die Verantwortungsübernahme für die den Professionen jeweils zugehörigen Klient*innen. Diese Aufgaben übernehmen Professionelle auf der Basis theoretisch-akademischer Wissensbestände und praktischem im Diskurs validiertem Erfahrungswissen. Das theoretische Wissen strukturiert dabei „den konzeptuellen Rahmen für die Deutung und Ordnung praktischer Erfahrung" (Baumert et al. 2011, S. 10). Der Lehrer*innenberuf lässt sich anhand dieser Aspekte problemlos als professionalisiert charakterisieren. Er ist in dem Sinne akademisch fundiert, dass er auf den Wissensbeständen der wissenschaftlichen Bezugsdisziplinen der Fachwissenschaft, der Fachdidaktik und der allgemeinen schul- und lernbezogenen Pädagogik und Psychologie beruht. Mit diesem Wissen verwalten Lehrkräfte die gesellschaftlichen Güter der Bildung und Erziehung. Sie haben dabei durch die zweigeteilte universitäre und praktische Ausbildung und Zertifizierung ein besonderes Interventionsrecht in das Leben ihrer zugehörigen Klient*innen, den Schüler*innen. Schwarz (2013) kommt daher, in Übereinstimmung mit Baumert et al. (2011), zu dem Schluss:

> „Der Beruf der Lehrerin oder des Lehrers ist zumindest so weit professionalisiert, dass es gerechtfertigt ist, von professioneller Kompetenz und damit verbunden von einer dazugehörigen professionellen Wissensstruktur als Grundlage für berufliches Handeln von Lehrerinnen oder Lehrern auszugehen." (Schwarz, 2013, S. 26)

Diese professionelle Wissensstruktur ist zentraler Teil der Kompetenz von Lehrkräften und findet sich in den meisten Konzeptualisierungen von Lehrer*innenkompetenzen wieder.

Ein vielen aktuellen Studien zugrundeliegender Kompetenzbegriff ist der von Weinert (vgl. Klieme 2004; Baumert und Kunter 2011a; Blömeke, Felbrich, Müller 2008). Nach Weinert (2014)

> „versteht man unter Kompetenzen die bei Individuen verfügbaren oder durch sie erlernbaren kognitiven Fähigkeiten und Fertigkeiten, um bestimmte Probleme zu lösen, sowie die damit verbundenen motivationalen, volitionalen und sozialen Bereitschaften und Fähigkeiten, um die Problemlösungen in variable Situationen erfolgreich und verantwortungsvoll nutzen zu können." (S. 27 f)

Die beiden zentralen Besonderheiten dieses Kompetenzkonstrukts sind zum einen die, im Gegensatz zu anderen Konstrukten wie der Intelligenz stehende, Veränderbarkeit und Erlernbarkeit der kognitiven Fähigkeiten und Fertigkeiten sowie zum anderen die funktionale Bestimmung relevanter Kompetenzaspekte. Diese Bestimmung ist insoweit funktional, dass sie an den zu bewältigenden beruflichen Anforderungen und Funktionen in den entsprechenden beruflichen Bezugssituationen ansetzt und den Fokus auf diejenigen Fähigkeiten und Fertigkeiten legt, die für die Bewältigung beruflicher Probleme und Anforderungen notwendig ist.

Weinert (1999) definiert Kompetenzen in einem Gutachten für die OECD zunächst lediglich als funktionalbestimmte *kognitive* Fähigkeiten. Mit der oben vorgestellten Definition ergänzt er die Definition zu einem vielschichtigen Konstrukt aus verschiedenen kognitiven und affektiv-motivationalen Komponenten. Kompetenzen umfassen nach dieser Definition neben den kognitiven Ressourcen, wie verschiedenen Wissensfacetten oder Überzeugungen und Werthaltungen, die es einem Individuum ermöglichen, die Anforderungen und Probleme zu bewältigen, auch affektiv-motivationale Dispositionen, wie die Selbstwirksamkeit oder die intrinsischen Motivation, die die Bereitschaft darstellen, die Fähigkeiten zur Problemlösung auch zu nutzen.

Die Definition von Weinert legt den Fokus auf bei Individuen vorhandene Dispositionen zur Bewältigung bestimmter Anforderungen. Kompetenzen sind vor diesem Hintergrund dementsprechend latente Dispositionen, die professionellem Handeln zugrunde liegen. Die zu bewältigenden Praxissituationen und Berufsanforderungen sind dann das Kriterium, an dem die Validität der beschriebenen Faktoren gemessen wird. Das Ziel eines solchen dispositionalen Ansatzes ist es, die einzelnen Facetten der professionellen Kompetenz auszumachen und zu beschreiben, wie die einzelnen Aspekte zusammenhängen (vgl. Hammer 2016; Schwarz 2013). So soll Verhalten unterschiedlich kompetenter Akteure vorhergesagt werden und durch gezielte Interventionen verändert werden. Beispielsweise wird also versucht herauszufinden, welche kognitiven und affektiv-motivationalen Ressourcen eine Lehrkraft benötigt, um Schüler*innen mit Lernschwierigkeiten im Mathematikunterricht oder in Förderkontexten zu motivieren, und wie diese Ressourcen gezielt gefördert werden können. Blömeke et al. (2015) erweitern diese dispositionale Sicht unter Berücksichtigung behavioraler Ansätze aus der Wirtschaftspsychologie, die zum Ziel haben, möglichst geeignete Kandidat*innen für einen Job zu finden (vgl. Arthur et al. 2003). Hier ist die Performanz das Kriterium für Kompetenz. „Competence *is* performance in real-world situations" (Blömeke et al. 2015, *S.* 6, Hervorhebung im Original). *Kompetenz* wird vor dem Hintergrund beider Ansätze von Blömeke et al. (2015) als latente Disposition verstanden, die der *Performanz* im Sinne einer Bewältigung von praktischen situativen Problemen zugrunde liegt. Die Performanz wird dann als Indikator für diese Kompetenz betrachtet. In dieser Arbeit wird der kombinierte Ansatz vertreten.

Bromme (1997) postuliert, dass nicht nur direkte Zusammenhänge zwischen kognitiven und affektiv-motivationalen Aspekten und der Performanz bestehen und fragt nach Mediatoren zwischen diesen Bereichen. Kaiser et al. (2017) nehmen diesen Gedanken wieder auf:

> „However, it can reasonably be assumed that this knowledge is not directly transformed into performance, but mediated by cognitive skills more closely related to activities of teachers" (S. 171).

Auf die Frage nach den Prozessen, die den Übergang zwischen den kognitiven und affektiv-motivationalen Dispositionen hin zum beobachtbaren Verhalten darstellen, stellen Blömeke et al. (2015) eine Modellierung von Kompetenz als Kontinuum vor und führen situationsspezifische Fähigkeiten der Wahrnehmung, Interpretation und Entscheidungsfindung als Mediatoren zwischen die beiden

Kompetenzbereiche Disposition und Performanz ein (s. Abbildung 3.1). In diesen Prozessen werden die dispositionalen Faktoren gemeinsam mit situativen Aspekten der Anforderungssituation verarbeitet, strukturiert und miteinander in Beziehung gesetzt. (vgl. Hammer 2016)

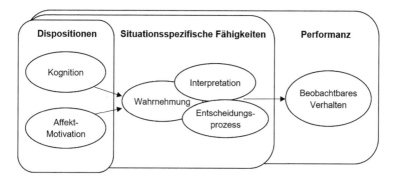

Abbildung 3.1 Modellierung von Kompetenz als Kontinuum aus Blömeke et al. (2015), S. 7 und (deutsch) Hammer (2016), S. 18. Used with permission from Zeitschrift für Psychologie 2015; Vol. 223(1):3–13 ©2015 Hogrefe Publishing; www.hogrefe.com https://doi. org/10.1027/2151-2604/a000194. Die CC-BY 4.0 – Lizenz dieser Publikation bezieht sich nicht auf Abbildung 3.1

Die situationsspezifischen Fähigkeiten können mithilfe der Ansätze des *Noticing* und des *Knowledgebased Reasoning* von Sherin und van Es (2009) modelliert werden. Unter Noticing werden die aktiven Prozesse gefasst, die es einer Lehrkraft ermöglichen, die umfangreiche Menge sensorischer Daten, die im Rahmen von komplexen Unterrichtssituationen gesammelt werden, zu verarbeiten (vgl. Sherin et al. 2011). Dabei muss eine Lehrkraft gezielt Beobachtungsfoki auf relevante Aspekte der Situation setzen, wie beispielsweise das mathematische Denken einzelner Schüler*innen oder störende Interaktionen zwischen Schüler*innen und dafür als unwichtiger eingeschätzte vernachlässigen (vgl. Seidel und Stürmer 2014; Sherin und van Es 2009; van Es und Sherin 2002). Die Wahrnehmung wird dabei zum einen durch situative Aspekte und zum anderen durch kognitive Dispositionen gesteuert und vorstrukturiert. In einem zweiten Schritt müssen diese wahrgenommenen Aspekte verarbeitet und interpretiert werden. Dabei werden die beobachteten Elemente miteinander, mit dem eigenen Wissen und vorangegangenen Erfahrungen in Verbindung gebracht (vgl. Sherin et al.

2011). Hierfür führen Sherin und van Es (2009) den Begriff des Knowledgebased Reasoning ein. Seidel und Stürmer (2014) unterscheiden dabei zwischen drei Stufen, die sich in der Qualität der Verarbeitung unterscheiden. *Beschreiben* ist ein deskriptives Herausstellen und Strukturieren der beobachteten Aspekte einer Lernsituation. *Erklärung* geht darüber hinaus und setzt beobachtete Aspekte mit theoretischem und praktischem Wissen in Beziehung. Die *Vorhersage* letztlich ist die Fähigkeit, auf Basis der bisher gemachten Beobachtungen und Analysen die Auswirkungen der Ausgangssituation auf folgende Unterrichtsschritte und das Lernen der Schüler*innen vorherzusagen (vgl. Seidel und Stürmer 2014).

Die beiden Schritte des Noticing und Knowledgebased Reasoning stehen in wechselseitiger Interaktion zueinander. Einerseits wird eine Lehrkraft je nach Wahrnehmung der Situation zu unterschiedlichen Interpretationen dieser kommen und andererseits wird das Interpretieren einer vorangegangen Situation auf eine bestimmte Weise Einfluss auf das zukünftige Sammeln bzw. Vernachlässigen von Informationen dieser Lehrkraft haben (vgl. Sherin und van Es 2009; Sherin et al. 2011). Auf Basis dieser zwei Prozesse werden dann Entscheidungen getroffen, die sich auf das beobachtbare Verhalten der Lehrkraft auswirken (s. Abbildung 3.1).

3.2　Unterschiedliche Konzeptualisierungen professioneller Kompetenzen

In diesem Abschnitt werden Studien vorgestellt, denen unterschiedliche Konzeptualisierungen und Ausgestaltungen professioneller Kompetenzen von Lehrkräften zugrunde liegen. Für eine grobe Sortierung unterscheiden Kaiser et al. (2017) kognitive von situativen Ansätzen. Kognitive Ansätze setzen sich eher mit den kognitiven Aspekten der Kompetenz auseinander und setzen dabei einen Schwerpunkt auf Wissensfacetten. Sie zielen darauf, unterschiedliche kognitive Facetten der professionellen Kompetenz von Lehrkräften zu definieren, ordnen und unterscheiden. Viele der großangelegten Studien zu professionellen Kompetenzen von Lehrkräften wie *Mathematics Teaching in the 21st Century* (MT21), *Learning to Teach Mathematics – Teacher Education and Development Study* (TEDS-M) oder *Cognitive Activation in the Mathematics Classroom (COACTIV)* lassen sich den kognitiven Ansätzen zuordnen[1]. Einige neuere Studien, wie die TEDS-FU-Studie setzen mehr auf situative Aspekte der Kompetenz und setzen die Theorie

---

[1] Bei Zuordnung der genannten Studien zu den kognitiven Ansätzen ist zu beachten, dass keine der genannten Studien einen rein kognitiven Ansatz vertreten, sondern darüber hinaus sowohl affektiv-motivationale als auch teilweise situative Aspekte modellieren. Allerdings

des Noticing (vgl. Abschnitt 3.1) an, um den prozessbezogenen Charakter der Kompetenz zu untersuchen.

Der Schwerpunkt des folgenden Abschnitts 3.2 liegt auf den kognitiven Ansätzen, da in dieser Arbeit ein entsprechender Ansatz verfolgt wird. Es soll ein Überblick über die Konzeptualisierungen gegeben werden. Die einzelnen für diese Arbeit relevanten Kompetenzfacetten werden in Abschnitt 3.3 detailliert theoretisch und empirisch begründet.

3.2.1 Cognitive approaches: COACTIV, TEDS-M & MT21

MT21 ist die Vorstudie der zwei Jahre später startenden TEDS-M Studie. Die Studie hat jedoch ein darüber hinausgehendes Erkenntnisinteresse: Am Beispiel von Mathematiklehrkräften sollte im Rahmen einer großangelegten und international vergleichenden Studie das Wissen und die Überzeugungen angehender Lehrkräfte untersucht werden (vgl. Blömeke, Felbrich, Müller 2008). Die 2002 gestartete Studie sah Erhebungen in sechs Ländern mit unterschiedlichen Systemstrukturen vor: Bulgarien, Deutschland, Mexiko, Südkorea, Taiwan und USA. Die wichtigsten Ergebnisse der MT21-Studie sind die zeitgleich zur COACTIV-Studie erstmalige umfassende Konzeptualisierung professioneller Kompetenz von angehenden (Mathematik-)Lehrkräften sowie die Entwicklung zahlreicher Instrumente zur Erfassung der Facetten dieser Kompetenz (vgl. ebd.).

Zur Modellierung des Kompetenzbegriffs nutzt MT21 den unter 3.1 skizzierten Ansatz von Weinert (2014). Für MT21 wurden an diese Definition anknüpfend Anforderungsbereiche der beruflichen Tätigkeit von Mathematiklehrkräften in den sechs teilnehmenden Ländern identifiziert. Tabelle 3.1 gibt einen Überblick über die Anforderungen. Hier wird schnell deutlich, dass nicht alle Facetten einer auf der Basis der komplexen Aufgaben von Lehrkräften definierten Kompetenz in einer Studie erfasst werden können. Der Schwerpunkt wird in MT21 auf die unterrichtlichen Aspekte (A und B) gelegt (vgl. Blömeke, Felbrich, Müller 2008), da der Unterricht die zentrale Aufgabe von Lehrkräften darstellt (vgl. Tenorth 2006).

Unter diese beiden Aspekte wurden in MT21 vorrangig entsprechende Wissensfacetten gefasst, welche in Anlehnung an Shulman (1987) in folgende drei Bereiche gegliedert werden: mathematisches Fachwissen (*content knowledge*), mathematikdidaktisches Wissen (*pedagogical content knowledge*) und

---

liegt der Schwerpunkt der drei Studien auf den kognitiven Wissens- und Überzeugungsfacetten vgl. Kaiser et al. (2017).

Tabelle 3.1 Definition beruflicher Anforderungen von Mathematiklehrer*innen in MT21 aus Blömeke, Felbrich, Müller, 2008, S. 18. Die CC-BY 4.0 – Lizenz dieser Publikation bezieht sich nicht auf Tabelle 3.1. Das Copyright unterliegt dem Waxmann-Verlag.

Teacher tasks	Situations
A: Choice of themes, methods; sequencing of learning processes	1. Selecting and justifying content of instruction 2. Designing and evaluating of lessons
B: Assessment of student achievement; counselling of students/parents	1. Diagnosing student achievement, learning processes, misconceptions, preconditions 2. Assessing students 3. Counselling students and parents 4. Dealing with errors, giving feedback
C: Support of students' social, moral, emotional development	1. Establishing teacher-student relationship 2. Foster the development of morals and values 3. Dealing with student risks 4. Prevention of, coping with discipline problems
D: School development	1. Initiating, facilitating cooperation 2. Understanding of school evaluation
E: Professional ethics	1. Accepting the responsibility of a teacher

erziehungswissenschaftliches Wissen (*general pedagogical knowledge*). Diese Unterscheidung hat sich in vielen Studien durchgesetzt und findet sich auch in TEDS-M und COACTIV wieder[2]. Darüber hinaus werden auch einige persönliche Überzeugungen und Werthaltungen (*beliefs*) untersucht: Darunter epistemologische Überzeugungen, Überzeugungen zum Lehren und Lernen von Mathematik und schul- und professionstheoretische Überzeugungen (vgl. Blömeke, Felbrich, Müller 2008).

Die daran anschließende TEDS-M Studie hat das zentrale Ziel, die Effektivität der Lehrer*innenausbildung zu untersuchen. Sie legt dabei den Fokus auf die Bestimmung professioneller Kompetenzen von angehenden Mathematiklehrkräften und die Reflexion des Einflusses der institutionellen und länderspezifischen Bedingungen. Mit siebzehn teilnehmenden Ländern und ca. 23 000 befragten Lehrkräften in ihrer Ausbildung ist die TEDS-M Studie die aktuell größte Studie in diesem Bereich. (vgl. Kaiser et al. 2017)

---

[2] Für eine ausführlichere Darstellung der Wissensfacetten allgemein und in dieser Studie, vgl. Abschnitt 3.3.2.

Wie in der MT21-Studie, wurde das Unterrichten als zentrale Tätigkeit von Lehrkräften herausgestellt. Auf der Basis von Standards, u. a. der KMK (2004), wurden Kernaufgaben des Lehrer*innenberufs abgeleitet. In Anlehnung an Weinerts Definition von Kompetenz unterscheiden Döhrmann et al. (2012) kognitive und affektiv-motivationale Facetten (s. Abbildung 3.2). Bei den kognitiven Facetten wurden ebenfalls die drei Wissensfacetten nach Shulman (1986) unterschieden. Bei den affektiv-motivationalen Aspekten unterscheiden die Autoren Beliefs über die Mathematik, das Lehren und Lernen von Mathematik und Überzeugungen über eigene Motivation und Selbstregulation. Die Beliefs werden dabei nach Richardson (1996) definiert als stabile Überzeugungen über die Welt, die subjektiv für wahr gehalten werden.

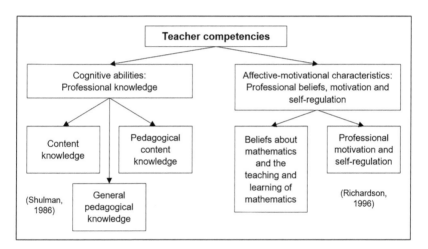

Abbildung 3.2 Conceptual model of teachers' professional competencies aus Döhrmann, Kaiser & Blömeke, 2012, S. 327. Die CC-BY 4.0 – Lizenz dieser Publikation bezieht sich nicht auf Abbildung 3.2, das Copyright unterliegt dem Springer-Verlag.

Das zentrale Anliegen der COACTIV-Studie war es zu untersuchen, wie professionelle Kompetenzen von Lehrkräften aufgebaut sind, sich entwickeln und wie sie Einfluss auf die Praxis von Lehrkräften nehmen (vgl. Baumert et al. 2011). Dabei stehen zwei zentrale Fragen im Fokus: Erstens soll auf theoretischer und empirischer Basis untersucht werden, welche Dispositionen Lehrkräfte benötigen, um in ihrem Beruf dauerhaft erfolgreich zu sein. Der Begriff des Berufserfolgs wird dabei mehrdimensional gefasst. Einerseits werden auf Basis von Analysen zentraler Anforderungen an Lehrkräfte schüler*innenseitige Kriterien für den Berufserfolg festgemacht, wie

> „einen Unterricht planen, inszenieren und interaktiv gestalten zu können, der in einem stabilen Ordnungsrahmen die Teilnahmemotivation von Schülerinnen und Schülern sichert, zu kognitivem Engagement und zu verständnisvollem, sinnstiftenden Lernen und zum Erwerb zentraler schulischer Kompetenzen führt, das Bewusstsein des eigenen Könnens stärkt und im besten Fall dauerhaftes dispositionales Interesse an der Sache erzeugt" (Baumert et al. 2011, S. 8)

Andererseits werden auch lehrkraftseitige Kriterien erfasst, wie affektiv-motivationale und selbstregulatorische Fähigkeiten, die es der Lehrkraft ermöglichen

> „die Anforderungen der beruflichen Tätigkeit dauerhaft über ein Berufsleben hinweg zu erfüllen und dabei Engagement, Leistungsfähigkeit und Berufszufriedenheit zu bewahren" (ebd.).

Dabei sollen theoretische Erkenntnisse geordnet und in ein übergreifendes Modell zusammengeführt werden, welches dann empirisch überprüft wird. Zweitens wird danach gefragt, welche Einflussfaktoren sich auf die Facetten der professionellen Kompetenz auswirken.

In der COACTIV-Studie wurden im Rahmen der nationalen Ergänzung der internationalen Vergleichsstudie PISA 2003/2004 diejenigen Lehrer*innen befragt, deren Schüler*innen Teil der entsprechenden PISA-Studie waren. Dadurch wurde es ermöglicht, lehrkraftbezogene Daten über die professionelle Kompetenz mit Daten zu Kompetenzen der Schüler*innen zusammenzubringen. Darüber hinaus wurden Schüler*innen und Lehrkräfte zum Ende der zehnten Jahrgangsstufe erneut befragt, um einen echten Längsschnitt zu erheben. In einer zweiten Studie wurden in COACTIV-R über mehrere Kohorten hinweg Lehramts-anwärter*innen im Vorbereitungsdienst bis zum Übergang in die Berufstätigkeit untersucht. (vgl. Baumert et al. 2011)

Das theoretische Rahmenmodell startet, vergleichbar mit den vorangestellten, ebenfalls bei der zentralen Tätigkeit von Lehrkräften, also dem Unterrichten. Die Studie sieht aber im Gegensatz zu den vorangegangenen Studien gleichermaßen den Erziehungsaspekt bzw. die Erziehungsaufgabe in der Unterrichtstätigkeit verankert und modelliert diese beiden Aufgaben zusammen. Baumert und Kunter (2011a) unterscheiden vier Kompetenzfacetten, die in ihrem Zusammenwirken professionelle Kompetenz ergeben (s. Abbildung 3.3). Beim professionellen Wissen werden vergleichbar zu MT21 und TEDS-M die drei Wissensfacetten nach

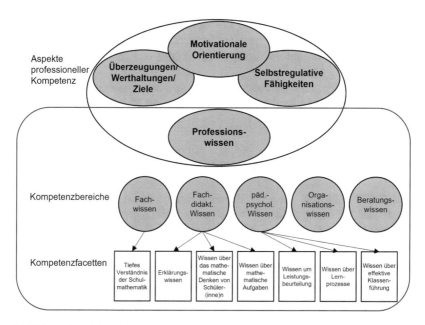

Abbildung 3.3 Modell der professionellen Handlungskompetenz – Professionswissen aus Baumert und Kunter 2011a, S. 32. Die CC-BY 4.0 – Lizenz dieser Publikation bezieht sich nicht auf Abbildung 3.3. Das Copyright unterliegt dem Waxmann-Verlag.

Shulman (1987) unterschieden. Sie werden allerdings um Beratungswissen und Organisationswissen ergänzt (vgl. Baumert und Kunter 2011a). Darüber hinaus stellen sie die Bereiche Überzeugungen, Werthaltungen und Ziele, Motivationale Orientierung sowie Selbstregulation heraus.

Über die drei Ansätze hinweg lassen sich einige Gemeinsamkeiten bei der Modellierung professioneller Kompetenzen feststellen, von denen insbesondere drei herausgestellt werden sollen. Erstens basieren alle Konzeptualisierungen auf einer Anforderungsanalyse zentraler Tätigkeiten und Herausforderungen von Lehrkräften. Auf der Basis dieser Analysen werden mit dem Fokus auf Kerntätigkeiten des Unterrichtens entsprechende Fähigkeiten identifiziert, die einer erfolgreichen Bewältigung dieser Anforderungen zugrunde liegen. Zweitens legen die vorgestellten Ansätze die Aufmerksamkeit besonders auf Wissensfacetten des Fachwissens, fachdidaktischen Wissens und allgemein-pädagogischen Wissens und legen entsprechende Instrumente zur Untersuchung dieser Facetten vor. Drittens nehmen sie neben den Wissensfacetten weitere Aspekte professioneller

Kompetenzen, wie Überzeugungen, motivationale Orientierungen und Selbstregulation auf. Die Ansätze unterscheiden sich darin, wie viele und welche Facetten sie über die rein kognitiven Facetten des Wissens und der Überzeugungen mit aufnehmen.

Im Folgenden wird hauptsächlich auf das Rahmenmodell von COACTIV zurückgegriffen, da es für die Konzeptualisierung der KMLF besonders geeignet erscheint.

3.2.2   Situated approach: TEDS-FU

Die TEDS-FU-Studie setzt als Follow-Up der TEDS-M-Studie den Schwerpunkt auf die verbindenden Prozesse zwischen Disposition und Performanz (s. Abbildung 3.1). Es wird dementsprechend auf die unter 3.1 dargestellte Konzeption des Noticing zurückgegriffen. In TEDS-FU wurden die Zusammenhänge der drei Wissensfacetten Fachwissen, fachdidaktisches Wissen und allgemein-pädagogisches Wissen mit Facetten der professionellen Wahrnehmung von 171 Sekundarstufenlehrkräften aus der TEDS-M Stichprobe untersucht. Das Besondere an dieser Untersuchung ist der Zugang über Video-Vignetten. Die Lehrkräfte schauen kurze Szenen aus Unterrichtsstunden und reagieren auf die Situation in geschlossenen Ratings und offenen Aufgaben. Dabei wenden sie ihr Wissen auf die videografierten Situationen an (vgl. Kaiser et al. 2015). Für die Auswertung wurden mathematikbezogene und pädagogische Anforderungen differenziert. Korrelationen zwischen den einzelnen Konstrukten deuten mit einer Ausnahme daraufhin, dass mit kognitiven und situativen Ansätzen unterschiedliche Konstrukte gemessen werden können. Lediglich bei dem mathematikbezogenen Noticing und dem allgemein-pädagogischen Wissen wurde ein Zusammenhang nachgewiesen, der auf eine vergleichbare Item-Struktur und stichprobenspezifische Stärken und Schwächen zurückgeführt wird (vgl. Kaiser et al. 2017).

3.3   Konzeptualisierung der *professionellen Kompetenz, motiviertes Lernen zu fördern*

Nachdem in den vorangegangenen Kapiteln zunächst der Begriff der professionellen Kompetenz diskutiert und definiert wurde (Abschnitt 3.1) und exemplarisch an vier Studien herausgestellt wurde, wie diese sich dem Konstrukt der professionellen Kompetenz von Lehrkräften annähern (Abschnitt 3.2), sollen nun die für diese Arbeit konzeptualisierte *professionellen Kompetenz, motiviertes Lernen zu fördern* (KMLF) dargestellt und theoretisch und empirisch fundiert werden (Abschnitt 3.3.2 – 3.3.4). Dazu wurde vom Autor eine Analyse der Anforderungen an Lehrkräfte für das Fördern von Motivation leistungsschwacher Schüler*innen in Fördersettings durchgeführt. Deren Ergebnisse werden dargestellt (Abschnitt 3.3.1).

3.3.1 Anforderungsanalyse

Für die Anforderungsanalyse wurden, unter Berücksichtigung der in Abschnitt 2.4 zusammengefassten Erkenntnisse zur Förderung mathematischer Leistung und individueller Motivation bei Schüler*innen mit Lernschwierigkeiten, wichtige Situationen in der Vorbereitung, Durchführung und Nachbereitung von Förderunterricht identifiziert und zu Anforderungsbereichen zusammengefasst. Da die Anforderungen im Kontext der Kleingruppenförderung leistungsschwacher Schüler*innen als Teilmenge der Anforderungen der beruflichen Anforderungen von Lehrkräften aufgefasst werden können, konnte die in Tabelle 3.1 (S. 40) dargestellte Definition beruflicher Anforderungen von Lehrkräften von Blömeke, Felbrich, Müller (2008) als Ausgangspunkt genutzt werden.

Die Anforderungen an Lehrkräfte zur Förderung von Schüler*innen mit Lernschwierigkeiten umfassen mehr als das, was im Folgenden aufgelistet wird und insbesondere auch mehr als empirisch erfasst wurde (vgl. Kapitel 8). Die folgende Liste ist demnach nicht erschöpfend. Beispielsweise gelten die in Tabelle 3.1 geschilderten Anforderungen aus dem Bereich C: *Support of students' social, moral emotional development* ebenfalls in Fördersettings mit leistungsschwachen Schüler*innen, der Umgang mit Disziplinproblemen wird hier jedoch nicht gesondert aufgeführt. Des Weiteren werden nur Anforderungen mit direktem Bezug zur Fördertätigkeit mit aufgenommen, sodass beispielsweise selbstregulative Fähigkeiten vernachlässigt werden.

Bei der Anforderungsanalyse wurden vier zentrale Anforderungen herausgearbeitet, denen die Lehrkräfte bei der Planung und Gestaltung von motivationsförderlichem mathematischem Förderunterricht (vgl. Kapitel 2) gegenüberstehen (s. Tabelle 3.2).

Unter Berücksichtigung dieser Anforderungen werden im Folgenden zentrale dispositionale Aspekte ausgewählt und dargestellt. Der Kompetenzdefinition aus Abschnitt 3.1 folgend und in Anlehnung an das Kompetenzmodell von COACTIV (Abschnitt 3.2.1), lassen sich die dispositionalen Aspekte der KMLF in kognitive Faktoren, wie das Professionswissen und –können einerseits und

Tabelle 3.2   Anforderungsanalyse für die professionelle Kompetenz, motiviertes Lernen zu fördern

Anforderungen	Situationen
Summative und formative Diagnostik und Beurteilung von Schüler*innenleistungen sowie Evaluation von Fördermaßnahmen	– Eingangsdiagnose zur Bestimmung des aktuellen Lernstandes / des Vorwissens – Monitoring von Lernprozessen – Diagnose von Grund- und Fehlvorstellungen (vgl. Griesel et al. 2019) – Abschlussdiagnose zur Überprüfung von Lernergebnissen – Dokumentation und Reflexion von Lernprozessen
Planung und Gestaltung von Fördermaßnahmen und individualisierten Lernumgebungen	– Erstellen von Förderplänen – Auswahl relevanter Inhalte und Formulierung von Förderzielen – Formulierung von Nahzielen – Gestaltung inhaltlich fokussierter Förderung (vgl. Leuders und Prediger 2016) – Auswahl von Methoden zur individuellen Förderung – Auswahl von kognitiv aktivierenden Aufgaben mit angemessener Schwierigkeit – Konstruktive Unterstützung von Lernprozessen (inhaltlich und motivational)
Gestaltung von Lehrkraft-Schüler*innen-Interaktionen	– Einnehmen einer positiven Erwartungshaltung – Etablierung eines positiven Lern- und Fehlerklimas
Feedback	– Umgang mit falschen Schüler*innenlösungen – (attributionales) Feedback zur Unterstützung günstiger Kausalattributionen

persönliche Überzeugungen, Werthaltungen und Ziele andererseits sowie in affektiv-motivationale Faktoren ausdifferenzieren. In der folgenden Abbildung 3.4 werden die für diese Untersuchung relevanten Facetten dargestellt.

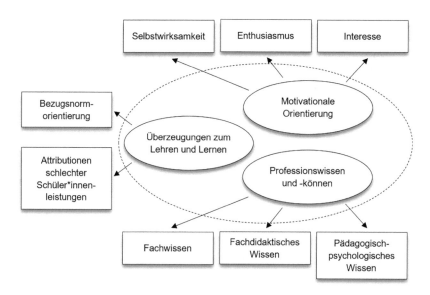

Abbildung 3.4 Überblick über die Facetten der professionellen Kompetenz, motiviertes Lernen zu fördern in Anlehnung an Baumert und Kunter 2011a, S. 32, vgl. Abbildung 3.3

3.3.2 Wissensaspekte

Der Kompetenzaspekt des Wissens wird in den meisten groß angelegten Studien detailliert theoretisch und empirisch bearbeitet. Diese Studien verarbeiten zahlreiche Vorarbeiten für die Ausdifferenzierung der einzelnen Bereiche des Professionswissens, dabei besonders die Ansätze von Shulman (1986) und Bromme (1997). Shulman (1986) unterscheidet vier zentrale Wissensbereiche: Fachwissen, fachdidaktisches Wissen, allgemeines pädagogisches Wissen und Wissen über das Curriculum des Faches. In einer zweiten Publikation (1987) erweitert er seine Unterscheidung noch um drei weitere Aspekte: Wissen über die Psychologie der Lernenden, Organisationswissen und erziehungsphilosophisches, bildungstheoretisches und bildungshistorisches Wissen. Die Unterscheidung des professionellen Wissens in Fachwissen, fachdidaktisches Wissen und allgemein-pädagogisches Wissen hat sich nicht nur in den unter 3.2 vorgestellten Studien etabliert, sondern auch beispielsweise in Lipowsky (2006) oder Helmke (2017). Während in MT21 und TEDS-M genau diese drei Wissensbereiche untersucht werden, ergänzen

Baumert und Kunter (2011a) für die COACTIV-Studie noch das Organisations-wissen nach Shulman (1987) und, vor dem Hintergrund der Diskussion um den Professionalisierungsstatus des Lehrer*innenberufs (vgl. Abschnitt 3.1), das für Professionelle in der Interaktion mit ihren Klienten zentrale Beratungswissen.

Die vorliegende Arbeit folgt der Unterscheidung in die drei zentralen Wissensbereiche und bestätigt die hohe Relevanz aller drei Bereiche für erfolgreiches Handeln in mathematischen Fördersettings, setzt aber den Schwerpunkt entgegen der Fokussierung der Studien MT21, TEDS-M und COACTIV nicht auf die fachbezogenen Komponenten, sondern auf das allgemein-pädagogische Wissen im Bereich der Motivationsförderung. Die Darstellung der Konzeptionen zum Fachwissen und zum fachdidaktischen Wissen fallen dementsprechend mit Verweisen auf entsprechende Arbeiten vergleichsweise kurz aus.

3.3.2.1 Fachwissen und fachdidaktisches Wissen

Das domänenspezifische Fachwissen, also das Wissen der Lehrkraft über die rein fachbezogenen Inhalte der Mathematik, umfasst neben dem Wissen um die zentralen Wissensbestände auch deren untereinander vernetzende Struktur und Organisation. Nach Shulman (1986) umfasst das Fachwissen sowohl das Faktenwissen, also das Wissen, dass etwas so ist, als auch das Begründungswissen, also das Wissen, warum etwas so ist. Auf das Fachwissen wird von einer Lehrkraft an nahezu allen Stellen ihrer Arbeit Bezug genommen. Besonders zentral ist das Fachwissen für die Bereiche der inhaltlichen Unterrichtsvorbereitung, also dem Zusammenstellen und Strukturieren der mathematischen Inhalte und Zusammenhänge, den Umgang mit Schüler*innenfehlern, die Diagnose mathematischer Kompetenzen und die Begleitung von Lernprozessen. Krauss et al. (2011) differenzieren unterschiedliche Ebenen des Fachwissens: Alltagswissen, Wissen um die in der Schule behandelten Inhalte, ein über die schulischen Inhalte hinausgehendes vertieftes Wissen und Universitätswissen. Für die COACTIV-Untersuchung wird auf die dritte Stufe fokussiert (vgl. Baumert und Kunter 2011a).

Für das professionelle Fachwissen wurde bestätigt, dass es einen positiven Einfluss auf das Lernen und die Leistungen der assoziierten Schüler*innen nimmt (vgl. zusf. Baumert und Kunter 2011b; Lipowski, 2006; Wayne und Youngs 2003). Mediiert wird dieser Effekt in der COACTIV-Studie durch die Auswahl kognitiv aktivierender Aufgaben, die curriculare Adaption der Inhalte und durch individuelle Unterstützung der Lernenden (vgl. Baumert und

Kunter 2011b). Rowan et al. (1997)[3] konnten für eine leistungsschwache Schüler*innenpopulation einen stärkeren Einfluss des Fachwissens der Lehrperson auf die Leistungsentwicklung nachweisen als bei einer leistungsstarken Gruppe. Hinsichtlich der Antezedenzien des Fachwissens lassen sich besonders ein Einfluss der Ausbildung und unterschiedlicher Lerngelegenheiten im Studium nachweisen. Beispielsweise konnten Krauss et al. (2011) zeigen, dass Gymnasiallehrkräfte ein größeres Fachwissen haben als ihre Kolleg*innen an anderen Schulformen. Kleickmann und Anders (2011) wiesen nach, dass sich der hohe Anteil der fachwissenschaftlichen Veranstaltungen positiv mit dem Fachwissen von Gymnasiallehrkräften zusammenhängen.

Neben dem Fachwissen nimmt das fachdidaktische Wissen in der Professionsforschung von Lehrkräften einen prominenten Stellenwert ein. Das fachdidaktische Wissen ist das Wissen über die Vermittlung der mathematischen Inhalte. Shulman (1986) differenziert zwei Teilfacetten des fachdidaktischen Wissens: Zum einen ist fachdidaktisches Wissen *Wissen darum, wie man mathematische Inhalte für Schüler*innen zugänglich macht*. Darunter fällt das Wissen um gute Beispiele, Erklärungen und Repräsentationen für alle relevanten mathematischen Inhalte. Zum anderen nennt er *Wissen über das Lernen von Mathematik und Schüler*innenkognitionen*, also beispielsweise die Analyse und Voraussage von Grund- und Fehlvorstellungen oder typischen Fehlern von Schüler*innen. Ergänzt wird diese Auflistung durch Krauss et al. (2011) noch um das *Wissen über Aufgaben*, da diese im Mathematikunterricht einen zentralen Stellenwert einnehmen (vgl. Baumert und Kunter 2011a). Für das fachdidaktische Wissen lassen sich ebenfalls Studien herausstellen, die einen positiven Zusammenhang zu Schüler*innenleistungen finden. Beispielsweise konnten Hill et al. (2005) nachweisen, dass fachdidaktisches Wissen der Lehrkräfte in einem positiven Zusammenhang mit der mathematischen Leistungsentwicklung von Schüler*innen aus der ersten und dritten Klassenstufe steht.

Einige Studien haben die Zusammenhänge zwischen Fachwissen und fachdidaktischen Wissen untersucht. Dabei konnten zwei zentrale Erkenntnisse gewonnen werden. Zum einen steht fehlendes Fachwissen in einem negativen Zusammenhang mit dem fachdidaktischen Wissen. Es konnte gezeigt werden, dass fehlendes Fachwissen das fachdidaktische Können beispielsweise in Erklärungen und der Auswahl von Repräsentationen mathematischer Inhalte begrenzt (vgl. z. B. Ball 1990; Baumert und Kunter 2011b). Lücken im Fachwissen

---

[3] Bei dieser Studie ist zu beachten, dass das Fachwissen nur mittels eines Items gemessen wurde. Es ist also fraglich, inwieweit hier tatsächlich das Fachwissen der Lehrkräfte gemessen wurde.

können nicht durch fachdidaktisches Wissen aufgewogen werden. Zum anderen konnte in unterschiedlichen qualitativen Fallstudien gezeigt werden, dass Fachwissen allein ebenfalls nicht ausreichend ist (vgl. z. B. Eisenhart et al. 1993). Krauss et al. (2008) konnten anhand des COACTIV-Datensatzes zeigen, dass sich das fachdidaktische Wissen positiv auf die latenten Konstrukte *kognitive Aktivierung* und *adaptive Unterstützung* auswirkt und diese wiederum in einem positiven Zusammenhang mit der Entwicklung der Schüler*innenleistungen stehen. 39 % der Varianz in der Leistung zwischen den Schulklassen konnte durch das Mediatormodell erklärt werden. Dieses Ergebnis ließ sich trotz hoher Korrelationen zwischen den beiden Wissensbereichen nicht mit dem Fachwissen replizieren. Aus den Studien wird deutlich, dass Lehrkräfte für erfolgreiches Handeln beide Wissensbereiche benötigen. Dabei scheint das fachdidaktische Wissen eine zentralere Rolle einzunehmen und das Fachwissen eher eine notwendige als hinreichende Bedingung zu sein (vgl. Baumert und Kunter 2011b).

3.3.2.2 Allgemeines pädagogisches Wissen

Das allgemein-pädagogische Wissen umfasst vom Fach unabhängiges Wissen über das Lehren und Lernen sowie das Gestalten von Unterricht und sonstiger beruflicher Tätigkeiten von Lehrkräften (vgl. Voss et al. 2015a). Für die Charakterisierung des allgemeinen pädagogischen Wissens wurden von verschiedenen Forschergruppen Analysen der Anforderungsstruktur des Lehrberufs und Tätigkeitsanalysen von Lehrkräften sowie Literaturrecherchen durchgeführt. Die einzelnen Studien kommen dabei zu unterschiedlichen Modellierungen des fachübergreifenden pädagogischen Wissens (Voss et al. 2015a; Hohenstein et al. 2017; König und Blömeke 2009; Kunter et al. 2017; Voss und Kunter 2011). Die Ansätze unterscheiden sich in ihrem Detailgrad, der Strukturierung einzelner Wissensfacetten und der empirischen Herangehensweise. Es wird an dieser Stelle nur die wohl umfassendste aktuelle Studie zum allgemeinen pädagogischen Wissen vorgestellt, die Bilwiss-Studie (vgl. Kunter et al. 2017). Zur Entwicklung eines Modells bildungswissenschaftlichen Wissens wurden in dieser Studie zunächst theoretische Analysen von Lehrbüchern und Studienordnungen durchgeführt, auf deren Basis Expert*innen aus der Universität und den ausbildenden Seminaren die generierten Themen hinsichtlich ihrer Wichtigkeit für den Beruf der Lehrkraft einschätzten. Dazu wurde eine dreistufige Delphi-Studie durchgeführt (vgl. Kunina-Habenicht et al. 2012), die zu folgender Auswahl der Inhalte kommt (in Klammern steht jeweils die als am relevantesten eingeschätzte Facette):

- Unterricht (Konstruktiver Umgang mit Fehlern),
- Bildungssystem und Schulorganisation (Neue Steuerung / Educational Governance),
- Bildungstheorie (Aktuelle Bildungsfragen – bildungsphilosophisch betrachtet),
- Lehrerberuf (pädagogische Professionalität),
- Heterogenität und soziale Konflikte (kulturelle Heterogenität),
- Sozialisationsprozesse (Identitätsentwicklung),
- Diagnostik und Evaluation (Methoden und Verfahren),
- Lernprozesse (Lernmotivation) sowie
- Entwicklungsprozesse (Kognitive Entwicklung).[4]

Ausgehend von diesen Ergebnissen wurde für die Untersuchung des bildungswissenschaftlichen Wissens von angehenden Lehrkräften ein Test entwickelt, der die sechs Dimensionen Unterrichtsgestaltung, Schulorganisation, Bildungstheorie, Lernen und Entwicklung, Diagnostik und Evaluation sowie Lehrerberuf als Profession umfasst. Es scheint demnach möglich zu sein, eine Einigung hinsichtlich des Curriculums bildungswissenschaftlicher und allgemeiner pädagogischer Inhalte, die für den Lehrer*innenberuf relevant sind, über verschiedene Disziplinen hinweg zu erzielen (vgl. Kunina-Habenicht et al. 2012).

Durch die Zusammenstellungen wichtiger Facetten, ist ein Ordnungsrahmen geschaffen, zum einen für die Auswahl bildungswissenschaftlicher Inhalte in der Lehrer*innenbildung und zum anderen für die Auswahl von Facetten für die Untersuchung von Teilbereichen des allgemein-pädagogischen Wissens, wie es in dieser Studie angestrebt ist.

Obwohl sich die Forschung zu den Auswirkungen des allgemeinen pädagogischen Wissens noch am Anfang befindet (vgl. Kunter et al. 2017), konnten bereits Ergebnisse zur Entwicklung und Bedeutung des allgemeinen pädagogischen Wissens verzeichnet werden. Hinsichtlich der Entwicklung konnten König und Seifert (2012a) im Rahmen der LEK-Studie die Bedeutung der Lehramtsausbildung für den Aufbau und die Erweiterung allgemeinen pädagogischen Wissens nachweisen. Lehramtsstudierende nehmen im Verlauf ihres Studiums deutlich im pädagogischen und bildungswissenschaftlichen Wissen zu. Außerdem konnten Kleickmann und Anders (2011) zeigen, dass Lehrkräfte der nichtgymnasialen Lehrämter besser in den Tests zum allgemeinen pädagogischen Wissen abschneiden als ihre Kolleg*innen des gymnasialen Lehramts. Sie führen diesen Zusammenhang auf den höheren Umfang bildungswissenschaftlicher Studien in den nicht gymnasialen Lehrämtern zurück. Darüber hinaus ist jedoch

---

[4] Für eine umfassende Darstellung der Inhalte s. Kunina-Habenicht et al. (2012).

noch nicht geklärt, welche Elemente der Lehramtsausbildung zu diesen Effekten führen, insbesondere ist die Wirkung von Praxisphasen noch unklar (vgl. Voss et al. 2015a).

Einige Studien geben Hinweise darauf, dass das allgemeine pädagogische Wissen positive Zusammenhänge mit dem Unterrichtserfolg von Lehrkräften hat. Diese Ergebnisse sind allerdings zum Teil inkonsistent. Beispielsweise stand in der COACTIV-R-Studie das allgemeine pädagogische Wissen im Zusammenhang mit zwei von drei Aspekten der Unterrichtsqualität zwei Jahre nach dem Eintritt in die Lehrtätigkeit (vgl. Voss et al. 2014). In einer Untersuchung mit Lehramtsstudierenden konnten allerdings keine Zusammenhänge zwischen der Unterrichtsqualität in einer Praxisphase mit dem allgemeinen pädagogischen Wissen nachgewiesen werden (vgl. Biermann et al. 2014). Auf der Ebene der Schüler*innen zeigen sich Zusammenhänge allgemein-pädagogischen Wissens der Lehrperson mit motivationalen Variablen und der Leistungsentwicklung von Lernenden (vgl. Brühwiler 2014; Beck 2008). Insgesamt kommen Voss et al. (2015a) zu dem Fazit, dass noch weiterer Bedarf in der Untersuchung der Auswirkungen dieses Wissensbereichs, insbesondere in systematischen längsschnittlichen Designs, besteht.

3.3.2.3 Wissensfacetten in der KMLF

Das Wissen darum, wie man Förderunterricht so gestaltet, dass er mathematische Kompetenzen fördert und gleichermaßen die Motivation der Schüler*innen unterstützt, umfasst verschiedene Facetten aller drei dargestellten Wissensbereiche. Für die in dieser Studie getroffene Auswahl benötigter Wissensfacetten wird zum einen auf die theoretischen Analysen aus Kapitel 2 verwiesen und zum anderen auf die Anforderungsanalyse und Darstellung zu den drei Wissensbereichen in diesem Kapitel. Entlang der Anforderungsanalyse für die Förderung mathematischer Kompetenzen und individueller Motivation (vgl. Kapitel 4) werden die relevantesten Wissensfacetten[5] herausgestellt. Über die verschiedenen Anforderungen an Förderlehrkräfte hinweg, werden Aspekte des allgemein-pädagogischen Wissens über die psychologischen Konstrukte, deren unterschiedliche Ausprägungen und Förderung sowie Wissen über Lernschwierigkeiten benötigt. Dieses

---

[5] Es ist vor dem Hintergrund der vorangegangenen Ausführungen (vgl. bes. 3.2.1) zu beachten, dass hier eine keineswegs erschöpfende Auswahl an Wissensfacetten präsentiert werden kann. Die unterschiedlichen Facetten weisen alle eine unterschiedliche Nähe zur Lehrtätigkeit und so vermutlich auch eine entsprechend unterschiedliche Relevanz für die Förderung mathematischer Kompetenzen und individueller Motivation (vgl. Baumert & Kunter, 2011). Es werden hier also der Anforderungssituation nahe Facetten aufgegriffen und fernere vernachlässigt.

Wissen setzt sich in der Forschungstradition aus Ansätzen der Mathematikdidaktik zu Schwierigkeiten mit dem Rechnen und der allgemeinen Pädagogik zusammen (vgl. Moser Opitz 2013; Gold 2018), sodass hier die beiden Wissensbereiche des fachdidaktischen und des allgemein-pädagogischen Wissens nicht konsequent getrennt werden können.

Die *summative und formative Diagnostik und Beurteilung von Schüler*innenleistungen sowie die Evaluation von Fördermaßnahmen* umfasst die Diagnose des aktuellen Leistungsstandes der Schüler*innen mit unterschiedlichen Funktionen. Die Eingangsdiagnose setzt eine Grundlage für die Planung von Fördermaßnahmen, indem das Vorwissen der Schüler*innen erfasst wird, formative Formate dienen dem Monitoring von Lernprozessen und Abschlussdiagnosen können zur Evaluation von Fördermaßnahmen eingesetzt werden. Hinsichtlich des Fachwissens werden hier besonders das Wissen zum diagnostizierten Inhalt und die entsprechenden Vernetzungen zu vorangestellten, angrenzenden oder folgenden inhaltlichen Bereichen benötigt. Hier sind dies besonders die Inhalte der fünften und sechsten Klassenstufe und dabei besonders die Grundrechenarten und die Bruchrechnung mit ihren Erweiterungen in erweiterten Zahlbereichen oder in der Algebra (vgl. Padberg und Benz 2011; Padberg und Wartha 2017). Das fachdidaktische Wissen sollte insbesondere Facetten aus dem Bereich des Wissens über mathematikbezogene Schüler*innenkognitionen wie typische Fehler und Fehlvorstellungen der oben genannten inhaltlichen Bereiche sowie Wissen über den inhaltlichen und diagnostischen Gehalt von Aufgaben umfassen (vgl. z. B. Büchter und Leuders 2016). Außerdem braucht es Teile des allgemeinpädagogischen Wissens aus dem Bereich Diagnostik und Evaluation, z. B. um diagnostische Methoden, Gütekriterien und statistische oder qualitative Auswertungen, sowie aus dem Bereich Unterricht, besonders mit dem Fokus auf allgemeine und fachliche Lernvoraussetzungen und Zielsetzungen (vgl. Kunina-Habenicht et al. 2012). Da über alle Phasen der Förderung stets Leistungen von Schüler*innen motivationsförderlich verarbeitet und eingeordnet werden müssen, wird Wissen um Bezugssysteme des Bewertens, insbesondere um die individuelle Bezugsnormorientierung benötigt (vgl. Rheinberg und Fries 2018).

Die *Planung und Gestaltung von Fördermaßnahmen und individualisierten Lernumgebungen* umfasst die konkrete Planung von übergreifenden Förderplänen und die Formulierung allgemeiner Förderziele bis hin zur Gestaltung spezifischer Fördermaßnahmen und Formulierung von Nahzielen (vgl. Schwarzer und Jerusalem 2002). Hinsichtlich des Fachwissens werden in diesem Anforderungsbereich die gleichen inhaltlichen Wissensaspekte benötigt wie bei der *summativen und formativen Diagnostik und Beurteilung von Schüler*innenleistungen sowie Evaluation von Fördermaßnahmen.* In diesem Anforderungsbereich werden insbesondere

Facetten des fachdidaktischen Wissens benötigt. Vorrangig das Wissen darum, wie man die mathematischen Inhalte für Schüler*innen zugänglich macht, also Wissen um gute Beispiele, Erklärungen und Repräsentationen, welche Grund- und Fehlvorstellungen und weitere Schüler*innenkognitionen für den Inhalt relevant sind sowie welche Aufgaben dazu geeignet sind, die formulierten Ziele anzugehen (vgl. Padberg und Benz 2011; Padberg und Wartha 2017). Aus dem allgemein-pädagogischen Wissen werden große Teile der Facette Unterricht, wie der Formulierung von transparenten Lernzielen im Sinne von Nahzielen und dem Wissen um die Möglichkeiten der Differenzierung und Individualisierung, benötigt. Außerdem wird Wissen um Kriterien lernwirksamen Unterrichts wie der konstruktiven Unterstützung und kognitiven Aktivierung benötigt (vgl. Kunina-Habenicht et al. 2012).

Bei der *Gestaltung von Lehrkraft-Schüler*innen-Interaktionen* und dem *Feedback* stehen primär Prozesse des Sichtbarmachens von positiven Erwartungen der Lehrkraft und von Erfolgen auf Schüler*innenseite sowie die Verarbeitung und Rückmeldung von Erfolg- und Misserfolgssituationen und die damit verbundenen Kausalattributionen im Fokus. Hier ist der inhaltliche Lernprozess der Schülerin / des Schülers bereits abgeschlossen, sodass Fachwissen und fachdidaktisches Wissen eine eher untergeordnete Rolle im Vergleich zu dem allgemein-pädagogischen Wissen einnehmen. Es wird insbesondere Wissen um motivationale Aspekte von Lern- und Entwicklungsprozessen, wie dem Umgang mit Erfolgen und Fehlern, das Dokumentieren und Reflektieren von Lernerfolgen, die Wirkungen von Erwartungen auf das Schüler*innen- und Lehrer*innenhandeln, sowie um Kausalattributionen und (attributionale) Feedbackprozesse benötigt (vgl. Abschnitt 4).

3.3.3 Motivationale Orientierungen

Motivationale Orientierungen sind nach dem Professionswissen und -können der zweite große Aspekt der KMLF. Sie entscheiden, inwieweit die Lehrpersonen ihre vorhandenen Kompetenzen auch zeigen wollen und erhöhen die Wahrscheinlichkeit des Auftretens erworbener Kompetenzen. In der Forschungsliteratur werden dabei die Lehrer*innenselbstwirksamkeit, die intrinsische Motivation oder Enthusiasmus und das Interesse besprochen.

3.3.3.1 Lehrer*innenselbstwirksamkeit

Der Ansatz der Lehrer*innenselbstwirksamkeit geht auf die Arbeiten von Rotter (1966) zur *locus of control theory* und Bandura (1977) zur *social cognitive theory* zurück und beschreibt die bereichsspezifische Ausgestaltung der Selbstwirksamkeit (vgl. Abschnitt 2.2.1) von Lehrkräften, Herausforderungen des Berufs zu meistern. Die folgende Definition fokussiert auf die Hauptaufgabe des Lehrer*innenberufs, das Unterrichten als Beeinflussung von Schüler*innenlernen und -leistungen. Sie präzisiert den Herausforderungsaspekt der Selbstwirksamkeit mit dem Fokus auf schwierige oder unmotivierte Schüler*innen.

"Teachers' belief or conviction that they can influence how well students learn, even those who may be difficult or unmotivated" (Guskey und Passaro 1994, S. 628).

Tschannen-Moran et al. (1998) stellen einen Ansatz vor, der den angenommenen Wirkmechanismus der einzelnen Facetten der Lehrer*innenselbstwirksamkeit in ein zyklisches Modell (s. Abbildung 3.5) integriert. Die Lehrer*innenselbstwirksamkeit resultiert dabei aus der Kombination von Analysen der Aufgabenanforderungen und der eigenen Kompetenzen. Zur Analyse der Aufgabenanforderungen werden Informationen über die (antizipierte) Lehrsituation, unter Berücksichtigung des Schwierigkeitsgrades und der zur Bewältigung benötigten Ressourcen, bewertet. Darunter fallen beispielsweise Motivation und Leistungsfähigkeit der Schüler*innen oder die organisatorischen und medialen Rahmenbedingungen. Diese Analysen werden dann mit den Informationen über die eigenen Ressourcen und Fähigkeiten abgeglichen. Die Lehrkraft kann dabei zu dem positiven Ergebnis kommen, dass sie den Anforderungen gewachsen ist (hohe Selbstwirksamkeit) oder zu dem negativen, dass die eigenen Ressourcen und Fähigkeiten nicht ausreichen, um die Anforderungen zu bewältigen (niedrige Selbstwirksamkeit).

Wie im Folgenden gezeigt wird, hat die Lehrer*innenselbstwirksamkeit Auswirkungen auf zahlreiche andere Konstrukte wie Ziele, Anstrengungsbereitschaft oder Ausdauer, mit der an Aufgaben gearbeitet wird (s. unten). Diese wirken sich wiederum auf die tatsächliche Leistung einer Lehrkraft in einer bestimmten Anforderungssituation aus. Die verarbeiteten Erfahrungen und Informationen, die die Lehrkraft in dieser Situation sammelt, stellen dann die unter 2.2 beschriebenen Quellen für Wirksamkeitsinformationen dar, die sich je nach Interpretation und Gewichtung auf die Analysen von Aufgabenanforderungen und eigener Kompetenz auswirken.

Die Lehrer*innenselbstwirksamkeit wurde in den vergangenen 40 Jahren unter anderem wegen ihren Zusammenhängen zu zentralen Aspekten der Unterrichtsqualität, Schüler*innenleistungen sowie Lehrer*innengesundheit und der zahlreichen belastbaren Ergebnisse vorangehender Studien beforscht (vgl. Tschannen-Moran et al. 1998; Perera et al. 2019). Die Ergebnisse der Studien

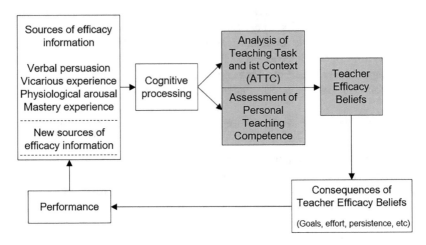

Abbildung 3.5 Zyklisches Modell der Selbstwirksamkeit aus Tschannen-Moran et al. 1998, S. 228. Die CC-BY 4.0 – Lizenz dieser Publikation bezieht sich nicht auf Abbildung 3.5. Das Copyright unterliegt dem SAGE Publications-Verlag.

werden in Anlehnung an das Review von Zee und Koomen (2016) in die Bereiche Schüler*innenvariablen, Unterrichtsqualität und Wohlbefinden gegliedert (s. Abbildung 3.6).

Antezedenzien	Wirkungen
	Schüler*innenvariablen Akademische Leistungen (+) Motivationale Aspekte (+)
Quellen der Selbstwirksamkeit Selbstbewirkte Erfolgserlebnisse (+) Stellvertretende Erfahrung (+) Überredung (+) Physiologische Einflüsse (+)	**Unterrichtsqualität** Lerner*innenorientierung (+) Klassenführung (+) Emotionales Klima (+)
	Wohlbefinden Berufszufriedenheit (+) Burnout, Stress (-)

Abbildung 3.6 Überblick des Forschungsstands zur Lehrer*innenselbstwirksamkeit in Anlehnung an Zee und Koomen (2016); - negative Zusammenhänge, o keine Zusammenhänge, + positive Zusammenhänge

Für die *Schüler*innenvariablen* können insbesondere Zusammenhänge der Lehrer*innenselbstwirksamkeit zu akademischen Leistungen und zur Schüler*innenmotivation nachgewiesen werden (vgl. zusf. Zee und Koomen 2016). Für die Leistungen zeigen sich diese Ergebnisse sowohl in der Primarstufe (vgl. Chang 2011) als auch im Sekundarstufenalter (vgl. Chong et al. 2010; Mohamadi und Asadzadeh 2012; Caprara et al. 2006; für den Mathematikunterricht: Chang und Wu 2014). Die Korrelationskoeffizienten für diese Zusammenhänge sind nach Zee und Koomen (2016) mit im Mittel 0,27 eher moderat. Vergleichbare Ergebnisse zeigen sich auch für mathematische Leistungen (vgl. Throndsen und Turmo 2013; Hines 2008). Bei der Schüler*innenmotivation lassen sich ebenfalls in allen Altersstufen Zusammenhänge zwischen der Lehrer*innenselbstwirksamkeit und verschiedenen motivationalen Facetten nachweisen. Für die Primarstufe konnte gezeigt werden, dass Schüler*innen von Lehrer*innen mit hoher Selbstwirksamkeit motivierter und selbstwirksamer hinsichtlich ihrer akademischen Leistungen sind (Reyes et al. 2012; Ross et al. 2001). Bei älteren Schüler*innen wurden höhere Werte in der Schulzufriedenheit, der intrinsischen Motivation, der Anstrengungs- und Lernbereitschaft gemessen sowie bessere Meinungen über ihre Lehrkräfte (vgl. Hardré et al. 2006; Mojavezi und Tamiz 2012; Robertson und Dunsmuir 2013; Jimmieson et al. 2010).

In den Studien zu den Zusammenhängen der Lehrer*innenselbstwirksamkeit mit der Unterrichtsqualität zeigen sich besonders bei berufserfahrenen Lehrkräften positive Einflüsse auf die Nutzung neuer Lehrmethoden und lerner*innenorientierter didaktischer Ansätze (vgl. zusf. Lee et al. 2017). Darüber hinaus lässt sich zeigen, dass Lehrer*innen mit höherer Selbstwirksamkeit effektiver mit problematischen Verhalten von Schüler*innen umgehen, sich mehr um ihre Schüler*innen mit Lernproblemen kümmern und effektivere Klassenführungsstrategien nutzen. (vgl. Abu-Tineh et al. 2011; Almog und Shechtman 2007; Emmer und Hickman 1991). Lehrkräfte mit höherer Selbstwirksamkeit zeigen eine höhere Bereitschaft, eigene Ziele an die Bedürfnisse der Schüler*innen anzupassen und ein besseres emotionales Klima in der Klasse zu schaffen (vgl. Hardré und Sullivan 2009; Guo et al. 2012).

Für das Wohlbefinden von Lehrkräften lassen sich zahlreiche Studien angeben, die über verschiedene Ausbildungsstufen, unterrichtete Klassen und Länder hinweg robuste Zusammenhänge mit der Lehrer*innenselbstwirksamkeit zeigen. Dabei zeigen selbstwirksamere Lehrkräfte weniger Stress und Burnout sowie geringere emotionale Erschöpfung. Gleichzeit erleben sie ein höheres Erfolgsgefühl und Berufszufriedenheit (vgl. zusf. Zee und Koomen 2016).

Zu den Antezedenzien gehören nach Abschnitt 2.2.1 frühere Erfolgserlebnisse sowie stellvertretende Erfahrungen, sprachliche Überzeugung und eigene

Emotionen (vgl. Tschannen-Moran et al. 1998). Zu den vorangegangenen Erfolgserfahrungen konnten Lee et al. (2017) in ihrem Review zeigen, dass vorangegangene Lehrerfahrung einen positiven Einfluss auf die Selbstwirksamkeit von Lehrkräften nimmt, eine lerner*innenorientierte Pädagogik zu nutzen. Tschannen-Moran und Woolfolk Hoy (2007) konnten dies auch für die allgemeine Lehrer*innenselbstwirksamkeit zeigen. Neben diesen Praxiserfahrungen konnten auch verschiedene Lernsituation in Aus- und Fortbildung dazu beitragen, die Selbstwirksamkeit zu steigern (vgl. Lee et al. 2017). Dabei waren Ansätze des Coachings oder Kollaborationen erfolgreich (vgl. O'Connor und Korr 1996; Bruce und Flynn 2013). Stellvertretende Erfahrungen wie das Ansehen von Videos, in denen erfolgreiche Praxis gezeigt wird, verbale Überzeugung sowie positive emotionale Zustände bei beruflichen Tätigkeiten, stehen ebenfalls in einem positiven Zusammenhang mit der Lehrer*innenselbstwirksamkeit (Nuangsaeng et al. 2011; Hagen et al. 1998). Mahler et al. (2017) konnten zeigen, dass sowohl Lehrveranstaltungen als auch Selbststudien Gelegenheiten für den Aufbau von Lehrer*innenselbstwirksamkeit und Enthusiasmus darstellen. Für universitäre Veranstaltungen, die die Selbstwirksamkeit der Studierenden steigern sollen, haben Schwarzer und Warner (2014) einige erfolgreiche Methoden aus der Forschungsliteratur zusammengetragen: Darunter praktische Kurselemente, Gruppenarbeiten, das Herstellen von Praxisbezügen oder Übungen zum Lehren (vgl. ebd., S. 672). Hinsichtlich des Wissens konnten Zusammenhänge der Lehrer*innenselbstwirksamkeit mit den drei Wissensfacetten nachgewiesen werden (vgl. z. B. Mahler et al. 2017). Allerdings sind die Ergebnisse zum Teil inkonsistent (vgl. Lee et al. 2017).

Die vorgestellten Ergebnisse liefern Evidenz für die Angemessenheit der Übernahme der Lehrer*innenselbstwirksamkeit in die Facetten der KMLF.

3.3.3.2 Enthusiasmus

Der Begriff des Enthusiasmus von Lehrkräften versucht die Freude und Begeisterung von Lehrkräften zu fassen, die sie in der Ausführung ihres Berufs oder in der Beschäftigung mit ihrem Fach haben. Die Forschung zum Enthusiasmus geht zurück auf die Ansätzen von Deci und Ryan (2004a) zur Selbstbestimmung und intrinsischen Motivation und Krapp (1999) zur Interessenstheorie. Der Enthusiasmus oder die intrinsische Motivation umschreibt dort positive Erlebensqualitäten in der Auseinandersetzung mit der Tätigkeit oder dem Gegenstand. Für den Enthusiasmusbegriff lassen sich zwei Definitionsansätze differenzieren. Auf der einen Seite wird Enthusiasmus den oben genannten Ansätzen folgend als *motivationale Orientierung* einer Lehrkraft modelliert, die eine Freude und Begeisterung ausdrückt, sich mit einem Schulfach auseinanderzusetzen (Gegenstandsbezug, vgl. Krapp 2002) oder zu unterrichten (Tätigkeitsbezug, vgl. Rheinberg 1989). Mahler et al. (2018) fassen dies zusammen:

> "We define teacher enthusiasm as affective teacher orientation, which comprises the excitement, enjoyment and pleasure associated with both a school-subject and the activity of teaching" (S. 3).

Auf der anderen Seite wird Enthusiasmus, dem Gedanken folgend, dass sich von der Lehrkraft gezeigte Begeisterung auf die Schüler*innen übertragen kann, anhand des Verhaltens von Lehrkräften definiert. Enthusiasmus ist dabei ein bestimmtes Verhalten, das Begeisterung und Freude für die Inhalte und Tätigkeiten ausdrückt. Darunter fallen verbale und nonverbale Verhaltensweisen, wie ein energetischer Unterrichtsstil, das Nutzen von Gestik (vgl. Collins 1978), Humor oder eine empathische Gesprächsführung (vgl. Murray 1983; Patrick et al. 2000). Keller et al. (2016) vereinen beide Ansätze:

> „In sum, we define teacher enthusiasm as the conjoined occurrence of positive affective experiences, that is, teaching-related enjoyment, and the behavioral expression of these experiences, that is (mostly nonverbal), behaviors of expressiveness" (S. 751).

Kunter, Frenzel et al. (2011) unterscheiden zwei Dimensionen des Lehrer*innenenthusiasmus: Den Enthusiasmus für das Fach und für die Tätigkeit des Unterrichtens. Diese Dimensionen ließen sich in ihrer Studie empirisch voneinander differenzieren und korrelieren moderat miteinander.

Die Forschungsbefunde zum Lehrer*innenenthusiasmus lassen sich in Anlehnung an Bleck (2019) in Studien zu den Antezedenzien und Wirkungen gliedern (s. Abbildung 3.7). Hier ist zu beachten, dass die Wirkungszusammenhänge noch weitgehend unklar sind. Keller et al. (2016) vermuten, dass die Zusammenhänge auch reziprok sein könnten. Die Aufteilung in Antezedenzien und Wirkungen dient der Übersichtlichkeit und hat keine belastbare empirische Basis.

Hinsichtlich der Merkmale der Lehrperson konnte nachgewiesen werden, dass der Unterrichtsenthusiasmus bei älteren Lehrkräften und bei Lehrkräften mit höherer Berufserfahrung geringer ist als bei ihren jüngeren Kolleg*innen. Beim Fachenthusiasmus zeigen sich diese Effekte nicht (vgl. Kunter 2011; Kunter, Frenzel et al. 2011). Darüber hinaus konnten Kunter, Frenzel et al. (2011) keinen Zusammenhang des Enthusiasmus mit dem Geschlecht nachweisen. Im Rahmen eines Ein-Jahres-Längsschnittes konnte Kunter (2011) zeigen, dass die Enthusiasmuswerte mittelhoch korrelieren. Dieser Effekt zeigte sich bei beiden Dimensionen. Der Enthusiasmus einer Lehrkraft kann demnach als veränderbar, aber über ein Jahr relativ stabil angenommen werden. In verschiedenen

Antezedenzien	Wirkungen
Merkmale der Lehrperson Alter (- / o) Berufserfahrung (- / o) Geschlecht (o) Enthusiasmus ein Jahr zuvor (+)	**Merkmale der Lehrperson** Selbstwirksamkeitserwartung (+) Berufs- und Lebenszufriedenheit (+) Wohlbefinden (+) emotionale Erschöpfung / Burnout (-)
Situative Merkmale / **Merkmale der Lernenden** Unterrichten am Gymnasium (+) Klassengröße (o UE – FE) Leistung (+) Motivation, Freude (+) Disziplinprobleme (-)	**Merkmale der Lernenden** Mathematikleistung (o/+) Motivation (+)
	Unterrichtsqualität aus Perspektive der Lehrkraft (+) aus Perspektive der Schüler*innen (+) Enthusiasmus der Lehrkraft aus Lernenden-Sicht (+) Lernklima (+)

Abbildung 3.7 Überblick des Forschungsstands zum Lehrer*innenenthusiasmus in Anlehnung an Bleck (2019), S. 53; - negative Zusammenhänge, o keine Zusammenhänge, + positive Zusammenhänge

Studien konnten Zusammenhänge des Enthusiasmus mit den Selbstwirksamkeitserwartungen, der Berufs- und Lebenszufriedenheit sowie dem Wohlbefinden der Lehrkräfte nachgewiesen werden. Außerdem stehen Burnout-Werte und emotionale Erschöpfung in negativem Zusammenhang. Diese Effekte sind beim Unterrichtsenthusiasmus stärker als beim Fachenthusiasmus (vgl. zusf. Kunter und Holzberger 2014; Kunter, Frenzel et al. 2011).

Die Studien zu situativen Merkmale und zu den Merkmalen der Schüler*innen konnten zeigen, dass Gymnasiallehrkräfte stärker für das Fach und das Unterrichten begeistert sind als Lehrkräfte anderer Schulformen und, dass die Klassengröße keinen Einfluss auf den Unterrichtsenthusiasmus, aber auf den Fachenthusiasmus hat (vgl. Kunter, Frenzel et al. 2011). Kunter, Frenzel et al. (2011) konnten außerdem zeigen, dass der Unterrichtsenthusiasmus in Klassen mit höherer Motivation und Leistung und weniger Disziplinproblemen höher ausgeprägt ist. Sie bestätigen damit die Ergebnisse von Stenlund (1995).

Auf der Seite der Wirkungen zeigen die Ergebnisse zu den Zusammenhängen von Unterrichtsenthusiasmus und der Motivation der Schüler*innen ein einheitlich positives Bild auf (vgl. Kunter, Frenzel et al. 2011; Kunter 2011; Keller et al.

2014; Carmichael et al. 2017). Für den Fachenthusiasmus konnten Carmichael et al. (2017) zeigen, dass dies im Mathematikunterricht nicht uneingeschränkt gilt. Bei den Zusammenhängen mit der Schüler*innenleistung zeigen sich inkonsistente Ergebnisse: Keller et al. (2014) sowie einige weitere Studien konnten zeigen, dass sich der Unterrichtsenthusiasmus von Lehrkräften positiv auf die Leistung von Schüler*innen auswirkt. Allerdings wurden diese Effekte nicht in allen Studien nachgewiesen (vgl. Mahler et al. 2018 und für eine Übersicht Keller et al. 2016).

Es lassen sich darüber hinaus positive Zusammenhänge zwischen Lehrkraftenthusiasmus und der Unterrichtsqualität nachweisen (vgl. Feldman 2007; König 2020). In der COACTIV-Studie konnte eine Korrelation des Unterrichtsenthusiasmus mit allen drei Dimensionen der Unterrichtsqualität (s. Abschnitt 2.3) nachgewiesen werden. Die Effekte zeigen sich sowohl bei Selbstberichten der Lehrkräfte als auch bei Schüler*innen-Ratings (vgl. Kunter 2011). Feldman (1988) konnte zeigen, dass der Enthusiasmus einer Lehrkraft für Schüler*innen ein wichtiges Kriterium für guten Unterricht ist. Es konnte darüber hinaus nachgewiesen werden, dass der Enthusiasmus einer Lehrkraft mit der Wahrnehmung des Enthusiasmus durch Schüler*innen zusammenhängt und, dass das Lernklima bei enthusiastischen Lehrkräften unterstützender ist (vgl. Kunter, Frenzel et al. 2011; Patrick et al. 2000).

Insgesamt zeigt sich, dass trotz der noch ausstehenden Untersuchung zu den tatsächlichen Wirkungszusammenhängen das Konstrukt des Enthusiasmus positive Zusammenhänge mit zahlreichen Variablen einer motivierenden fachlichen Förderung aufweist, sodass es angeraten scheint, diese Facette als Teil der KMLF zu modellieren.

Für die Förderung von intrinsischer Motivation und Enthusiasmus geben die Ansätze aus der Forschung zur Selbstbestimmungstheorie (vgl. Deci und Ryan 2004a) eine Orientierung. Demnach scheint es angeraten, die psychologischen Grundbedürfnisse nach Autonomie, Kompetenzerleben und sozialer Eingebundenheit bei Lehrkräften zu befriedigen.

3.3.3.3 Interesse

Das Interessenskonstrukt beschreibt eine Form intrinsischer Motivation und weist daher Ähnlichkeiten zum Enthusiasmuskonstrukt auf. Es werden tätigkeitszentrierte und gegenstandszentrierte Formen der intrinsischen Motivation unterschieden. Die gegenstandszentrierte Form wird mit dem Begriff Interesse benannt. Interesse bezeichnet „eine besondere, durch bestimmte Merkmale herausgehobene Beziehung einer Person zu einem Gegenstand" (Krapp 2018, S. 287). In dieser Arbeit wird auf das Interesse der Lehrkräfte hinsichtlich des

Gegenstandes der Schüler*innenmotivation fokussiert. Interesse umfasst sowohl die positive emotionale Reaktion in der Auseinandersetzung mit dem Interessensgegenstand und den damit verbundenen Wunsch, sich mehr mit dem Gegenstand auseinanderzusetzen als auch die die wertbezogene Valenz, die dem Gegenstand entgegengebracht wird, die eng mit der Identifikation mit dem Gegenstand zusammenhängt (vgl. ebd.).

Die Forschung zu den Effekten von Interesse ist primär auf Schüler*innen fokussiert. So konnten beispielsweise Zusammenhänge zwischen dem Interesse und verschiedenen Indikatoren wie Aufmerksamkeit, Lernprozesse, Kurswahlen und Lernleistungen nachgewiesen werden (vgl. zusf. Schiefele 2009). Bei Lehrkräften konnten Zusammenhänge des Interesses mit Unterrichtsqualität, geringeren Burnout-Werten, sowie Lernzielorientierungen festgestellt werden. Bei den schüler*innenseitigen Effekten des Lehrkraftinteresses konnten insbesondere Zusammenhänge mit der Motivation nachgewiesen werden (vgl. Schiefele und Schaffner 2015; Schiefele et al. 2013).

Das Interesse einer Lehrkraft scheint vor diesem Hintergrund ein relevanter Faktor für motiviertes Lernen von Schüler*innen zu sein und somit eine wichtige Facette der KMLF. Für die Interessensgenese betont Krapp (2018) in Übereinstimmung mit der Förderung von Enthusiasmus die Bedeutsamkeit einer Befriedigung der drei psychologischen Grundbedürfnisse (Deci und Ryan 2004a).

3.3.4 Überzeugungen zum Lehren und Lernen

Neben den Wissensfacetten und motivationalen Orientierungen umfasst das Rahmenmodell der KMLF auch Überzeugungen zum Lehren und Lernen. Der Definition von Richardson (1996) folgend, werden diese Überzeugungen modelliert als

„psychologically held understandings, premises, or propositions about the world that are felt to be true." (S. 103)

Für die KMLF sind dies die Bezugsnormorientierung und die Attributionen von Lehrkräften für schlechte Schüler*innenleistungen. Die in COACTIV vorgenommene Trennung transmissiver und konstruktivistischer Überzeugungen wird aufgrund der Schwerpunktsetzung und der Wahl der Konstrukte nicht in die Konzeptualisierung der KMLF aufgenommen (vgl. Voss et al. 2011).

3.3.4.1 Bezugsnormorientierung

Theoretisch geht das Konzept der Bezugsnormorientierung auf Rheinberg (1980) zurück. Für die Bewertung von Leistungen in pädagogischen Kontexten unterscheidet Rheinberg (1980) drei Gütemaßstäbe oder Bezugsnormen, an denen die Leistungen bemessen werden: Die soziale, die individuelle und die sachliche Bezugsnorm. Bei der sozialen Bezugsnorm wird die Leistung mit den Leistungen der restlichen Schüler*innen der Bezugsgruppe, beispielsweise anhand des Durchschnitts, verglichen. Bei der individuellen Bezugsnorm werden Vergleiche mit vorangegangenen Leistungen derselben Schülerin / desselben Schülers angestellt. Eine gute Leistung misst sich hier an der Leistungsverbesserung unabhängig vom Leistungsstand der anderen Schüler*innen. Die sachliche Bezugsnorm vergleicht eine Leistung mit einem zuvor festgelegten Kriterium, das erfüllt werden kann oder nicht (vgl. Rheinberg und Fries 2018; Rheinberg 2014).

Die Bezugsnormorientierung gibt die Antwort auf die Frage nach überdauernden Präferenzen in der Bezugsnorm von Lehrkräften in der Bewertung von Schüler*innenleistungen. Dabei wird eine soziale Bezugsnormorientierung eher mit negativen Effekten assoziiert, während eine individuelle Bezugsnormorientierung mit positiven Effekten zusammenhängt (vgl. Rheinberg und Fries 2018). Zu beachten ist dabei, dass eine reine individuelle Bezugsnormorientierung in der Praxis nicht oder nur selten vorkommt. Vielmehr nutzen Lehrkräfte mit individueller Bezugsnormorientierung in unterschiedlichen Kontexten, wie bei Zeugnisnoten oder Übergangsentscheidungen, auch andere Bezugsnormen (vgl. Rheinberg & Fries, 2018). Die Bezugsnormorientierung wird von Rheinberg (1980) als langfristig überdauernd modelliert. Dafür gibt es auch empirische Belege. Es konnte gezeigt werden, dass Lehrkräfte häufiger eine soziale Bezugsnormorientierung haben und dass diese über die Zeit relativ stabil war (vgl. Rheinberg 1982a; Wilbert und Gerdes 2009; Holder und Kessels 2018). Auf der anderen Seite konnten Krug et al. (2005) zeigen, dass Bezugsnormorientierungen in Motivationstrainings verändert werden können. Außerdem konnten Rheinberg (1980), Lintorf und Buch (2020) sowie Holder und Kessels (2018) die Kontextabhängigkeit der gewählten Bezugsnorm nachweisen: In informellen oder motivationsfördernden Beratungsgesprächen wurden eher individuelle, während bei Übergangsentscheidungen und Selektionsentscheidungen eher soziale Bezugsnormen verwandt wurden.

Hinsichtlich der Antezedenzien haben Mischo und Rheinberg (1995) gezeigt, dass Unterschiede in der Bezugsnormorientierung zum Teil durch den Aspekt der Handlungsleitung von Erziehungszielen der Lehrkräfte erklärt werden können. Dabei sind insbesondere die Erziehungsziele der Förderung von Persönlichkeit und Sozialverhalten sowie eines disziplinierten Unterrichtsverlaufs von

Bedeutung. Schöne (2007) weist darauf hin, dass die Antezedenzien von Bezugs-normorientierungen ansonsten kaum untersucht wurden. Dies ist nach wie vor aktuell.

Für die lehrer*innen- und schüler*innenseitigen Effekte der BZNO lassen sich zahlreiche Studien anführen. Bei den lehrer*innenseitigen Effekten lassen sich insbesondere die Bezugsnormen mit verschiedenen Verhaltensweisen und Überzeugungen zusammenbringen: Der primäre Unterschied zwischen den beiden Orientierungen ist der zur Bewertung von Leistungen herangezogene Gütemaß-stab. Dieser ist bei der individuellen BZNO der zeitliche Längsschnitt innerhalb einer Schülerin / eines Schülers und bei der sozialen BZNO der zeitliche Quer-schnitt zwischen den Schüler*innen. Unterschiede in den Kausalattributionen bestehen darin, dass bei der sozialen BZNO vermehrt stabile Ursachen angenom-men werden und bei der individuellen BZNO eher variable Ursachen in einem höheren Konkretisierungsgrad angesetzt werden. Die Erwartungen der Lehr-kräfte mit individueller BZNO sind spezifisch und am aktuellen Kenntnisstand orientiert, während die Erwartungen von Lehrkräften mit sozialer BZNO eher unspezifisch an generellen Leistungsstand z. B. der gesamten Klasse orientiert sind. Lehrkräfte mit individueller BZNO loben bei positiver Leistungsentwick-lung und tadeln bei negativer, während sich Lehrkräfte mit sozialer BZNO eher an der Unter- bzw. Überdurchschnittlichkeit der Leistung orientieren. Hinsicht-lich der Unterrichtsführung orientieren sich Lehrkräfte mit individueller BZNO eher an Prinzipien der Individualisierung und optimalen Passung der Inhalte wäh-rend Lehrkräfte mit sozialer BZNO eher angebotsgleich unterrichten. (vgl. zusf. Rheinberg 2005; Köller 2005)

Die Effekte individueller BZNOen auf motivationale und kognitive Schü-ler*innenmerkmale sind mit einer Ausnahme[6] einheitlich positiv (vgl. zusf. Rheinberg und Krug 2005). Beispielsweise konnten für das akademischen Selbst-konzept positive Zusammenhänge mit der individuellen BZNO festgehalten werden (vgl. Lüdtke und Köller 2002). Dickhäuser et al. (2017) konnten in einer zweijährigen Längsschnittstudie in der fünften und sechsten Jahrgangsstufe eine negative Entwicklung des Selbstkonzepts der Schüler*innen nachweisen. Die negative Entwicklung war bei einer individuellen BZNO der Lehrkraft geringer als bei einer sozialen. Krug und Lecybyl (2005) konnten zeigen, dass sich, unter Anwendung der sozialen Bezugsnorm, die Einschätzung der Lernatmosphäre in

---

[6] Fischbach, Brunner, Krauss & Baumert (2015) haben bei der Analyse mittels hierarchisch linearer Modelle in einer großen Stichprobe der COACTIV-Studie nur geringe Effekte und für verschiedene Erhebungsinstrumente und Schulformen inkonsistente Effekte herausgefun-den.

einer mehrwöchigen Intervention stetig abnahm, während diese bei Lehrkräften mit individueller BZNO zunächst stieg und dann gleichblieb. Außerdem sind die Schüler*innenleistungen in der Stichprobe zur individuellen Bezugsnorm durchgängig höher als bei der sozialen (vgl. ebd.).

Zusammenfassend ist die BZNO einer Lehrkraft eine relevante Überzeugungsfacette von Lehrkräften mit zahlreichen Bezügen zur Förderung von Mathematikleistungen und individueller Motivation.

3.3.4.2 Attributionen schlechter Schüler*innenleistungen

Das Konzept der Kausalattributionen wurde bereits in Abschnitt 2.2.3 erläutert. An dieser Stelle wird auf Attributionen fokussiert, die Lehrkräfte bei der Bewertung von Erfolgen und Misserfolgen ihrer Schüler*innen zugrunde legen. Diese Lehrer*innenattributionen über die Leistungen von Schüler*innen wurden in zahlreichen Studien untersucht. Die Ergebnisse der Studien zeigen auf, dass es bei Lehrkräften bevorzugte Attributionsstile gibt und dass Zusammenhänge der Lehrkraftattributionen für Schüler*innenleistungen mit den Erwartungen und Emotionen der Lehrkräfte sowie mit verschiedenen Schüler*innenmerkmalen bestehen (vgl. zusf. Wang und Hall 2018).

Schlechte Schüler*innenleistungen werden von Lehrkräften eher nicht auf lehrkraftseitige Ursachen attribuiert, sondern internal auf Fähigkeit oder Anstrengung der Schüler*innen bzw. external auf familiäre Einflüsse (vgl. bspw. Burger et al. 1982). Dabei konnten Tollefson et al. (1990) zeigen, dass nur 2 % der befragten Lehrkräfte schlechte Schüler*innenleistungen auf Aspekte der Lehrkraft attribuieren und Jager und Denessen (2015), dass Aspekte des Unterrichts wie Schwierigkeitsgrad oder Unterrichtsqualität eine vergleichsweise untergeordnete Stellung bei der Ursachensuche für schlechte Schüler*innenleistungen einnehmen. Ein gegenläufiger Effekt ist bei den Ursachenzuschreibungen von guten Schüler*innenleistungen zu beobachten. Hier attribuieren Lehrkräfte eher auf ihre eigenen Leistungen, wie die Qualität des eigenen Unterrichts (vgl. Gosling 1994; Yehudah 2002). Es zeigt sich bei Lehrkräften eine Tendenz zur selbstwertdienlichen Ursachenzuschreibung. Erfolge werden sich selbst zugeschrieben, während für Misserfolge andere Ursachen gesucht werden.

Die Erwartungen von Lehrkräften hinsichtlich der Fähigkeiten ihrer Schüler*innen nehmen einen Einfluss auf ihre Ursachenzuschreibungen. Erwartet eine Lehrkraft von einer Schülerin / einem Schüler hohe Fähigkeiten, wird sie im Misserfolgsfall externale und variable Attributionen heranziehen und im Erfolgsfall die individuellen Fähigkeiten der Schülerin / des Schülers. Bei unterstellten niedrigen Fähigkeiten wird Misserfolg auf mangelnde Fähigkeiten und Erfolg auf Anstrengung oder Glück zurückgeführt (vgl. Cooper und Burger 1980; Fennema et al. 1990). Hier konnten Woodcock und Vialle (2010) für Schüler*innen mit Lernschwierigkeiten zeigen, dass Lehrkräfte bei diesen vergleichsweise niedrigere Kompetenzen wahrnehmen als bei ihren Mitschüler*innen.

Hinsichtlich der mit Attributionen verbundenen Emotionen von Lehrkräften lässt sich zeigen, dass Attributionen von Misserfolg auf geringe Anstrengung eher mit Ärger und Enttäuschung gegenüber den Lernenden verbunden sind und Attributionen auf mangelnde Fähigkeiten mit Mitgefühl, Hilflosigkeit und Schuld (vgl. Butler 1994). Für das Verhalten von Lehrkräften konnte nachgewiesen werden, dass Lehrkräfte, die Misserfolge ihrer Schüler*innen auf mangelnde Fähigkeit attribuieren, ihre Schüler*innen mehr ermutigen und mehr Hilfestellungen anbieten, während im Fall der Attribution auf mangelnde Anstrengung eher Kritik, negatives Feedback und eine geringere Hilfsbereitschaft gezeigt wird (vgl. Tollefson und Chen 1988; Butler 1994).

Hinsichtlich der Konsequenzen auf Seiten der Schüler*innen lassen sich besonders Ergebnisse zur Schüler*innenmotivation herausstellen (vgl. dazu Abschnitt 2.2.3). Die Motivation der Schüler*innen hängt positiv mit vermehrten Attributionen auf internale Ursachen, wie Anstrengung und Fähigkeit, zusammen. Werden Erfolge jedoch auf geringe Aufgabenschwierigkeit oder auf die Unterstützung durch die Lehrkraft attribuiert, werden geringere Werte der Motivation gemessen (vgl. Natale et al. 2009). In einer anderen Studie wurde ein Zusammenhang internaler Attributionen mit dem Interesse und der Leistung in Mathematik nachgewiesen (vgl. Upadyaya et al. 2012). Vergleichbare Ergebnisse fanden auch Tõeväli und Kikas (2016), die zeigen konnten, dass Ursachenzuschreibungen von Erfolg auf eine Unterstützung durch die Lehrkraft mit schwächeren Mathematikleistungen und Erfolgsattributionen auf Fähigkeit mit stärkeren Mathematikleistungen zusammenhängen. Es scheint für Schüler*innen von Vorteil zu sein, wenn ihre Lehrkräfte internale Ursachen für die Schüler*innenleistungen annehmen.

Die Attributionen von Lehrkräften hinsichtlich schlechter Schüler*innenleistungen erscheint vor diesem Hintergrund als bedeutsame Überzeugungsfacette der KMLF.

3.4 Förderung professioneller Kompetenzen in Aus- und Fortbildungsformaten

Kunter, Kleickmann et al. (2011) stellen ein Modell der Determinanten und Konsequenzen der professionellen Kompetenz von Lehrkräften auf, das sich vergleichbar mit dem Angebots-Nutzungs-Modell (s. S. 11) mit Antezedenzien und

Konsequenzen professioneller Kompetenzen von Lehrkräften auseinandersetzt (s. Abbildung 3.8).

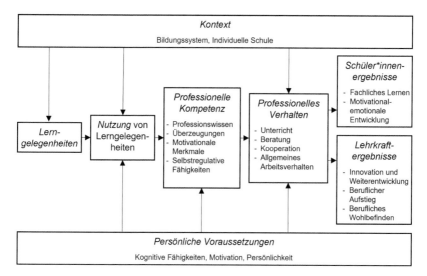

Abbildung 3.8 Modell der Determinanten und Konsequenzen der professionellen Kompetenz von Lehrkräften aus Kunter, Kleickmann et al., 2011, S. 59. Die CC-BY 4.0 – Lizenz dieser Publikation bezieht sich nicht auf Abbildung 3.8. Das Copyright unterliegt dem Waxmann-Verlag.

Lehrer*innenausbildungsprogramme oder –fortbildungen bieten dabei Lerngelegenheiten für angehende oder praktizierende Lehrkräfte. Deren Auswirkungen auf die professionelle Kompetenz hängt im besonderen Maße von der Nutzung dieser Lerngelegenheiten ab, welche wiederum von Merkmalen der Lerngelegenheit (z. B. Umfang oder Inhalt), dem institutionellen Rahmen und den persönlichen Voraussetzungen der Lehrkraft beeinflusst wird (s. Abbildung 3.8).

Hinsichtlich der Konsequenzen von Lehrerausbildungsprogrammen und – fortbildungen unterscheiden Lipowsky und Rzejak (2015) Wirkungen auf 4 Ebenen:

1. Reaktionen der teilnehmenden Lehrkräfte,
2. Lernen der teilnehmenden Lehrkräfte, also Einflüsse auf die professionelle Kompetenz,

3. Veränderungen im unterrichtlichen Handeln der Lehrkräfte, also dem professionellen Verhalten und den Lehrkraftergebnissen sowie
4. Entwicklung der assoziierten Schüler*innen.

In den Studien zu den Reaktionen der Lehrkräfte werden insbesondere Einschätzungen der Zufriedenheit mit den Inhalten, der Qualität der Veranstaltung und Materialien, der Relevanz und Nützlichkeit der Inhalte sowie den Fähigkeiten der Fortbildenden erhoben (vgl. Lipowsky und Rzejak 2012; 2014). Dabei zeigt sich, dass eine positive Bewertung von Akzeptanz und Nützlichkeit mit einem hohen Bezug zur Lehrpraxis der teilnehmenden Lehrkräfte zusammenhängt, also inwieweit die Inhalte beispielsweise konkrete Umsetzungsmöglichkeiten für den Unterricht beinhalten oder Gelegenheiten zum Austausch mit Kolleg*innen bieten (vgl. Jäger und Bodensohn 2007; Smith und Gillespie 2007). Für Nützlichkeits- und Relevanzeinschätzungen konnte nachgewiesen werden, dass diese Zusammenhänge mit Teilnahmebereitschaft, Wissenszuwachs, Änderungen in den Überzeugungen und dem Verhalten von Lehrkräften aufweisen (vgl. Salas und Cannon-Bowers 2001). Für Zufriedenheitsaspekte hingegen zeigen sich keine Zusammenhänge zu den anderen Wirkungsebenen, wie dem Wissenserwerb oder den Auswirkungen auf das berufliche Handeln (Goldschmidt und Phelps 2007; Alliger et al. 1997). Lipowsky und Rzejak (2012) sehen Zufriedenheitsaspekte daher als notwendige Bedingung für eine erfolgreiche Fortbildung, nicht jedoch als hinreichende.

Für die zweite Ebene, den Auswirkungen auf die professionelle Kompetenz, wurden an den entsprechenden Stellen in Kapitel 3 Studien referiert. Lipowsky und Rzejak (2012) fassen weitere Studien zusammen, die vermuten lassen, dass durch Aus- und Fortbildungsveranstaltungen Aspekte professioneller Kompetenzen gefördert werden können.

Hinsichtlich der dritten Ebene, den Veränderung unterrichtlichen Handelns von Lehrkräften, lässt sich nachweisen, dass Fortbildungen positive Effekte zeigen. Beispielsweise konnten Carpenter et al. (1989) zeigen, dass Lehrer*innen nach einer Fortbildung ihren Schüler*innen häufiger Aufgaben zum Problemlösen stellten und mehr auf die Antworten der Lernenden achteten als Lehrkräfte einer Kontrollgruppe. In weiteren Studien zeigten Wackermann (2008) und Collet (2009), dass sich gemessen an Schüler*innenaussagen die Verständnisorientierung des Unterrichts sowie dessen Klarheit und Strukturiertheit positiv entwickelt hat und konzeptuelle Inhalte aus der Fortbildung angewandt wurden. Desimone et al. (2002) konnten zeigen, dass eine Fortbildung zu effektiven Unterrichtsmethoden dazu führte, dass Lehrkräfte diese auch im Unterricht einsetzten.

Bei der vierten Ebene, den Schüler*innenergebnissen lassen sich für kognitive Aspekte zahlreiche positive Entwicklungen von Lehrer*innenfortbildungen nachweisen. Im Bereich der Mathematik ließen sich positive Lernerfolge in verschiedenen Leistungsbereichen zeigen, beispielsweise in Rechenleistungen, konzeptionellen Verständnis oder Problemlösefähigkeiten (vgl. Carpenter et al. 1989; Cobb et al. 1991). Vergleichbare Ergebnisse zeigen sich auch in anderen Fächern (vgl. zusf. Lipowsky 2010). In motivational-affektiven Bereichen ist die Befundlage uneinheitlich. Während in manchen Studien beispielsweise positive Effekte auf motivationale Variablen nachgewiesen wurden (vgl. Demuth et al. 2005), konnten andere keine nachhaltigen Effekte von Fortbildungen auf affektiv-motivationale Entwicklungen von Schüler*innen nachweisen (vgl. Lipowsky 2010; Fischer 2006).

3.5 Zusammenfassung und Formulierung von Forschungsdesiderata

In den vorangegangenen Abschnitten 3.1–3.4 wurde zunächst das Konstrukt der professionellen Kompetenz von Lehrkräften theoretisch als latente Disposition charakterisiert, die der Performanz im Sinne einer Bewältigung von praktischen situativen Problemen zugrunde liegt. Die Performanz wird dabei als Indikator für diese Kompetenz betrachtet. Anhand der großangelegten Studien MT21, TEDS-M und COACTIV wurden zentrale Charakteristika empirischer Modellierungen von Lehrer*innenkompetenzen dargestellt. Diese basieren auf einer auf das spezifische Handlungsfeld der professionellen Akteur*innen bezogenen Analyse der typischen und zentralen Anforderungen und umfassen verschiedene Wissens- und Überzeugungsfacetten sowie affektiv-motivationale Aspekte. Mit dem Ziel der Beschreibung wichtiger Dispositionen, die kompetentem Handeln im Kontext motivationsförderlicher mathematischer Förderung zugrunde liegen, wurde auf Basis der aktuellen Lehrer*innenkompetenzforschung ein Modell einer *professionellen Kompetenz, motiviertes Lernen zu fördern* entwickelt und theoretisch fundiert (s. Abbildung 3.4). Dieses Modell umfasst drei Bereiche: Das Professionswissen und -können mit den Facetten Fachwissen, fachdidaktisches Wissen und allgemein-pädagogisches Wissen, die Überzeugungen zum Lehren und Lernen mit den Attributionen schlechter Schüler*innenleistungen und der Bezugsnormorientierung, und Motivationale Orientierungen mit den Facetten Selbstwirksamkeitserwartungen, Enthusiasmus und Interesse.

Einzelne der dispositionalen Faktoren sind bereits in den großangelegten Studien MT21, TEDS-M und COACTIV untersucht worden, allerdings mit dem

Fokus auf allgemeinem Lehrer*innenhandeln. Über die Kompetenzen, die hinter motivationsförderlichem Handeln im Rahmen mathematischen Förderunterrichts stehen, ist bislang wenig bekannt. Dementsprechend ist bislang unklar, inwieweit solche Motivationsförderkompetenzen ausgebaut werden können und wie (angehende) Lehrkräfte darin angeleitet werden können, motivationsförderlichen Unterricht (vgl. Abschnitt 2.4) durchzuführen.

Die zentralen Desiderata bestehen vor diesem Hintergrund

(1) zum einen in der Entwicklung eines Veranstaltungsformats, das sich der Schulung dieser Kompetenz annimmt, und

(2) zum anderen in einer Untersuchung der Entwicklung der KMLF im Rahmen eines solchen Veranstaltungskonzepts zur Förderung dieser Kompetenz.

Um diese Desiderata zu bearbeiten, wurde auf Basis von aus der Forschungsliteratur abgeleiteten allgemeinen Prinzipien ein Modell der Förderung von Motivation und mathematischen Kompetenzen bei Schüler*innen mit Schwierigkeiten beim Mathematiklernen entwickelt (s. Abbildung 2.3). Dieses Modell wird im folgenden Kapitel 4 in ein Veranstaltungskonzept umgesetzt. Dieses Veranstaltungskonzept bietet die exemplarisch-konkretisierte Grundlage für die empirische Untersuchung der Entwicklung von Kompetenzfacetten der teilnehmenden angehenden Lehrkräfte. Hier interessieren neben den Veränderungen in den einzelnen Facetten der KMLF insbesondere spezifische Effekte der in Kapitel 4 beschriebenen neu entwickelte Veranstaltung mit expliziten Inhalten zur Förderung der KMLF im Vergleich zu der ursprünglichen Fassung der Veranstaltung (s. Kapitel 6–11).

Über die dispositionalen Faktoren hinaus umfasst das Modell der KMLF auch das konkrete unterrichtliche Handeln der Lehrkräfte. Für die Förderung von Schüler*innen mit Schwierigkeiten beim Mathematiklernen erscheinen vor dem Hintergrund der in 2.3 geschilderten Kriterien der Unterrichtsqualität besonders die Unterstützungshandlungen von Lehrkräften bedeutsam. Über das motivationsförderliche Handeln (angehender) Lehrkräfte in mathematischen Fördersettings ist bislang wenig bekannt. Insbesondere die Fragen nach der Gestaltung von Unterstützungssituationen und typischen Kontextmerkmalen, die die Unterstützungshandlungen beeinflussen, sind bislang weitestgehend ungeklärt. Das zentrale Desiderat besteht demnach darin, einen strukturierten Einblick in die Unterstützungspraxis angehender Mathematiklehrkräfte im Rahmen von motivationsförderlichem mathematischem Förderunterricht zu bekommen (s. Kapitel 12–14).

Seminarkonzept zur Förderung von Schüler*innen mit mathematischen Lernschwierigkeiten

Im Rahmen des Projekts Biprofessional, welches Teil der Bielefelder Qualitätsoffensive Lehrerbildung vom Bundesministerium für Bildung und Forschung ist, wurde ein Veranstaltungsformat entwickelt, das auf den Kompetenzerwerb von Studierenden im Bereich der Förderung von Motivation im Fach Mathematik zielt. In einer Kooperation von Mathematikdidaktiker*innen und Psycholog*innen wurde dazu ein in der Bielefelder Mathematikdidaktik etabliertes Veranstaltungsformat mit integrierter Praxisphase zur individuellen Förderung von Schüler*innen mit Schwierigkeiten beim Mathematiklernen adaptiert und um motivationspsychologische Aspekte ergänzt.

Mit dem Seminar werden zwei zentrale Zielsetzungen verfolgt. Das erste ist die Verknüpfung theoretischer Elemente mit der Praxis der Studierenden. Beck und Krapp (2006) stellen vier Grundformen der Theorieanwendung vor: Zielerreichendes Handeln, Folgenabschätzung, Rückschauendes Begreifen und Differenziertes Wahrnehmen (s. Abbildung 4.1).

Das Zielerreichende Handeln wird den Studierenden ermöglicht, indem sie Ziele für die Förderung der Schüler*innen setzen und Handlungsanweisungen für die Planung und Vorbereitung ihres Unterrichts und einzelner Fördersituationen ableiten. Dabei werden in der Regel verschiedene Möglichkeiten pädagogischen Handelns bezüglich ihrer antizipierten Folgen abgewogen (Vorsorgliche Folgenabschätzung). Die Differenzierte Wahrnehmung und das Rückschauende Begreifen stehen besonders im Fokus, wenn Studierende Unterricht durchführen und diesen theoriegeleitet reflektieren oder Fälle eigener oder konstruierter Schüler*innen analysieren. Die zweite Ziel bezieht sich auf den Kompetenzerwerb der Studierenden hinsichtlich des Aufbaus der einzelnen Facetten der *professionellen Kompetenz, motiviertes Lernen zu fördern* (KMLF) (s. Kapitel 3).

Der organisatorische Ablauf der Veranstaltung, insbesondere in Abgrenzung zu der ursprünglichen Veranstaltung, die adaptiert wurde, wird in Kapitel 6

M. Hettmann, *Motivationale Aspekte mathematischer Lernprozesse*,
Bielefelder Schriften zur Didaktik der Mathematik 7,
https://doi.org/10.1007/978-3-658-37180-7_4

Grundformen der Theorieanwendung	
Differenziertes Wahrnehmen *Worauf muss ich bei dieser Lage der Dinge achten?* Beispiel der Theorieanwendung: Wahrnehmung von Motivationsdefiziten im Unterricht	**Zielerreichendes Handeln** *Was muss ich tun, um ein bestimmtes Ziel zu erreichen?* Beispiel der Theorieanwendung: Was muss ich tun, um die Motivation und fachliche Kompetenzen von Schüler*innen mit Schwierigkeiten beim Mathematiklernen zu fördern?
Rückschauendes Begreifen *Warum ist dieses Ereignis eingetreten?* Beispiel der Theorieanwendung: Warum hat Schülerin XY trotz meiner aufwändigen Vorbereitung nicht mitgemacht?	**Vorsorgliche Folgenabschätzung** *Was wird als Folge von A geschehen?* Beispiel der Theorieanwendung: Wenn ich Förderunterricht mit Methode XY gestalte, welches Verhalten antizipiere ich von den Schüler*innen?

Abbildung 4.1 Grundformen der Theorieanwendung in Anlehnung an Beck und Krapp 2006, S. 39. Adaptiert durch MH

beschrieben, die genauen Lernvoraussetzungen der Studierenden in Kapitel 7. Für eine ausführliche Darstellung und Begründung der gesamten Seminarkonzeption siehe Hettmann et al. (2019).

Die theoretische Basis des Seminarkonzepts ist die in Kapitel 2 referierte Theorie zur Förderung mathematischer Kompetenzen und Motivation bei Schüler*innen mit Schwierigkeiten beim Mathematiklernen. Ein vielversprechender Ansatzpunkt, den in Abschnitt 2.2.4 beschriebenen selbstverstärkenden Mechanismen von mangelnder Kompetenz und Motivation entgegenzuwirken, besteht in der integrierten Förderung von mathematischen Kompetenzen und den motivationalen Aspekten Selbstwirksamkeit, Selbstkonzept und Kausalattributionen (vgl. Hettmann et al. 2019). Als gliederndes Element wird die Förderung von Selbstwirksamkeit in den Mittelpunkt gestellt. In Einklang mit den von Bandura (1997) postulierten Quellen der Selbstwirksamkeit fokussiert das Modell auf selbstbewirkte Erfolgserfahrungen zur Förderung von Selbstwirksamkeit. Ziel ist es, dass sich Schüler*innen über die Erfahrung regelmäßiger Erfolge bei individuell herausfordernden Aufgaben Kompetenz und Kompetenz-Überzeugungen entwickeln und so die eigene Selbstwirksamkeit stabilisieren. Um dieses Ziel zu erreichen, sollte Unterricht so gestaltet und vorbereitet sein, dass

1. Erfolge vorbereitet und ermöglicht werden,
2. die Erfolge als solche erlebt und bewusst gemacht werden,
3. die Erfolge auf angemessene Ursachen zurückgeführt werden und
4. als zentraler Gütemaßstab die individuelle Bezugsnorm verwendet wird (s. Abbildung 4.2).

Als praktischer Leitfaden lässt sich bei der Planung und Durchführung eines selbstwirksamkeitsförderlichen Mathematikunterrichts ein Vierschritt formulieren: Erfolge müssen vorbereitet, ermöglicht, erlebt und nachbereitet werden. Den einzelnen Schritten ordnen sich bekannte Methoden der individuellen Förderung und Motivationsförderung unter. Als Querstruktur gilt die konsequente Anwendung der individuellen Bezugsnorm in allen vier Schritten. Im Folgenden werden die einzelnen Schritte und die dazugehörigen Methoden näher erläutert.

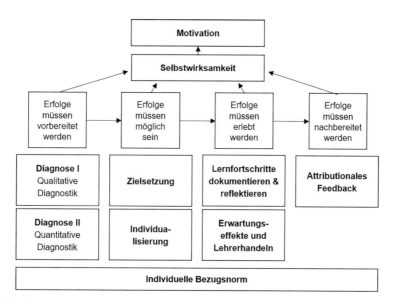

Abbildung 4.2 Methodischer 4-Schritt zur individuellen Kompetenz- und Selbstwirksamkeitsförderung nach Hettmann et al. (2019), S. 177

Das Seminar startet mit einer Einführung in theoretische Aspekte der individuellen mathematischen Förderung (vgl. vom Hofe 2011) und der Selbstwirksamkeit (vgl. Bandura 1997). Neben theoretischen Inputs zum Aufbau einer theoretischen Basis werden verschiedene Reflexionsanlässe geschaffen, die es den Studierenden ermöglichen die Theorie im Sinne des rückschauenden Begreifens und der differenzierten Wahrnehmung praktisch anzuwenden (s. Abbildung 4.3; vgl. Beck und Krapp 2006).

Ein besonderes Element, welches sich durch das gesamte Seminar zieht, ist das Fallbeispiel zu Mia und Michael. Für diese beiden Schüler*innen werden auf Basis authentischen Diagnosematerials zunächst ein Förderplan erstellt, Ziele formuliert und abschließend Fördersituationen und Fördermaßnahmen geplant. Ein Meilenstein des Seminarkonzepts ist das Planen einer gesamten Förderstunde für die Schüler*innen Mia und Michael.

Partnerübung: Fallbeispiel Emre – Niedrige Selbstwirksamkeit

Emre ist einer deiner Schüler in Mathe. Seine Leistungen liegen im unteren Bereich, du glaubst aber, dass er deutlich mehr könnte, wenn er sich mal anstrengen würde. Stattdessen wirkt er im Unterricht antriebslos, lustlos, desinteressiert und motivationslos. Es passiert immer wieder, dass er in Erarbeitungs- und Übungsphasen nur die einfachsten Aufgaben bearbeitet oder ganz „abschaltet" und die Aufgaben gar nicht angeht. Geht er doch an eine schwierigere Aufgabe heran, gibt er bei den ersten Schwierigkeiten auf. Auf die Frage, warum er die Aufgaben nicht bearbeitet, antwortet er: „Wieso soll ich das versuchen, ich kann das doch eh nicht!". Als Emre in der letzten Klassenarbeit wieder eine schlechte Note bekommt, fragst du ihn, woran es seiner Meinung nach liegt. Er antwortet: „Ich bin halt einfach zu dumm für Mathe."

Tausche dich mit deiner Sitznachbarin / deinem Sitznachbarn aus: Wenn du an deine eigene Schulzeit oder Unterrichtshospitationen denkst: Erinnerst du dich an eine Schülerin / einen Schüler mit Anzeichen für eine niedrige Selbstwirksamkeit? Woran machst du dein Urteil fest?

Abbildung 4.3 Reflexionsauftrag zur Selbstwirksamkeitstheorie aus dem Seminarkonzept aus dem Online-Supplement zu Hettmann et al. 2019

Zur *Vorbereitung von Erfolgen* gilt es zunächst das individuelle Anforderungsniveau der Schüler*innen zu bestimmen, also den aktuellen Leistungsstand hinsichtlich der fachlichen und überfachlichen angestrebten Kompetenzen. Diese

Informationen sind für die Lehrkraft essenziell, um in den Folgeschritten Fördermaßnahmen auszuwählen und zu entwickeln. Bei den hierfür eingesetzten diagnostischen Werkzeugen lassen sich eher qualitativ orientierte Methoden von eher quantitativen unterscheiden. Bei der ausführlicheren qualitativen Diagnostik in Form von Fallstudien und Einzelinterviews stehen auf der theoretischen Ebene Grund- und Fehlvorstellungen im Fokus (vom Hofe 2011; Wartha und vom Hofe 2005). Da diese aufwändigeren Verfahren in der Praxis des Unterrichtsalltags in der Regel nicht umfänglich eingesetzt werden können, können diese durch quantitative Diagnoseverfahren ergänzt werden. Bei der quantitativen Diagnostik werden in schriftlichen oder multimedialen Umgebungen Diagnosetests bearbeitet und diese z. T. automatisiert ausgewertet. Dabei geben die Auswertungstools Informationen zu Förderbedarfen und können individuell zugeschnittenes Übungsmaterial zusammenstellen. Die quantitativen Diagnoseverfahren geben dadurch einen Überblick über den Leistungsstand von Schüler*innengruppen, können aber nicht so in die Tiefe gehen, wie die qualitativen Pendants (vgl. Hafner 2008; 2011; Pallack et al. 2013). Im Seminar untersuchen die Studierenden einerseits Interviews mit Kindern (vgl. Wartha und vom Hofe 2005), in denen diese Aufgaben zur Bruchrechnung bearbeiten, hinsichtlich gezeigter Grund- und Fehlvorstellungen und andererseits vergleichen sie kriteriengeleitet verschiedene Formen quantitativer Diagnostik.

Um *Erfolge für alle Schüler*innen zu ermöglichen*, bieten sich Methoden der Zielsetzung und der individuellen Förderung an. Hinsichtlich der Zielsetzung haben Schwarzer und Jerusalem (2002) postuliert, dass kleine, durch eigene Anstrengung erreichbare, herausfordernde Ziele besonders geeignet sind, um die Selbstwirksamkeit zu steigern. Diese Nahziele stellen Teilschritte auf dem Weg zur Erreichung der Lernziele dar. Wichtig ist, dass die Schüler*innen diese kurzfristigen, konkret formulierten und mit einem Indikator zur Zielerreichung versehenen Ziele selbstständig erreichen können und somit regelmäßig Erfolge verzeichnen können. Methoden der Individualisierung von Lernwegen, um allen Schüler*innen eine adaptive Lernumgebung zu schaffen, wurden bereits in Abschnitt 2.3 thematisiert. Der zentrale Aspekt für das Ermöglichen von Erfolgen ist das Bereitstellen von Aufgaben mit optimaler Passung, damit die Schüler*innen die Aufgaben als Herausforderung wahrnehmen, sie aber gleichzeitig auch lösen können. Im Seminarkonzept erarbeiten die Studierenden sich in Abgrenzung zu allgemeinen Förderzielen Kriterien für die Formulierung von Nahzielen und erstellen auf Basis der vorangegangenen Analyse der Diagnosematerialien von Mia und Michael Nahziele für die beiden Schüler*innen (s. Abbildung 4.4). Im Anschluss gestalten die Studierenden auf der Basis einer

Auswahl verschiedener Methoden der individuellen Förderung eine Lernsequenz für Mia und Michael.

Partnerübung: Mia & Michael II – Nahziele setzen

Formuliert auf Basis eures Förderplans konkrete Nahziele für die Förderung von Mia bzw. Michael. Orientiert euch dabei an den Kriterien für gute Nahziele.

1) _____
_____

2) _____
_____

3) _____
_____

Abbildung 4.4 Partnerübung zur Anwendung der theoretischen Kriterien zur Formulierung von Nahzielen auf das Fallbeispiel Mia und Michael aus dem Online-Supplement zu Hettmann et al. 2019

Schüler*innen, die eine lange Misserfolgskarriere hinter sich haben, können Schwierigkeiten damit haben, erreichte *Erfolge* auch als solche *wahrzunehmen*. Um Schüler*innen dabei zu unterstützen, bieten sich Methoden der Dokumentation und Reflexion von Lernprozessen an. Eine weitere Quelle für die Erfolgswahrnehmung von Schüler*innen ist die Erwartungshaltung ihrer Lehrkräfte. Hier konnten Madon et al. (2001) beispielsweise zeigen, dass Schüler*innen bei Lehrkräften, die von ihren Schüler*innen niedrige Kompetenzen im Fach Mathematik erwarten, selbst die Überzeugung entwickeln, nicht kompetent im Fach Mathematik zu sein. Solche Erwartungseffekte lassen sich in der Umkehrung gezielt nutzen, um über eine positive Erwartungshaltung die Erfolgswahrnehmung von Schüler*innen zu unterstützen. Im Seminar bearbeiten die Studierenden zunächst das Fallbeispiel Yustina, welches den Prototyp einer Schülerin mit problematischen Verhaltensweisen aufzeigt. Nachdem die Studierenden eigene Erwartungen an die Förderung mit dieser Schülerin notiert haben, wird die entsprechende Theorie referiert und die eigenen Erwartungen reflektiert. Abschließend formulieren die Studierenden bewusst positive Erwartungen (s. Abbildung 4.5).

Die *Nachbereitung von Erfolgen* umfasst besonders die Zuschreibung von Ursachen, die Schüler*innen bei Erfolgserlebnissen vornehmen. Dabei ist es

---

Partnerübung: Positive Erwartungen an Yustina

Schreibt gemeinsam möglichst viele positive Erwartungen an eine Förderung mit Yustina auf. Es kann sein, dass es euch zunächst schwer fällt für solche „Problemschüler*innen" positive Erwartungen zu formulieren, aber genau für diese Schüler*innen ist es besonders wichtig welche zu finden!

Abbildung 4.5 Partnerübung zur Einübung von Techniken zur Vergegenwärtigung positiver Erwartungen am Fallbeispiel Yustina aus dem Online-Supplement zu Hettmann et al. 2019

wichtig, dass Schüler*innen Erfolge auf die eigene Urheberschaft zurückführen, also internal attribuieren und Misserfolge auf kontrollierbar und änderbare Ursachen zurückführen, z. B. internal variable Ursachen, wie Lern- und Lösungsstrategien (vgl. Abschnitt 2.2.3). Lehrkräfte können diese Attributionen durch Feedbackaussagen unterstützen. Dieses Verfahren des Anpassens von Schüler*innenattributionen durch die Lehrkraft nennt sich Attributionales Feedback (vgl. Brandt 2014). Im Seminar wenden die Studierenden die Theorie der Kausalattributionen auf Beispielaussagen wie ‚Ich habe in Mathe eine 5 geschrieben, weil ich Mathe einfach nicht kann' an. Abschließend üben sie in kleinen Rollenspielen das unmittelbare Rückmelden von Erfolgen und Misserfolgen anhand von Erfolgs- und Misserfolgsgeschichten ihrer Kommilitonen.

Für die Bewertung von Leistungen in pädagogischen Kontexten unterscheidet Rheinberg (1980) drei Gütemaßstäbe oder Bezugsnormen, an denen die Leistungen bemessen werden (vgl. Abschnitt 3.3.4.1; vgl. Rheinberg und Fries 2018; Rheinberg 2014). Um Erfolge für alle Schüler*innen zu ermöglichen, ist es notwendig die *individuelle Bezugsnorm* als Kriterium für das Erreichen bzw. Nichterreichen von Erfolgen anzusetzen. So ist es auch Schüler*innen mit Lernschwierigkeiten möglich, regelmäßig Erfolge zu verzeichnen. Unter der sozialen Bezugsnorm beispielsweise würden sie womöglich trotz gegebenenfalls großer Lernzuwächse die Rückmeldung bekommen, weiterhin die / der schwächste Lerner*in zu sein. Im Rahmen eines selektiven Schulsystems, das Noten gibt und Übergangsentscheidungen treffen muss, ist eine alleinige Orientierung an der individuellen Bezugsnorm oft nicht möglich. Es ist trotzdem angeraten, wann immer es möglich ist, die Bewertung von Leistungen um die Perspektive der individuellen Bezugsnorm zu ergänzen (vgl. Rheinberg und Krug 2005). Für Fördersettings gilt dies in besonderem Maße.

Fragestellung und Hypothesen 5

Im theoretischen Teil dieser Arbeit wurde ein Rahmenkonzept zu Handlungs-kompetenzen von Lehrkräften entwickelt, die sich auf die Motivierung von Schüler*innen beziehen. Als zentrales Desiderat wurde eine vertiefende Untersu-chung der Aspekte der *professionellen Kompetenz, motiviertes Lernen zu fördern* (KMLF) herausgestellt. Dabei interessiert im Rahmen dieses Projekts, wie sich Facetten dieser Kompetenz im Rahmen eines Veranstaltungskonzepts zur Förde-rung der KMLF entwickeln (Studie 1; ausführlicher in Abschnitt 5.1) und welche Unterstützungsformen angehende Mathematiklehrkräfte im Rahmen von motiva-tionsförderlichem mathematischem Förderunterricht zur individuellen Förderung ihrer Schüler*innen nutzen (Studie 2; ausführlicher in Abschnitt 5.2). Die in Abschnitt 3.1 beschriebenen unterschiedlichen Ebenen der Kompetenzen finden sich in der Anlage der beiden Studien wieder. Der Schwerpunkt liegt auf den kognitiven Facetten und den Überzeugungsfacetten der KMLF (Studie 1) sowie auf dem konkreten Verhalten der Lehrkräfte in Fördersituationen (Studie 2).

In den folgenden Abschnitten werden zunächst die Fragestellungen inkl. der Hypothesen für die (vorwiegend quantitative) erste Studie, die sich mit der Entwicklung von Facetten der Handlungskompetenz befasst, dargelegt (Abschnitt 5.1) und anschließend die Fragestellung der (qualitativen) Studie zum konkreten Handeln der angehenden Lehrkräfte in Fördersituationen (vgl. Abschnitt 5.2).

5.1 Fragestellungen und Hypothesen für Studie 1

Die erste Studie befasst sich mit der Entwicklung der KMLF bei angehenden Mathematiklehrkräften im Verlauf eines auf die Schulung dieser Kompetenz aus-gelegten universitären Veranstaltungsformates. Untersucht werden Veränderungen

M. Hettmann, *Motivationale Aspekte mathematischer Lernprozesse*,
Bielefelder Schriften zur Didaktik der Mathematik 7,
https://doi.org/10.1007/978-3-658-37180-7_5

in den in Abschnitt 3.3 zusammengestellten Wissens- und Überzeugungsfacetten
der KMLF (1). Darüber hinaus werden auch die weiteren in Abschnitt 3.4 dargestellten Wirkungsebenen von Interventionen bei Lehrkräften untersucht: Die
Bewertung des Veranstaltungskonzepts durch die angehenden Mathematiklehrkräfte (F2), motivationale Variablen der von den Veranstaltungsteilnehmer*innen
im Rahmen der Praxisphase unterrichteten Schüler*innen (F3), selbsteingeschätze
Lernzuwächsen der angehenden Mathematiklehrkräfte (F4) und die Nutzung der
Methoden in der eigenen Praxis durch die Studienteilnehmer*innen (F5).

Bei den ersten drei Fragestellungen stellt sich über die Entwicklung der
Facetten hinaus die Frage, ob die explizite Schulung motivationspsychologischer
Inhalte, wie sie in der adaptierten Veranstaltung praktiziert wurde, einen Vorteil
hinsichtlich der Kompetenzaspekte bietet.

(F1) Facetten der KMLF

Fragestellungen

F1.1   Verändern sich Wissens- und Überzeugungsfacetten der KMLF bei ange-
       henden Mathematiklehrkräften im Verlauf eines Veranstaltungskonzepts mit
       angeknüpfter Praxisphase?
F1.2   Unterscheiden sich Entwicklungen in Wissens- und Überzeugungsfacetten
       einer KMLF zwischen einer Experimentalgruppe mit einem explizit auf
       Motivationsförderung im Förderkontext zugeschnittenen Veranstaltungs-
       konzept (adaptierte Veranstaltung) und einer Kontrollgruppe mit einem
       strukturell ähnlichen Seminar zu den Grundlagen der Diagnose und indi-
       viduellen Förderung ohne expliziten Anteil motivationspsychologischer
       Inhalte (ursprüngliche Veranstaltung)?

Hypothesen

H1.1   Die einzelnen Wissens- und Überzeugungsfacetten der KMLF bei den
       angehenden Mathematiklehrkräften unterscheiden sich zwischen den Mess-
       zeitpunkten vor und nach der Intervention.
       Dies bezieht sich auf Veränderungen im pädagogisch-psychologischen Wis-
       sen (i), in der Sicherheit des pädagogisch-psychologischen Wissens (ii),
       in der Lehrer*innenselbstwirksamkeit und der Selbstwirksamkeit moti-
       viertes Lernen zu fördern (iii), im Enthusiasmus für Mathematik (iv),
       in der Attribution schlechter Schüler*innenleistungen (v) sowie in der
       Bezugsnormorientierung (vi) (vgl. Abschnitt 3.3).

H1.2   Die Entwicklung über die zwei Messzeitpunkte vor und nach der Interven-
        tion in den einzelnen Wissens- und Überzeugungsfacetten der Studierenden
        unterscheidet sich zwischen den beiden Untersuchungsgruppen bzw. Ver-
        anstaltungsformaten. Dies bezieht sich ebenfalls auf in H1.1 beschriebenen
        Facetten.

(F2) Bewertung des Veranstaltungskonzepts durch die Studierenden

Fragestellungen

F2   Unterscheiden sich Bewertungen des Veranstaltungskonzepts von Studie-
        renden zwischen einer Experimentalgruppe mit einem explizit auf Moti-
        vationsförderung im Förderkontext zugeschnittenen Veranstaltungskonzept
        (adaptierte Veranstaltung) und einer Kontrollgruppe mit einem strukturell ähn-
        lichen Seminar zu den Grundlagen der Diagnose und individuellen Förderung
        ohne expliziten Anteil motivationspsychologischer Inhalte (ursprüngliche
        Veranstaltung)?

Hypothesen

H2   Die Bewertungen der Inhalte durch die angehenden Mathematiklehrkräfte zu
        einem explizit auf Motivationsförderung im Förderkontext zugeschnittenen
        Veranstaltungskonzept unterscheiden sich von den Bewertungen zu einem
        strukturell ähnlichen Seminar zu den Grundlagen der Diagnose und individu-
        ellen Förderung ohne expliziten Anteil motivationspsychologischer Inhalte.
        Dies bezieht sich auf Unterschiede in der Bewertung der Anwendbarkeit
        der Inhalte im Förderpraktikum (H2.1), Unterschiede in der Bewertung der
        Anwendbarkeit der Inhalte in der zukünftigen Praxis (H2.2), Unterschiede
        in der Bewertung der Darstellung der Inhalte (H2.3), Unterschiede in der
        Bewertung der Interessantheit (H2.4) und der Nützlichkeit (H2.5) der Inhalte.

(F3) Motivationale Variablen der assoziierten Schüler*innen

Fragestellungen

F3.1   Wie unterscheiden sich Ausprägungen motivationaler Variablen zwischen
        einer für Förderunterricht ausgewählten Schüler*innen-Gruppe von denen
        einer Schüler*innengruppe aus Regelklassen? Lassen sich ggf. zu Beginn
        bestehende Unterschiede zwischen diesen Schüler*innengruppen durch die
        Förderung von geschulten angehenden Mathematiklehrkräften aufheben?

Verändern sich motivationale Variablen bei Schüler*innen, die von geschulten angehenden Mathematiklehrkräften gefördert werden, und bei Schüler*innen aus Regelklassen im Verlauf eines Schulhalbjahres?

F3.2   Unterscheiden sich Entwicklungen in motivationalen Variablen von Schüler*innen zwischen einer Experimentalgruppe, deren angehende Mathematiklehrkräfte ein explizit auf Motivationsförderung im Förderkontext zugeschnittenes Veranstaltungskonzept besucht haben (adaptierte Veranstaltung), und einer Kontrollgruppe, deren angehende Mathematiklehrkräfte ein strukturell ähnliches Seminar zu den Grundlagen der Diagnose und individuellen Förderung ohne expliziten Anteil motivationspsychologischer Inhalte (ursprüngliche Veranstaltung) besucht haben.

F3.3   Berichten Schüler*innen, die von angehenden Mathematiklehrkräften der Experimentalgruppe (s. F3.2) gefördert werden, häufiger Erfolgserlebnisse als Schüler*innen in Kontrollgruppen, die (1) von angehenden Mathematiklehrkräften der Kontrollgruppe gefördert wurden (s. F3.2) (2) oder neben dem Regelunterricht keine zusätzliche Förderung erhalten?

Hypothesen

H3.1   Die motivationalen Variablen (Selbstwirksamkeit, mathematikbezogenes Selbstkonzept und Anstrengungs-Erfolgs-Überzeugungen) der Schüler*innen, die für Förderunterricht ausgewählt werden, unterscheiden sich zum ersten Messzeitpunkt von denen der Schüler*innen aus Regelklassen. Diese Unterschiede bestehen zum zweiten Messzeitpunkt nicht mehr. Die genannten motivationalen Variablen der Schüler*innen verändern sich im Verlauf eines Schulhalbjahres nur in der Schüler*innengruppe, die eine über den Regelunterricht hinausgehende zusätzliche Förderung erhalten hat.

H3.2   Die Entwicklung über die zwei Messzeitpunkte in den motivationalen Variablen der Schüler*innen unterscheidet sich zwischen den beiden Untersuchungsgruppen. Dies bezieht sich ebenfalls auf die in H3.1 beschriebenen Facetten.

H3.3   Die Schüler*innen der Experimentalgruppe mit explizit in der Motivationsförderung im Förderkontext geschulten angehenden Mathematiklehrkräften berichten mehr Erfolgserlebnisse als Schüler*innen der Kontrollgruppen.

(F4) Selbsteingeschätzte Lernzuwächse der Studierenden

F4   Welche Lernzuwächse berichten die angehenden Mathematiklehrkräfte nach einem Veranstaltungskonzept mit angeknüpfter Praxisphase und worauf führen sie diese zurück?

(F5) Nutzung der Methoden aus dem Veranstaltungskonzept durch die angehenden Mathematiklehrkräfte

F5   Wie häufig nutzen die angehenden Mathematiklehrkräfte der Experimentalgruppe, die ein explizit auf Motivationsförderung im Förderkontext zugeschnittenes Veranstaltungskonzept besuchen, die darin vorgestellten Methoden?

Die Forschungsfragen F4 und F5 werden deskriptiv oder qualitativ ausgewertet. Es werden daher nur für die drei ersten Fragen Hypothesen aufgestellt. Abbildung 5.1 gibt einen Überblick über vorgestellten Forschungsfragen für Studie 1.

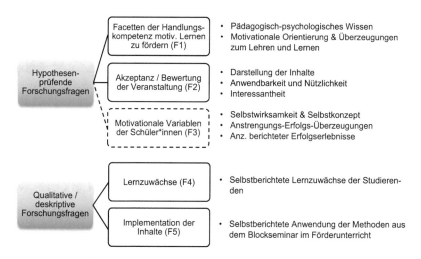

Abbildung 5.1 Überblick über die Inhalte der Forschungsfragen sortiert nach methodischem Zugang (ganz umrandet: Untersuchung der angehenden Mathematiklehrkräfte, gestrichelte Linie: Untersuchung der assoziierten Schüler*innen)

5.2   Fragestellung für Studie 2

Die zweite Studie befasst sich mit dem zentralen Desiderat nach einem strukturierten Einblick in die Unterstützungspraxis angehender Mathematiklehrkräfte im
Rahmen von motivationsförderlichem mathematischem Förderunterricht. Die Studie legt damit den Schwerpunkt auf das beobachtbare Verhalten der angehenden
Lehrkräfte im Rahmen von Förderunterricht für Schüler*innen mit Schwierigkeiten im Mathematikunterricht. Der untersuchte Förderunterricht ist an das in Kapitel 4 beschriebene Veranstaltungskonzept angekoppelt. Dabei wird der Fokus auf
das Identifizieren, Beschreiben und Analysieren von Unterstützungssituationen
gelegt, weil diese einen großen Einfluss auf das Gelingen motivationsförderlicher
mathematischer Förderung zu haben scheinen (vgl. Abschnitt 2.3). Die zentrale
Fragestellung ist:

*Welche Handlungsmuster und Strukturen lassen sich in Unterstützungssituationen bei
der Förderung leistungsschwacher Schüler*innen durch angehende Mathematiklehrkräfte identifizieren?*

Dabei steht im Fokus aus den Transkripten isolierte Handlungsmuster induktiv
zu identifizieren, die angehende Mathematiklehrkräfte in ihrem Förderunterricht
nutzen, um ihre Schüler*innen gleichermaßen motivational und mathematisch
zu fördern. Mit diesen soll es möglich sein, Unterstützungssituationen in Fördersettings beschreiben und analysieren zu können. Darüber hinaus werden an
Fallbeispielen zwei für die Gestaltung von Unterstützungssituationen zentrale
Faktoren, Interaktionsstruktur und Lernmaterial, reflektiert.

Studiendesign

6

6.1 Studiendesign Rahmen

Zur Beantwortung der dargestellten Forschungsfragen wurde ein komplexes Untersuchungsdesign entwickelt. Da der organisatorische Rahmen für beide Studien identisch ist, wird er nur in diesem Kapitel referiert. Die wichtigen Aspekte für die zweite Studie werden dann an entsprechender Stelle (Abschnitt 12.1) hervorgehoben.

In dieser Interventionsstudie wurde ein quasiexperimentelles Pre-Post-Kontrollgruppen-Design auf zwei Ebenen (angehende Mathematiklehrkräfte (im Folgenden: Studierende) und Schüler*innen) verwendet. Die Studierenden der Kontroll- und Experimentalgruppe durchlaufen ein dreigeteiltes Veranstaltungskonzept (s. Abbildung 6.1): In einem vorbereitenden zweitägigen universitären Blockseminar werden die Studierenden inhaltlich auf die Anforderungen der Praxisphase (Planen und Durchführen von mathematischem Förderunterricht) vorbereitet. In der darauffolgenden Praxisphase fördern Studierendentandems oder einzelne Studierende eigenständig leistungsschwache Schüler*innengruppen mit ca. 3 Schüler*innen pro Studierende*r. Dabei werden die Studierenden durch Betreuungslehrkräfte an den Schulen und die Universitätsdozent*innen bei der Planung und Durchführung des Förderunterrichts unterstützt.

Beim Abschlussreflexionstag, der jedoch nicht Teil der eigentlichen Intervention ist und sich in den Untersuchungsgruppen nicht unterscheidet, reflektieren die Studierenden ihre Praxis kriteriengeleitet und stellen sich gegenseitig ihre Ergebnisse vor.

© Der/die Autor(en) 2022
M. Hettmann, *Motivationale Aspekte mathematischer Lernprozesse*,
Bielefelder Schriften zur Didaktik der Mathematik 7,
https://doi.org/10.1007/978-3-658-37180-7_6

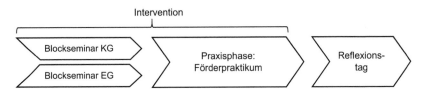

Abbildung 6.1 Dreiteiliges Forschungs- und Veranstaltungskonzept

6.2   Beschreibung der Intervention

Die Interventionen in den beiden Untersuchungsgruppen unterscheiden sich in zwei Aspekten. Erstens unterscheiden sie sich hinsichtlich der behandelten Inhalte (s. Tabelle 6.1). In der Experimentalgruppe wurde, ergänzend zu den bereits bestehenden Inhalten, die Förderung von Selbstwirksamkeit gleichwertig neben die Förderung individueller mathematischer Kompetenzen der Schüler*innen gestellt (vgl. Kapitel 4), während in der Kontrollgruppe Inhalte der Selbstwirksamkeitsförderung nicht explizit fokussiert werden. Dadurch ergibt sich eine inhaltliche und zeitliche Verschiebung in der Experimentalgruppe im Vergleich zur Kontrollgruppe. Zusammenhänge zwischen individueller Förderung und der Förderung von Selbstwirksamkeit, die in der Kontrollgruppe schon implizit vorhanden waren, werden in der Experimentalgruppe explizit gemacht und mit entsprechenden Theorieansätzen aus der pädagogischen Psychologie verknüpft. Beispielsweise wird das Herausarbeiten von Förderzielen für Schüler*innen durch die Formulierung von Nahzielen (vgl. Schwarzer und Jerusalem 2002) als selbstwirksamkeitsförderliche Ergänzung erweitert. Darüber hinaus werden in der Experimentalgruppe einige Inhalte ergänzt: Einführung des Konzepts der Selbstwirksamkeit, Dokumentation und Reflexion von Lernerfolgen, das Nutzen von Erwartungseffekten und Attributionales Feedback (s. Kapitel 4).

Zweitens werden Reflexionswerkstätten, in denen die Studierenden die im Blockseminar an Fallbeispielen erarbeiteten Theorien nun auf ihre eigenen Schüler*innen anwenden, nur in der Experimentalgruppe angeboten.

Tabelle 6.1 Inhaltliche Unterschiede und Gemeinsamkeit der Seminarinhalte in Kontroll- und Experimentalgruppe

Blockseminar in der Kontrollgruppe	Blockseminar in der Experimentalgruppe
Einführung in die individuelle Förderung (vgl. vom Hofe 2011)	Einführung in die individuelle Förderung (vgl. vom Hofe 2011) und Selbstwirksamkeitsförderung (vgl. Bandura 1997)
Grundvorstellungen (vgl. vom Hofe 1995)	Qualitative Diagnostik und Grundvorstellungen (vgl. vom Hofe 1995); (vgl. Wartha und vom Hofe 2005)
Quantitative Diagnostik (vgl. z. B. Hafner 2008)	Quantitative Diagnostik (vgl. z. B. Hafner 2008)
Erstellen eines Übersichtsplans für eine Förderung am Fallbeispiel	Erstellen eines Förderplans aus Diagnosematerialien für das Fallbeispiel Mia & Michael und Entwicklung von Nahzielen (vgl. Schwarzer und Jerusalem 2002) am Fallbeispiel Mia & Michael
– Blütenaufgaben (vgl. Salle et al. 2014) – Selbst- und Partnerdiagnose (vgl. Reiff 2006)	Werkzeugkoffer der individuellen Förderung (vgl. Hettmann & Nahrgang et al. 2019)
Erstellen eines Förderplans und einer Unterrichtsstunde am anderen Fallbeispiel (vgl. vom Hofe 2011; Hafner 2008).	Planen einer Förderstunde für das Fallbeispiel Mia und Michael (vgl. vom Hofe 2011; Hettmann & Nahrgang et al. 2019).
	Zusätzliche Inhalte: – Dokumentation und Reflexion von Lernerfolgen (vgl. Hettmann & Nahrgang et al. 2019) – Nutzen von Erwartungseffekten (vgl. Lorenz 2018) – Attributionales Feedback (vgl. Brandt 2014)

6.3 Forschungsmethodische Rahmung

Die Durchführung des Veranstaltungskonzepts wurde in beiden Untersuchungsgruppen analog an vier Stellen forschungsmethodisch gerahmt (s. Abbildung 6.2).

Erstens wurden die Studierenden mittels eines jeweils ca. 45-minütigen pen-and-paper-Fragebogens vor der Intervention am ersten Blockseminartag

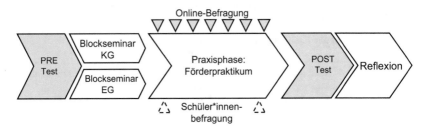

Abbildung 6.2 Forschungsdesign (weiße Felder: Veranstaltungselemente; grau hinterlegt: Studierenden-Untersuchung; gestrichelte Linie: Schüler*innen-Untersuchung)

(PRE-Test, Messzeitpunkt 1) und nach der Intervention zu Beginn des Reflexionstages (POST-Test, Messzeitpunkt 2) befragt (s. Abbildung 6.2). Dabei wurden zu beiden Messzeitpunkten Daten zur Untersuchung der Wissens- und Überzeugungsfacetten der KMLF (F1) erhoben (vgl. Abschnitt 8.1). Zum ersten Messzeitpunkt wurden darüber hinaus Daten zur Charakterisierung der Stichprobe (vgl. Abschnitt 7.1) erfragt. Zum zweiten Messzeitpunkt wurden die Studierenden nach einer Bewertung des Veranstaltungskonzepts (F2) und im Rahmen offener Items nach ihren wichtigsten Lernzuwächsen und den Ursachen dafür (F4) befragt (vgl. Abschnitt 8.2; 8.4).

Zweitens wurden die Studierenden der Experimentalgruppe begleitend zur Praxisphase wöchentlich nach ihrer Fördersitzung mittels des Online-Portals „Unipark" zur jeweiligen Fördersitzung befragt (s. Abbildung 6.2). Dabei wurde insbesondere Nutzung der Methoden aus dem Veranstaltungskonzept in der Förderpraxis erfragt (F5) (vgl. Abschnitt 8.4).

Drittens wurden in beiden Untersuchungsgruppen auf der Ebene der Schüler*innen zu zwei Messzeitpunkten 15–20-minütige Befragungen (i. d. R. in der zweiten und der letzten Fördersitzung) durchgeführt (s. Abbildung 6.2), um die motivationalen Variablen der Schüler*innen zu erheben (F3). Unabhängig vom Veranstaltungskonzept wurde auf Schüler*innen-Ebene eine Kontrollgruppe ohne Förderung (Regelklassengruppe RG, s. Abbildung 6.3) erhoben, welche sich aus zwei Regelklassen zusammensetzt und ebenfalls zu Beginn und zum Ende eines Halbjahres befragt wurde. In dieser Gruppe wurden ebenfalls zu beiden Messzeitpunkten die drei Konstrukte zu motivationalen Variablen der Schüler*innen erhoben (vgl. Abschnitt 8.3).

Viertens wurden ein bis zwei Unterrichtsstunden von Studierenden der Experimentalgruppe videografiert (nicht in Abbildung 6.2; ausführlicher in Abschnitt 12.1).

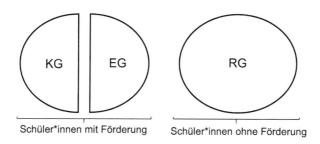

Schüler*innen mit Förderung   Schüler*innen ohne Förderung

Abbildung 6.3 Gruppenzusammensetzung bei den untersuchten Schüler*innen

Die Erhebung der Daten wurde in mehreren Wellen durchgeführt. Die Daten der Kontrollgruppe (bei den Studierenden und den Schüler*innen) wurde im Wintersemester 2016/2017 erhoben. Die Experimentalgruppe besteht jeweils aus drei Kohorten der darauffolgenden Semester, die für die Auswertung zusammengefasst werden (s. Abbildung 6.4). Die Regelklassengruppe wurde zeitlich nach den Erhebungen der Kontroll- und Experimentalgruppe im Folgehalbjahr befragt.

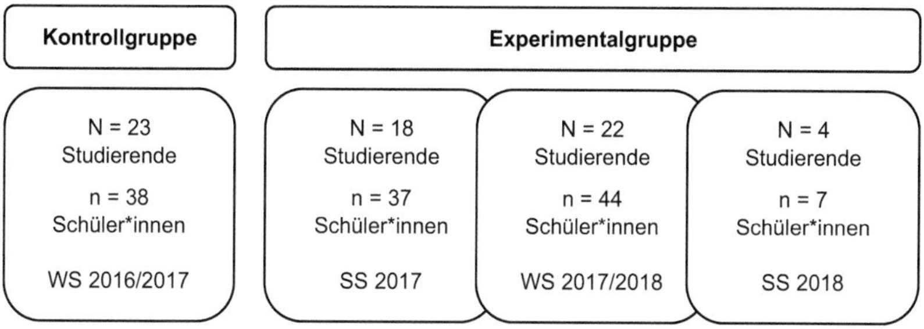

Kontrollgruppe	Experimentalgruppe		
N = 23 Studierende	N = 18 Studierende	N = 22 Studierende	N = 4 Studierende
n = 38 Schüler*innen	n = 37 Schüler*innen	n = 44 Schüler*innen	n = 7 Schüler*innen
WS 2016/2017	SS 2017	WS 2017/2018	SS 2018

Abbildung 6.4 Erhebungsphasen und Darstellung der Untersuchungsgruppen

Stichproben

7

7.1 Studierende

Die Studienteilnehmer*innen sind Mathematik-Lehramtsstudierende der Sekundarstufenlehrämter Gymnasium und Gesamtschule mit Sek II- Befähigung (GymGe) und Haupt-, Real-, Sekundar- und Gesamtschule ohne Sek II- Befähigung (HRSGe). Die Studierenden belegen die Veranstaltung im Rahmen ihres Bachelor-Studiums als Berufsfeldbezogene Praxisstudie, deren Studium für das 4. oder 5. Fachsemester vorgesehen ist und in dem außerunterrichtliche Felder des Lehrer*innenberufs kennengelernt werden sollen. In diesem Fall ist es das Feld der außerunterrichtlichen individuellen Förderung. Die Veranstaltung wird je nach Studiengang im Kernfach (GymGe) oder in einem durch die Studierenden selbstgewählten Fach (HRSGe) durchgeführt. Im Fach Mathematik ist das Förderpraktikum i. d. R. die einzige Option für das Praktikum.

Die Stichprobe besteht insgesamt aus 67 Studierenden (s. Tabelle 7.1). Davon sind 23 Studierende in der Kontrollgruppe (KG), welche die Veranstaltung im Wintersemester 16/17 belegt haben. Die 44 Studierenden der Experimentalgruppen (EG) setzen sich aus drei Kohorten zusammen, welche die Veranstaltung zwischen dem Sommersemester 2017 und dem Sommersemester 2018 belegt haben.

Der Großteil der Studierenden (ca. 83 %) befindet sich im vierten bis sechsten Semester. Die Praxisphase im Rahmen dieser Untersuchung ist, abgesehen von einer orientierenden Praxisstudie zu Beginn des zweiten Semesters, für die Studierenden die erste eigenständige universitär angeleitete Erfahrung mit der Planung, Durchführung und Reflexion von Unterricht. In dem in den Bildungswissenschaften verorteten orientierenden vierwöchigen Blockpraktikum mit dem

© Der/die Autor(en) 2022
M. Hettmann, *Motivationale Aspekte mathematischer Lernprozesse*,
Bielefelder Schriften zur Didaktik der Mathematik 7,
https://doi.org/10.1007/978-3-658-37180-7_7

Tabelle 7.1 Stichprobencharakterisierung Studierende

	Kontrollgruppe			Experimentalgruppe		
	N	M	SD	n	M	SD
Alter	21	22,4	2,135	43	22,6	3,103
Durchschnittsnote HRSGe	11	2,7	0,429	30	2,5	0,695
Durchschnittsnote GymGe	10	3,1	0,518	13	2,8	0,528
Semester	21	5,9	2,047	43	5,02	0,963
Fähigkeitsselbstkonzept	20	3,0	0,459	42	3,0	0,584
Berufswahlmotivation intrinsische	21	3,27	0,453	43	3,36	0,450
Berufswahlmotivation extrinsisch	21	2,38	0,560	43	2,56	0,610
Wichtigkeit Wissen über Motivation	21	3,81	0,402	43	3,72	0,701
Interesse Motivation	21	3,81	0,402	43	3,74	0,441

Schwerpunkt auf der professionellen Wahrnehmung von Phänomenen im Unterrichtskontext und auf Techniken des Beobachtens können die Studierenden in der Regel wenig praktische Erfahrungen im Unterrichten sammeln.

Zur Erhebung der sonstigen pädagogischen Vorerfahrungen werden die Studierenden nach einer Selbsteinschätzung gefragt, wie häufig sie an bestimmten pädagogischen Tätigkeiten vor dem Förderpraktikum beteiligt waren. Diese Tätigkeiten umfassen sieben prototypische pädagogische Handlungssettings: Hospitation, Planung, Durchführung und Reflexion von Unterrichtsbausteinen oder –stunden, Nachhilfe / Hausaufgabenbetreuung, Kinder und Jugendarbeit, Betreuung von Kindern im familiären Kontext. Die Verteilung der pädagogischen Vorerfahrungen ist in beiden Untersuchungsgruppen etwa gleich, allerdings weist die Kontrollgruppe im Mittel leicht höhere Erfahrungswerte auf. In einem t-Test für unabhängige Stichproben konnte jedoch nur für die *Durchführung einzelner Unterrichtsbausteine oder –stunden* ein signifikanter Unterschied zugunsten der Kontrollgruppe nachgewiesen werden (t (31,51) = 2,092, p = 0,045; vierstufige Skala von *nie* bis *sehr oft*). Die Studierenden der Kontrollgruppe haben nach eigener Angabe demnach bereits häufiger im Kontext von Unterricht agiert als die Experimentalgruppe. Die Schwerpunkte der pädagogischen Vorerfahrung liegen in beiden Untersuchungsgruppen auf Erfahrungen im privaten Bereich, also

Nachhilfe, Kinder- und Jugendarbeit in Vereinen oder Gemeinden und Betreuung von kleineren Geschwistern. Seltener geben die Studierenden an, hospitiert zu haben. Die wenigsten Erfahrungen haben beide Untersuchungsgruppen im Planen und Durchführen von Unterrichtsstunden und der systematischen Reflexion von Unterricht.

In der Kontrollgruppe sind 13 Frauen, 8 Männer und 2 Studierende, die kein Geschlecht angaben. Das durchschnittliche Alter beträgt 22,4 (SD = 2,135). Bei der Betrachtung der jeweiligen Zweitfächer sind keine auffällig häufig vorkommenden Kombinationen zu verzeichnen (jeweils 1 – 4 Nennungen pro Fach). Elf Studierende der Kontrollgruppe studieren im Studiengang HRSGe mit einer aktuellen Durchschnittsnote[1] von 2,7 (SD = 0,429). Beim GymGe-Studiengang haben die zehn Studierenden eine aktuelle Durchschnittsnote von 3,1 (SD = 0,518). Die Experimentalgruppe besteht aus 24 Frauen, 19 Männern und einer Versuchsperson ohne Angabe eines Geschlechts. Das durchschnittliche Alter beträgt 22,6 (SD = 3,103). Die Verteilung der Zweitfächer zeigt einen Peak beim Fach Biologie (13 Nennungen), die anderen Zweitfächer kommen etwa gleichhäufig vor (1 – 6 Nennungen). Die Durchschnittsnote der 30 HRSGe-Studierenden beträgt 2,5 (SD = 0,695), während die Durchschnittsnote der 13 GymGe Studierenden 2,8 (SD = 0,528) ist. Hinsichtlich des Geschlechtes, des Alters, des Zweitfachs, des Studiengangs und der Durchschnittsnote sind die beiden Untersuchungsgruppen vergleichbar verteilt.

Als potentielle Kontrollvariablen wurden das Fähigkeitsselbstkonzept der Studierenden, ihre Berufswahlmotivation sowie Facetten des Interesses untersucht, da diese einen wichtigen Einfluss auf motivationale Aspekte der Kompetenzentwicklung von Studierenden nehmen können (vgl. Ryan und Deci 2004). Bei der Abfrage des Fähigkeitsselbstkonzepts (4-Stufige Skala von *stimmt nicht* bis *stimmt genau*) „Wie sehr bist du davon überzeugt, den Anforderungen, die im Schulalltag an eine/n Lehrer/in gestellt werden, gewachsen zu sein?" berichten beide Untersuchungsgruppen im Mittel *stimmt eher* ($M_{KG} = 3,00$; $SD_{KG} = 0,459$; $M_{EG} = 3,00$; $SD_{EG} = 0,584$). Die Studierenden beider Untersuchungsgruppen haben also ein eher hohes Fähigkeitsselbstkonzept hinsichtlich der Anforderungen

---

[1] Die Durchschnittsnote berechnet sich aus allen bisher belegten Veranstaltungen, für die die Versuchsperson eine Note angegeben hat. Im Einzelfall kann als Durchschnittsnote die Note von nur einer Veranstaltung gelten. Im HRSGe-Studiengang setzt sich die Note aus den Veranstaltungen: Arithmetik & Algebra, Geometrie, Funktionen, Ausgewählte Kapitel der Mathematik, Fachdidaktik 1 und 2 zusammen. Im GymGe-Studiengang werden im Kernfach die Vorlesungen Analysis I & II und Lineare Algebra I & II, ein Aufbau-Modul, eine Spezialisierung und ein Ergänzungsmodul mit weiteren fachwissenschaftlichen Veranstaltungen sowie ein Fachdidaktik-Modul belegt.

des Lehrer*innenberufs. Bei der Abfrage der Berufswahlmotivation wurden den
Studierenden jeweils vier intrinsische (z. B. Interesse und Spaß) und extrinsische
Gründe (z. B. gute Verdienstmöglichkeiten) den Lehrberuf auszuüben vorgeschlagen. Auf einer vierstufigen Skala von *sehr unwichtig* bis *sehr wichtig* sollten
die Studierenden einschätzen, wie wichtig die jeweiligen Gründe für ihre Ent-
scheidung Mathematik-Lehrkraft zu werden waren. Beide Gruppen vergleichbar
schätzen intrinsische Motive als wichtiger für die Berufswahl ein als extrinsische
Motive (s. Tabelle 7.1). Hinsichtlich des Interesses wurde zum einen die Wichtigkeit etwas über Schüler*innenmotivation zu wissen sowie der Wunsch sich
mit dem Thema auseinanderzusetzen überprüft. In beiden Aspekten weisen die
Untersuchungsgruppen vergleichbare hohe Mittelwerte nahe des Maximums auf.

7.2   Schüler*innen

Die Studienteilnehmer*innen sind Schüler*innen dreier am Projekt beteilig-
ter Schulen: eines Gymnasiums, einer Realschule und eines Berufskollegs
mit dem Schwerpunkt der Förderung benachteiligter Schüler*innen. Die Stichprobe besteht insgesamt aus 169 Schüler*innen. Davon sind 38 Schüler*innen
in der Kontrollgruppe (KG), welche im zweiten Halbjahr des Schuljahres
2016/2017 von den Studierenden der Kontrollgruppe gefördert wurden. Die 88
Schüler*innen der Experimentalgruppen (EG) setzen sich aus drei Kohorten
zusammen, welche in den darauffolgenden Halbjahren von den Studierenden
der Experimentalgruppe gefördert wurden. Die dritte Regelklassengruppe (RG)
setzt sich aus 43 Schüler*innen aus je einer Regelklasse des Gymnasiums und
der Realschule zusammen, die nicht gesondert gefördert wurden. Der Großteil der Schüler*innen mit Ausnahme der Schüler*innen aus dem Berufskolleg
befindet sich in der fünften bis sechsten Klasse. Die Schüler*innen des Berufskollegs wurden von ihren Lehrkräften danach ausgewählt, dass sie Defizite in den
mathematischen Grundlagen der 5. und 6. Klasse haben.

Die Schüler*innen werden je nach Förderkonzept der Schule entweder von
ihren Eltern angemeldet oder von ihren Lehrkräften ausgewählt. Der Anteil der
freiwillig teilnehmenden Schüler*innen ist vergleichbar groß zu dem Anteil der
verpflichtend teilnehmenden (s. Freiwilligkeit in Tabelle 7.2).

In der Kontrollgruppe sind 18 Mädchen und 19 Jungen und ein*e Schüler*in,
die kein Geschlecht angab. Das durchschnittliche Alter beträgt 12,71 mit hoher
Standardabweichung (SD = 3,376). Dies liegt an den Schüler*innen aus dem
Berufskolleg, die deutlich älter sind als Schüler*innen der 5. und 6. Klasse. Der

Tabelle 7.2 Stichprobencharakterisierung Schüler*innen

	mit Förderung		ohne Förderung
	Kontrollgruppe	Experimentalgruppe	Regelklassengruppe
Schule	GY = 12 | RS = 19 BK = 7	GY = 35 | RS = 47 BK = 6	GY = 19 | RS = 24 BK = 0
Geschlecht	m = 18 w = 19	m = 35 w = 50	m = 22 w = 21
Freiwilligkeit	J = 20 N = 18	J = 41 N = 43	- -

	Kontrollgruppe			Experimentalgruppe			Regelklassengruppe		
	n	M	SD	N	M	SD	n	M	SD
Alter	38	12,71	3,376	87	11,57	2,275	43	11,21	0,833
Note	35	3,26	0,886	84	3,11	0,712	43	2,44	0,908
Verstehen	38	2,61	1,028	86	2,21	0,469	43	2,09	0,570
Anstrengung	37	3,32	0,669	86	3,38	0,698	42	3,45	0,803
Erfolgserleben	38	2,84	0,718	87	2,79	0,806	42	2,95	0,764
Schwierigkeit	38	3,42	0,683	87	3,38	0,619	43	3,09	0,718

Durchschnitt der Noten vom letzten Zeugnis ist 3,26 (SD = 0,886). Die Experimentalgruppe besteht aus 35 Mädchen und 50 Jungen und 3 Schüler*innen, die kein Geschlecht angaben. Das durchschnittliche Alter beträgt 11,57 mit ebenfalls hoher Standardabweichung (SD = 2,275). In der Regelklassengruppe ist die Standardabweichung im Alter entsprechend geringer, da keine Schüler*innen des Berufskollegs in der Stichprobe sind. Der Durchschnitt der Noten vom letzten Zeugnis ist 3,11 (SD = 0,712). In der Regelklassengruppe sind 22 Mädchen und 21 Jungen. Das durchschnittliche Alter beträgt 11,21 (SD = 0,833). Der Durchschnitt der Noten vom letzten Zeugnis ist 2,44 (SD = 0,908). Der Regelklassengruppe ist erwartungsgemäß deutlich besser als die beider Fördergruppen. Dies lässt sich auch inferenzstatistisch nachweisen (Vergleich mit KG: t (73,491) = 3,998, p < 0,001 und Vergleich mit EG: t (69,127) = 4,192, p < 0,001).

Als potenzielle Kontrollvariablen wurden vier Aspekte zum regulären Mathematikunterricht erfragt. Bei der Abfrage des Verstehens (4-stufige Skala von *nie* bis *sehr oft*) ‚Wie häufig kommt es vor, dass Du im Matheunterricht nichts mehr verstehst?' berichten die Schüler*innen der Kontrollgruppe im Mittel, dass sie *selten* bis *oft* nichts mehr im Unterricht verstehen. Die beiden anderen Gruppen haben Mittelwerte näher an 2 (*selten*). Die Kontrollgruppe berichtet davon, signifikant häufiger im Matheunterricht nichts mehr zu verstehen als die beiden anderen Gruppen (exakter Mann-Whitney-U-Test: Vergleich mit EG: U = 1199, p = 0,007 und Vergleich mit RG: U = 558, p = 0,009). Beim Item zur Anstrengung (4-stufige Skala von *gar nicht* bis *sehr*) ‚Wie sehr strengst Du Dich momentan im Matheunterricht an?' haben alle drei Gruppen einen ähnlichen Mittelwert etwas über 3 (*ein bisschen Anstrengung*). Bei der Abfrage des Erfolgserlebens (4-stufige Skala von *gar nicht* bis *sehr*) ‚Wie erfolgreich fühlst Du Dich momentan im Matheunterricht?' berichten alle drei Gruppen einen Mittelwert etwas unter 3 (*ein bisschen erfolgreich*). Die Schwierigkeit ihres aktuellen Mathematikunterrichts schätzen die Schüler*innen der Regelklassengruppe im Mittel als gerade richtig ein (MW = 3,09; SD = 0,718), während die Tendenz bei den geförderten Gruppen zu *etwas zu schwierig* geht. Dieser Unterschied ist allerdings nicht signifikant. In den Kontrollvariablen weisen die Schüler*innen der drei Gruppen im Mittel ein vergleichbares Profil auf.

Erhebungsinstrumente für Studie 1   8

8.1 Erhebungsinstrumente zu Forschungsfrage 1 – Kompetenzfacetten der Studierenden

Die Instrumente zur Untersuchung der Wissens- und Überzeugungsfacetten dienen der Untersuchung der Entwicklungen der KMLF. Sie umfassen Instrumente bzw. Fragen zu drei Aspekten: (1) ein Wissenstest zu motivationsbezogenem pädagogisch-psychologischem Wissen und der entsprechenden Sicherheit dieses Wissens, (2) Skalen zur Erfassung der motivationalen Orientierung und (3) Skalen zur Erfassung der Überzeugungen hinsichtlich des Lehrens und Lernens von Mathematik (vgl. Abschnitt 3.3; vgl. Baumert und Kunter 2006). Die Skalen zu den drei Aspekten werden im PRE- und POST-Test erhoben (vgl. Abschnitt 6.3).

8.1.1 Wissenstest zum pädagogisch-psychologischen Wissen und Erhebung der Sicherheit des pädagogisch-psychologischen Wissens

Zur Erfassung des motivationsbezogenen pädagogisch-psychologischem Wissens wurde in Anlehnung an Fischer (2006) ein selbsterstellter Wissenstest eingesetzt. Die insgesamt zwanzig Items fokussieren auf Inhalte der Intervention, gehen jedoch teilweise über das Behandelte hinaus: Selbstwirksamkeit, Bezugsnormorientierung, Zielsetzung, Attributionen, Erwartungseffekte, Aufgabenwahl und Erfolgswahrnehmung. Die Items zielen sowohl auf deklaratives Faktenwissen über die entsprechenden psychologischen Bezugstheorien als auch auf die Anwendung dieses Wissens im Kontext von Förderunterricht. Die Items umfassen *multiple-true-false*-Items, *single-response*-Items, Zuordnungsfragen und offene Items (s. Tabelle 8.1).

Tabelle 8.1 Antwortformate im Wissenstest zum motivationsbezogenen pädagogisch-psychologischen Wissen

Aufgabenformat	Beispielitem		
Multiple-true-false-Formate	Entscheide, ob die folgenden Aussagen richtig oder falsch sind: Selbstwirksamkeit bezeichnet...		
		Richtig	Falsch
	... die Wahrnehmung und das Wissen um die eigene Person (Wissen über persönliche Eigenschaften, Fähigkeiten, Vorlieben, Gefühle und Verhalten).	☐	☐
	... die Bewertung, die man von sich selbst hat (bezogen auf die Persönlichkeit, Fähigkeiten, Erinnerungen oder Selbstempfinden).	☐	☐
	... die subjektiven Überzeugung einer Person, genügend eigene Fähigkeiten zu besitzen, ein gewünschtes, herausforderndes Ziel zu erreichen.	☐	☐
	... das natürliche Bestreben eines jeden Menschen autonom zu handeln.	☐	☐
Single-response-Formate	Individuelle, soziale oder sachliche Bezugsnorm. Setze in den Lückentext ein: [...] Um während der Förderung Lernfortschritte offenzulegen, bietet sich die _____ Bezugsnorm an. [...]		
Zuordnungsfragen	Ordne jede der Schüleraussagen den richtigen Attributionsstilen zu: „In der letzten Mathearbeit hatte ich eine 5, weil... ... die Lehrerin mich nicht mag." ... ich zuhause nicht geübt habe."		
Offene Items	Lena ist Schülerin deiner Fördergruppe. Nach anfänglichen Schwierigkeiten hat sie in einer Förderstunde eine Aufgabe gelöst, die ihr in den Stunden davor noch viele Schwierigkeiten bereitet hatte. Du möchtest ihr diesen Erfolg rückmelden. Womit solltest du dabei ihren Erfolg erklären, um ihre Selbstwirksamkeit zu stärken? Überlege Dir ein Beispiel für eine selbstwirksamkeitsförderliche Feedbackaussage in dieser Situation.		

Bei jedem Item können maximal vier Punkte erreicht werden, wodurch maximal 80 Punkte möglich sind, wenn alle Items richtig bearbeitet werden. Bei den *multiple-true-false*-Items, den *single-response-Items* und den *Zuordnungsfragen* wird innerhalb eines Items jede richtige Antwort mit einem Pluspunkt verrechnet und jede falsche mit einem Minuspunkt (vgl. Lukas et al. 2017). Wenn nicht geantwortet wurde, werden null Punkte verrechnet. Sind bei einem Item mehr als vier Antworten verlangt, wird die einzelne Antwort mit entsprechend weniger Punkten verrechnet.

Für die Bepunktung der offenen Items wurde ein Kodierschema (s. Tabelle 8.2) entwickelt. Dazu wurde für jedes Item ein theoretischer Erwartungshorizont verfasst, in dem für jede Punktzahl angegeben wurde, welche Aspekte in der Antwort gegeben sein müssen. Das zentrale Kriterium dabei war eine Übereinstimmung mit theoretischem und empirischem Wissen der jeweiligen psychologischen Bezugstheorien. Mithilfe des Kodierleitfadens wurden alle Antworten von drei geschulten Ratern unabhängig voneinander bewertet. Im Falle einer Nichtübereinstimmung haben sich die Kodierer für das jeweilige Item im Diskurs für eine Bewertung entschieden.

Tabelle 8.2 Exemplarisches Kodierschema für das Beispielitem Lena (s. Tabelle 8.1). Die Aufgabe ist nur ein Teil des Items, sodass nur ein Punkt vergeben wird

	Kodieranweisung	Ankerbeispiele
1 Punkt	In der Aussage wird der Erfolg auf internal-variable Faktoren zurückgeführt (Anstrengung, Mühe, gute Lösungs- und Lernstrategien) und diese werden im Idealfall für den Schüler verständlich konkretisiert (dies ist im Erfolgsfall aber nicht zwingend nötig) In der Aussage wird direkt auf Selbstwirksamkeit Bezug genommen (z. B. eigenes Lernen, selbstständiges Lösen) In der Aussage wird der Erfolg auf internal-stabile Faktoren zurückgeführt (Fähigkeit/Können).	Sehr gut Lena, du hast bei dieser Aufgabe schön ordentlich deinen Rechenweg aufgeschrieben und Schritt für Schritt die Aufgabe gelöst, weiter so! Sehr gut Lena, du hast eine gute Lösungsstrategie angewendet! Toll, du hast die Aufgabe ohne Hilfe richtig gelöst! Prima Lena, ich hab immer dran geglaubt, dass du es kannst!
0 Punkte	Es wird keine Ursache für den Erfolg angeben Es wird ein externaler Grund (stabil oder variabel) angeben (z. B. leichte Aufgabe, Glück)	Sehr gut und jetzt schau dir die Aufgaben c bis f an! Super, die Aufgabe war also doch nicht so schwer!

Für jede Antwort gaben die Studierenden auf einer siebenstufigen Skala von *0 – geraten* bis *6 – sehr sicher* eine Einschätzung ab, wie sicher sie sich ihrer Antwort seien. Für jedes Item wurde eine Itemsicherheit als Mittelwert der Sicherheiten zu den einzelnen Antworten und eine Gesamtsicherheit als Mittelwert der zwanzig Itemsicherheiten berechnet.

8.1.2 Skalen zur motivationalen Orientierung

Zur Erfassung der motivationalen Orientierung wurden die folgenden Konstrukte erfasst:

- Lehrer*innenselbstwirksamkeit nach Schwarzer und Schmitz (1999)
- Selbstwirksamkeit motiviertes Lernen zu fördern nach Jerusalem und Röder (2007)
- Enthusiasmus für Mathematik nach Baumert et al. (2008)
- Wichtigkeit von Motivation und Interesse etwas über Motivation zu erfahren[1] (Eigenentwicklung)

Es folgt eine Darstellung der genutzten Skalen, sowie eine Überprüfung der Reliabilität mittels einer Prüfung auf interne Konsistenz. Als Indikatoren werden Cronbachs α und die Trennschärfen der Items[2] genutzt (vgl. Weiber und Mühlhaus 2014, S. 136f; Blanz 2015, S. 256).

8.1.2.1 Lehrer*innenselbstwirksamkeit und Selbstwirksamkeit motiviertes Lernen zu fördern

Zur Erfassung der *Lehrer*innenselbstwirksamkeit* wurde die eindimensionale Skala von Schwarzer und Schmitz (1999) verwendet. Diese umfasst zehn Items, die die Selbstwirksamkeit im Hinblick auf verschiedene herausfordernde Situationen im Setting Schule erfassen. Die Items umfassen die Bereiche Unterrichtsgestaltung, Umgang mit problematischen Schüler*innen und Unterrichtsstörungen, Kontakt zu Eltern und Kolleg*innen sowie den Umgang mit Belastungen. Einzelne Items gehen dabei über das von den Studierenden in der Praxisphase zu Leistende hinaus, wie beispielsweise der Bereich *Kontakt zu Eltern und Kolleg*innen* (z. B. Item LSW2: Ich weiß, dass ich selbst in schwierigen Situationen zu den Eltern guten Kontakt halten können werde). Sie werden ungeachtet dessen miterhoben, um die Vielfalt pädagogischen Handelns in der Schule abzubilden.

---

[1] Die Skala *Wichtigkeit von Motivation und Interesse etwas über Motivation zu erfahren* wurde aufgrund schlechter Reliabilität (Cronbachs $\alpha < 0,5$) nicht weiter ausgewertet.

[2] Da die Trennschärfen aller Items einer Skala in dieser Studie in den wenigsten Fällen oberhalb des von Weiber & Mühlhaus (2016) angegebenen Schwellenwerts von 0,5 liegen, wird darauf verzichtet an jeder Stelle darauf hinzuweisen. Die Trennschärfen werden in den Tabellen unkommentiert jeweils mit angegeben. Es wurde geprüft, ob der Ausschluss einzelner Items zu einer Verbesserung der internen Konsistenz führt. Wenn es nicht anders angegeben wird, war dies nicht der Fall und die Skala wird aus Gründen der Inhaltsvalidität in der ursprünglichen Form verwendet.

Alle Items sind semantisch-strukturell an Selbstwirksamkeitserwartungen orientiert und so formuliert, dass sie die subjektive Gewissheit ausdrücken, eine Herausforderung zu überwinden, auch wenn eine Barriere im Weg steht (vgl. Schwarzer und Schmitz 1999, S. 60). Die Einschätzungen der Studierenden werden auf einer vierstufigen Likertskala von *stimmt gar nicht* bis *stimmt genau* erhoben. Bei der Zusammenstellung der zehn Items und der Erstellung der Skala durch Schwarzer und Schmitz (1999) wurde versucht die Inhaltsvalidität vor der internen Konsistenz zu optimieren, sodass geringere Werte der internen Konsistenz zu erwarten wären. Die empirischen Werte der internen Konsistenz der Skala, die im Rahmen einer längsschnittlichen Feldstudie von Schmitz und Schwarzer (2000) berechnet wurden, sind jedoch im akzeptablen und guten Bereich. In der Studie wurden $n_1 = 258$ und $n_2 = 244$ Lehrkräfte zu zwei Zeitpunkten mit einem Abstand von einem Jahr befragt. Die interne Konsistenz der Skala lag beim ersten Messzeitpunkt bei $\alpha = 0{,}76$ und beim zweiten Messzeitpunkt bei $\alpha = 0{,}81$.

Die eindimensionale Skala *Selbstwirksamkeit motiviertes Lernen zu fördern* von Jerusalem und Röder (2007) erfasst mit 6 Items die Selbstwirksamkeit von Lehrkräften mit verschiedenen motivationalen Herausforderungen umgehen zu können. Der Großteil der Items zielen auf den motivationsförderlichen Umgang mit leistungsschwachen Schüler*innen und heterogenen Schüler*innengruppen. Die Skala scheint daher inhaltlich besonders dafür geeignet, um mögliche unterschiedliche Entwicklungen in den Untersuchungsgruppen über die Praktikumszeit abzubilden. Wie bei der *Lehrer*innenselbstwirksamkeits*-Skala sind die Items so formuliert, dass eine Herausforderung geschildert wird und die Lehrkräfte die subjektive Gewissheit angeben soll, dieser Herausforderung gewachsen zu sein. Die Skala wird auf einer vierstufigen Likertskala von *stimmt gar nicht* bis *stimmt genau* erhoben. In einer längsschnittlichen Studie mit 4 Messzeitpunkten ($n_1 = 329$, $n_2 = 325$, $n_3 = 292$ und $n_4 = 234$) konnten Jerusalem und Röder (2007) akzeptable bis gute Werte für die interne Konsistenz der Skala nachweisen (Cronbachs α zwischen $0{,}78 - 0{,}82$).

In der hier vorgestellten Studie sind die internen Konsistenzen beider Skalen, insbesondere zum ersten Messzeitpunkt, schlechter als in den Studien von Schmitz und Schwarzer (2000) und Jerusalem und Röder (2007) und nur auf fragwürdigem bzw. akzeptablem Level (s. Tabelle 8.3). Die interne Konsistenz der Lehrer*innenselbstwirksamkeits-Skala ließ sich durch Itemausschluss nicht weiter verbessern. Daher wird sie aus Gründen der Inhaltsvalidität in der ursprünglichen Form verwandt. Um die interne Konsistenz der Skala *Selbstwirksamkeit motiviertes Lernen zu fördern* zu erhöhen, wurde ein Item von der Auswertung ausgeschlossen (s. Tabelle 8.3).

Tabelle 8.3 Darstellung der internen Konsistenz der Skalen Lehrer*innenselbstwirksamkeit und Selbstwirksamkeit motiviertes Lernen zu fördern. *Nach Ausschluss des Items SWML5 („Ich bin in der Lage, den Unterricht so zu gestalten, dass schlechte Schüler nicht resignieren und gute Schüler sich nicht langweilen.")

Konstr.	Beispiel	MZP 1			MZP 2		
		n	α	r_{it}	n	α	r_{it}
Lehrer*innenselbstwirksamkeit	Ich weiß, dass ich es schaffe, selbst den problematischen Schülern den prüfungsrelevanten Stoff zu vermitteln.	65	0,643	0,176–0,480	67	0,700	0,141–0,506
SW mot. L. z. förd.*	Wenn ich mich bemühe, kann ich auch wenig motivierte Schüler für meinen Unterricht interessieren.	66	0,639	0,349–0,470	67	0,716	0,319–0,568

8.1.2.2 Enthusiasmus für Mathematik

Die eindimensionale Skala *Enthusiasmus für Mathematik* von Baumert et al. (2008) erfasst auf 3 Items die Begeisterung der Lehrkraft für das Fach Mathematik. Die Einschätzungen der Studierenden werden auf einer vierstufigen Likert-Skala von *trifft nicht zu* bis *trifft genau zu* erhoben. Im Kontext der COACTIV-Studie wurde die Skala zu zwei Messzeitpunkten getestet ($n_1 = 333$ und $n_2 = 221$). Die internen Konsistenzen der Skala waren akzeptabel bis gut ($\alpha_1 = 0{,}78$, $\alpha_2 = 0{,}82$) (vgl. Baumert et al. 2008).

In dieser Studie sind die internen Konsistenzen bei beiden Messzeitpunkten akzeptabel (s. Tabelle 8.4).

Tabelle 8.4 Darstellung der internen Konsistenz der Skala Enthusiasmus Mathematik

		MZP 1			MZP 2		
Konstr.	**Beispiel**	**n**	**α**	**r$_{it}$**	**n**	**α**	**r$_{it}$**
Enthusiasmus für M.	Ich möchte die Schüler im Unterricht vom Fach Mathematik begeistern.	65	0,735	0,478–0,772	65	0,753	0,478–0,772

8.1.3 Skalen zu den Überzeugungen hinsichtlich des Lehrens und Lernens von Mathematik

Zur Erfassung der Überzeugungen hinsichtlich des Lehrens und Lernens von Mathematik wurden die folgenden Konstrukte erfasst:

- Attributionen schlechter Schüler*innenleistungen nach Baumert et al. (2008)
- Bezugsnormorientierung mit der kleinen Beurteilungsaufgabe nach Rheinberg (1980)
- Subjektive Theorie: Mathematik als Begabung[3] nach Rakoczy et al. (2005)

---

[3] Die Skala *Mathematik als Begabung* wurde aufgrund schlechter Reliabilität (Cronbachs α < 0,5) nicht weiter ausgewertet.

Es folgt entsprechend des Abschnitts zu den motivationalen Orientierungen eine Darstellung der genutzten Skalen, sowie eine Überprüfung der Reliabilität mittels einer Prüfung auf interne Konsistenz.

8.1.3.1 Attribution schlechter Schüler*innenleistungen

Die dreidimensionale Skala zur *Attribution schlechter Schüler*innenleistungen* von Baumert et al. (2008) erfasst die Ursachenzuschreibungen von Lehrkräften für schlechte Schüler*innenleistungen in einer bestimmten Bezugsgruppe und umfasst die drei Dimensionen: Attribution auf mangelnde Anstrengung (mA; 6 Items), auf Probleme im Unterricht (PU; 7 Items) und auf mangelnde Begabung (mB; 4 Items).

Die Bezugsgruppenspezifität erschwert in dieser Studie den Vergleich der Werte über die zwei Messzeitpunkte hinweg. Vor dem Förderpraktikum hatten die Studierenden noch keine Bezugsgruppe, auf die sie ihre Einschätzungen beziehen können. Im Prä-Bogen wird daher eine antizipierte Attribution abgefragt. Die Instruktion wurde dahingehend abgeändert:

*Messzeitpunkt 1: In Deinem Förderpraktikum wirst Du wahrscheinlich erleben, dass einige Schüler*innen Deiner Gruppe Schwierigkeiten haben, den behandelten Unterrichtsstoff zu verstehen. Wenn Du einmal an die leistungsschwächeren Schüler*innen Deiner zukünftigen Fördergruppe denkst, woran werden deren Misserfolge liegen?*

*Messzeitpunkt 2: In Deinem Förderpraktikum wirst Du wahrscheinlich erlebt haben, dass einige Schüler*innen Deiner Gruppe Schwierigkeiten hatten, den behandelten Unterrichtsstoff zu verstehen. Wenn Du einmal an die leistungsschwächeren Schüler*innen Deiner Fördergruppe denkst, woran lagen deren Misserfolge?*

Bei der Interpretation der Ergebnisse ist also zu beachten, dass sich die Einschätzungen der Studierenden auf unterschiedliche Schüler*innengruppen beziehen. Eine Vergleichbarkeit der Werte ist trotzdem gegeben, da sich subjektiv bevorzugte Attributionsmuster der Studierenden für schlechte Schüler*innenleistungen auch bei der Bewertung für unterschiedliche Bezugsgruppen zeigen sollten. Die Einschätzungen der Studierenden werden auf einer vierstufigen Likert-Skala von *trifft nicht zu* bis *trifft genau zu* erhoben.

Im Kontext der COACTIV-Studie wurden die Skalen zu einem Messzeitpunkt getestet ($n_{PU} = 341$, $n_{mB} = 340$ und $n_{mA} = 341$). Die internen Konsistenzen der Skala waren im fragwürdigen bis akzeptablen Bereich ($\alpha_{PU} = 0{,}68$, $\alpha_{mB} = 0{,}76$ und $\alpha_{mA} = 0{,}75$) (vgl. Baumert et al. 2008). In der hier vorgestellten Studie sind die internen Konsistenzen nach Ausschluss eines Items des Items mB_ASS12 („Zu große Schwierigkeit des Stoffs für diese Schüler") mit der Ausnahme der

Tabelle 8.5 Darstellung der internen Konsistenz der Skalen zur Attribution schlechter Schüler*innenleistungen. *Nach Ausschluss des Items mB_ASS12 („Zu große Schwierigkeit des Stoffs für diese Schüler")

		MZP 1			MZP 2		
Konstr.	Beispiel	n	α	r_{it}	n	α	r_{it}
PU	Zu geringe Individualisierung des Unterrichts	66	0,588	0,197 -0,404	67	0,747	0,336- 0,627
mB*	Geringe allgemeine Begabung der Schüler	66	0,680	0,409 -0,610	67	0,798	0,553- 0,725
mA	Mangelnde Ausdauer der Schüler	65	0,729	0,265 -0,604	67	0,786	0,436- 0,669

Subskala Probleme im Unterricht zum ersten Messzeitpunkt ebenfalls im fragwürdigen bis akzeptablen Bereich (s. Tabelle 8.5). Die internen Konsistenzen konnten durch weitere Itemausschlüsse nicht weiter verbessert werden, sodass sie in der angegebenen Form verwandt wurden.

Bei der Skala zur Attribution schlechter Schüler*innenleistungen wird für jede Versuchsperson zunächst der Mittelwert der drei Unterskalen *Attribution auf Probleme im Unterricht* ($\overline{PU}$), *Attribution auf mangelnde Anstrengung* ($\overline{mA}$) und *Attribution auf mangelnde Begabung* ($\overline{mB}$) berechnet. Dieser wird ins Verhältnis zur Summe der Einzelmittelwerte gesetzt.

$$mA\_Anteil = \frac{\overline{mA}}{\overline{mA} + \overline{mB} + \overline{PU}}$$

Ein Mittelwert von 0,3692 für PU_KG ist demnach zu interpretieren als: Die Kontrollgruppe attribuiert 36,92 % der angegebenen Ursachen auf Probleme im Unterricht. Mit diesen berechneten Anteilen wird die inferenzstatistische Überprüfung durchgeführt.

8.1.3.2 Bezugsnormorientierung

Die *Bezugsnormorientierung* wurde zu beiden Zeitpunkten mittels der *kleinen Beurteilungsaufgabe* von Rheinberg (1980) erhoben (s. Abbildung 8.1). Dabei bewerten die Studierenden die jeweils dritte Testleistung von neun fiktiven Schüler*innen, bei denen die Vorleistungen aus den beiden vorangegangenen Tests

(Tendenz steigend, sinkend oder gleichbleibend) sowie der Klassendurchschnitt (liegt bei 50 Punkten) bekannt sind. Die Studierenden bewerten die Leistungen auf einer Skala von −5 bis + 5. Drei der Schüler haben unterdurchschnittliche Leistungen, wobei einer eine aufsteigende Tendenz, einer eine absteigende Tendenz und einer gleichbleibende Leistungen aufweist. Analog gibt es jeweils drei Schüler*innen mit durchschnittlichen und überdurchschnittlichen Leistungen.

Die Studierenden haben bei ihrer Bewertung sowohl die Möglichkeit eine individuelle Bezugsnorm anzusetzen als auch eine soziale Bezugsnorm. Eine individuelle Bezugsnormorientierung wird durch eine positive Beurteilung derjenigen Schüler*innen repräsentiert, die sich verbessert haben, ungeachtet des Vergleichs zum Durchschnitt. Die soziale Bezugsnormorientierung äußert sich in einer positiven Bewertung der Schüler*innen mit überdurchschnittlichen Leistungen und einer negativen Bewertung der Schüler*innen mit unterdurchschnittlichen Leistungen (vgl. Rheinberg 1980; Holder und Kessels 2018).

Für die Auswertung der kleinen Beurteilungsaufgabe schlägt Rheinberg (1980) vor die Kennwerte Tendenz- und Normorientierung für die beiden Bezugsnormen zu berechnen. Für diese gelten die folgenden Formeln:

$$TO = (S5 - S3) + (S7 - S1) + (S6 - S9)$$

$$NO = S8 - S2$$

Die Tendenzorientierung gibt an, inwieweit Beurteiler*innen bei ihrer Bewertung die Tendenz der Leistungsentwicklung miteinbeziehen und sich somit an der individuellen Bezugsnorm orientieren (Vergleich der Schüler*innen mit gleicher Testleistung, aber aufsteigender bzw. absteigender Tendenz). Die Niveauorientierung gibt an, wie stark das Urteil durch Niveauunterschiede beeinflusst wird (Schüler*innen mit gleichbleibenden über- bzw. unterdurchschnittlichen Leistungen). Die beiden Kennwerte sind unabhängig voneinander. Da die beiden Orientierungen nicht auf einer Skala vergleichbar sind, haben Holder und Kessels (2018) vorgeschlagen zwei Korrelationskoeffizienten zu berechnen, „die das Ausmaß der Orientierung an der sozialen (r_{SBNO}) und der individuellen Bezugsnorm (r_{IBNO}) wiedergeben." Die Werte werden berechnet, in dem die Bewertung der Versuchsperson (X_i) mit der „idealtypischen Urteilskonfiguration" (Y_i) (Rheinberg 1980), welche bei ausschließlicher Verwendung der jeweiligen Bezugsnorm auftreten würde, korreliert wird.

$$r_{IBNO} = \frac{\sum_{i=1}^{9}(X_i - \overline{X})(Y_i - \overline{Y})}{\sqrt{\sum_{i=1}^{9}(X_i - \overline{X})^2 \cdot \sum_{i=1}^{9}(Y_i - \overline{Y})^2}}$$

Für die individuelle Bezugsnorm ist die idealtypische Urteilskonfiguration in der Abbildung 8.1 wiedergegeben. Je näher der Korrelationskoeffizient r_{IBNO} an eins liegt, desto stärker ist die individuelle Bezugsnormorientierung. Die soziale Bezugsnormorientierung (r_{SBNO}) wird analog berechnet.

8.2 Erhebungsinstrumente zu Forschungsfrage 2 – Bewertung des Veranstaltungskonzepts durch die Studierenden

Zur Untersuchung der Bewertung der Veranstaltungskonzepte wurden im POST-Test nach der Intervention (s. Abbildung 6.2) einerseits drei Skalen zur Anwendbarkeit der Inhalte im Förderpraktikum, zur Anwendbarkeit der Inhalte in der zukünftigen Praxis und zur Darstellung der Inhalte genutzt sowie andererseits die Einschätzung zur Interessantheit und Nützlichkeit der Inhalte von den Studierenden erhoben. Bei der Interpretation der Skalen zur Akzeptanz der Maßnahme ist zu beachten, dass nicht die gleichen Studierenden beide Interventionen bewertet haben.

Bei den Skalen zur Anwendbarkeit der Inhalte werden die Studierenden auf einer vierstufigen Skala von *trifft nicht zu* bis *trifft genau zu* nach ihrer Einschätzung gefragt, inwieweit die theoretischen Inhalte des Blockseminars auf die Tätigkeit im Praktikum (5 Items) bzw. die Lehrtätigkeit in der Zukunft (4 Items) übertragen und angewandt werden konnten. Bei Darstellung der Inhalte (6 Items) werden auf einer vierstufigen Skala von *trifft nicht zu* bis *trifft genau zu* formale Kriterien wie ein roter Faden der Veranstaltung, die genutzten Materialien sowie Zeit- und Materialmanagement eingeschätzt. Zur Verbesserung der internen Konsistenz der Skala Darstellung der Inhalte wurde ein Item aus der weiteren Auswertung ausgeschlossen. Die drei Skalen weisen alle akzeptable bis gute interne Konsistenzen auf (s. Tabelle 8.6). Für die Erhebung der Interessantheit und Nützlichkeit der Inhalte wurden alle Inhalte des Seminars aufgelistet und die Studierenden sollten jeden Inhalt auf einer 4-stufigen Skala von *gar nicht interessant / nützlich* bis *sehr interessant / nützlich* bewerten. Die Skalen weisen in der Kontrollgruppe akzeptable und in der Experimentalgruppe gute interne Konsistenzen auf (s. Tabelle 8.6).

Eine kleine Beurteilungsaufgabe

Eine durchschnittliche Schulklasse macht in monatlichen Abständen Schulleistungstests in Mathematik, in denen jeweils der Unterrichtsstoff des letzten Monats abgefragt wird. In jedem Test kann man **maximal 100 Punkte erreichen**. Die Tests sind so aufgebaut, dass der **Klassendurchschnitt bei ca. 50 Punkten** liegt. Neun Schüler (S1 - S9) erreichten bei den letzten drei Tests die unten angeführten Punkte. Deine Aufgabe besteht darin, bei jedem der neun Schüler das **letzte Testergebnis zu beurteilen**. Wenn Du das Ergebnis eines Schülers für eine gute Leistung hältst, so kannst Du einen bis fünf Pluspunkte (++...) geben. Hältst Du dieses Ergebnis für eine schlechte Leistung, so kannst Du einen bis fünf Minuspunkte (--...) geben. Bitte gib pro Ergebnis entweder nur Plus- oder nur Minuspunkte, also nicht beides gleichzeitig! Wenn Du in eine Zeile weder Plus- noch Minuszeichen schreibst, so bedeutet das, dass Du das Ergebnis weder für eine gute noch für eine schlechte Leistung hältst.

	1. Test	2. Test	3. Test						
S1	60	55	50	------>	-	-	-	-	-
S2	25	25	25	------>					
S3	85	80	75	------>	-	-	-	-	-
S4	50	50	50	------>					
S5	65	70	75	------>	+	+	+	+	+
S6	15	20	25	------>	+	+	+	+	+
S7	40	45	50	------>	+	+	+	+	+
S8	75	75	75	------>					
S9	35	30	25	------>	-	-	-	-	-

Es kann sein, dass Du Dir bei einigen Schülern unsicher über die „richtige" Beurteilungsweise bist. Entscheide Dich dann bitte so, wie Du es persönlich für angemessen hältst.

Abbildung 8.1 Eine kleine Beurteilungsaufgabe aus Rheinberg (1980). In der Abbildung ist die für die individuelle Bezugsnorm idealtypische Urteilskonfiguration angegeben. Die CC-BY 4.0 – Lizenz dieser Publikation bezieht sich nicht auf Abbildung 8.1. Das Copyright unterliegt dem Hogrefe-Verlag

Tabelle 8.6 Darstellung der internen Konsistenz der Evaluationsskalen: Anwendung der Inhalte im Förderpraktikum (ANWF), Anwendung der Inhalte in der Zukunft (ANWZ), Darstellung der Inhalte (DAR), Nützlichkeit der Inhalte (NÜTZ_KG, NÜTZ_EG) und Interessantheit der Inhalte (INT_KG, INT_EG). *Nach Ausschluss des Items DAR6_inv („Viele Inhalte wurden zu oberflächlich behandelt.")

Skala	Beispiel	MZP 2		
		n	α	r_{it}
ANWF	Für mein Förderpraktikum war das Seminar von großem Nutzen.	67	0,842	0,566- 0,752
ANWZ	Das im Seminar vermittelte Wissen wird mir auch meine zukünftige Tätigkeit als Lehrer erleichtern.	67	0,845	0,625- 0,768
DAR*	Die Präsentation der Inhalte war übersichtlich gestaltet und gut verständlich.	67	0,737	0,343- 0,668
NÜTZ_KG	Übung – Mia & Michael: Übersichtsplan für die Förderung erstellen	22	0,718	0,174- 0,636
NÜTZ_EG	Input: Grundvorstellungen von natürlichen Zahlen und Brüchen	41	0,868	0,247- 0,654
INT_KG	s. NÜTZ_KG	22	0,754	0,196- 0,751
INT_EG	s. NÜTZ_EG	39	0,832	0,078- 0,750

8.3   Erhebungsinstrumente zu Forschungsfrage 3 – Motivationale Variablen der Schüler*innen

Zur Erfassung der motivationalen Orientierung der Schüler*innen wurden die folgenden Konstrukte mit Skalen aus der PALMA-Studie (vgl. Pekrun et al. 2002) erfasst:

- Selbstwirksamkeit Mathematik nach Pekrun et al. (2002)
- Akademisches Selbstkonzept in Mathematik nach Pekrun et al. (2002)
- Anstrengungs-Erfolgs-Überzeugungen nach Pekrun et al. (2002)

Die Konstrukte wurden zu zwei Messzeitpunkten zu Beginn und am Ende der Förderung bzw. in der Regelklassengruppe zu Beginn und Ende des Halbjahres erhoben (vgl. Abschnitt 6.3). Es folgt eine Darstellung der genutzten Skalen, sowie eine Überprüfung der Reliabilität mittels einer Prüfung auf interne Konsistenz.

8.3.1 Selbstwirksamkeit Mathematik

Zur Erfassung der *Selbstwirksamkeit Mathematik* wurde die eindimensionale Skala von Pekrun et al. (2002) verwendet. Diese umfasst fünf Items, die die Selbstwirksamkeit im Hinblick auf verschiedene herausfordernde Situationen im Setting Mathematikunterricht erfassen. Die Items umfassen die folgenden Bereiche: Das Verständnis schwierigen Stoffs, das Erzielen guter Leistungen und das Erfüllen von Anforderungen des Fachunterrichts. Alle Items sind semantisch-strukturell an Selbstwirksamkeitserwartungen orientiert und so formuliert, dass sie die subjektive Gewissheit ausdrücken, eine Herausforderung zu überwinden. Die Einschätzungen der Schüler*innen werden auf einer vierstufigen Likertskala von *stimmt gar nicht* bis *stimmt genau* erhoben.

Die Skala wurde in ähnlicher Form im Rahmen der PALMA-Studie erprobt (vgl. Pekrun et al. 2002). Die interne Konsistenz der Skala lag in der PALMA-Studie bei $\alpha = 0{,}85$. In dieser Untersuchung liegen die internen Konsistenzen zu beiden Messzeitpunkten ebenfalls im guten Bereich und auch die Trennschärfen liegen alle oberhalb der Grenze von 0,5 (vgl. Weiber und Mühlhaus 2014; s. Tabelle 8.7).

Tabelle 8.7 Darstellung der internen Konsistenz der Skala Selbstwirksamkeit Mathematik

		MZP 1			MZP 2		
Konstr.	**Beispiel**	**n**	**α**	**r_{it}**	**n**	**α**	**r_{it}**
Selbstwirksamkeit Mathem.	Ich bin überzeugt, dass ich die Anforderungen, die in Mathe gestellt werden, erfüllen kann.	164	0,808	0,502–0,682	164	0,863	0,585–0,736

8.3.2 Akademisches Selbstkonzept in Mathematik

Zur Erfassung des *Akademischen Selbstkonzepts in Mathematik* wurde die eindimensionale Skala von Pekrun et al. (2002) verwendet. Diese umfasst sechs Items, die das akademische Selbstkonzept im Fach Mathematik erheben. Die Items umfassen die häufigsten Leistungssituationen im Mathematikunterricht (z. B. Lösen von Aufgaben, Lehrer*innenfragen beantworten, Klassenarbeiten schreiben) und fragen nach der subjektiven Selbsteinschätzung, wie leicht es den Schüler*innen fällt diese Leistungssituationen zu bearbeiten. Die Einschätzungen der Schüler*innen werden auf einer vierstufigen Likertskala von *stimmt gar nicht* bis *stimmt genau* erhoben.

Die Skala wurde in ähnlicher Form im Rahmen der PALMA-Studie erprobt. Die interne Konsistenz der Skala lag in der PALMA-Studie bei $\alpha = 0{,}88$. In dieser Untersuchung liegen die internen Konsistenzen zu beiden Messzeitpunkten ebenfalls im guten Bereich und auch die Trennschärfen liegen alle oberhalb der Grenze von 0,5 (vgl. Weiber und Mühlhaus 2014; s. Tabelle 8.8).

Tabelle 8.8 Darstellung der internen Konsistenz der Skala Akademisches Selbstkonzept Mathematik

		MZP 1			MZP 2		
Konstr.	**Beispiel**	**n**	α	r_{it}	**n**	α	r_{it}
Akadem. Selbst konzept	Es fällt mir leicht, in Mathematik etwas zu verstehen.	154	0,856	0,573–0,721	161	0,861	0,563–0,718

8.3.3 Anstrengungs-Erfolgs-Überzeugungen

Zur Erfassung der *Anstrengungs-Erfolgs-Überzeugungen* wurde die eindimensionale Skala von Pekrun et al. (2002) verwendet. Diese umfasst sechs Items, die die subjektive Überzeugung der Schüler*innen erfassen, durch Anstrengung und Einsatz zu guten Leistungen zu kommen. Alle Items sind daher in konditionaler Struktur formuliert, in deren Wenn-Teil jeweils die Anstrengungskomponente formuliert wird und in deren Dann-Teil eine Erfolgssituation geschildert wird, z. B.

dann gelingt es mir auch. Die Einschätzungen der Schüler*innen werden auf einer vierstufigen Likertskala von *stimmt gar nicht* bis *stimmt genau* erhoben. Die Skala wurde in ähnlicher Form im Rahmen der PALMA-Studie erprobt. Die interne Konsistenz der Skala lag in der PALMA-Studie bei $\alpha = 0{,}76$. In dieser Untersuchung liegen die internen Konsistenzen zu beiden Messzeitpunkten ebenfalls im akzeptablen Bereich. Einzelne Trennschärfen liegen nicht oberhalb der Grenze von 0,5 (s. Tabelle 8.9). Bei der Prüfung, ob ein Ausschluss einzelner Items zu einer Verbesserung der internen Konsistenz führen würde, konnte kein Item identifiziert werden, sodass die vollständige Skala in die Auswertung eingeht.

Tabelle 8.9 Darstellung der internen Konsistenz der Skala Anstrengungs-Erfolgs-Überzeugungen

		MZP 1			MZP 2		
Konstr.	Beispiel	n	α	r_{it}	n	α	r_{it}
Anstreng.-Erfolgs-Überz.	Wenn ich mir in Mathe Mühe gebe, bei keiner Aufgabe einen Fehler zu machen, dann gelingt mir das auch.	160	0,737	0,385–0,569	162	0,804	0,413–0,691

8.3.4   Anzahl und Art der Erfolgserlebnisse

Zum zweiten Messzeitpunkt wurden die Schüler*innen darüber befragt, ob sie in der Förderung, bzw. in der Regelklassengruppe im letzten Schulhalbjahr ein Erfolgserlebnis hatten. Bei einer Zustimmung wurden die Schüler*innen darum gebeten das Erfolgserlebnis zu beschreiben. Wenn die Schüler*innen kein Erfolgserlebnis hatten, wurden sie dazu aufgefordert, zu überlegen, woran das gelegen haben könnte.

8.4 Erhebungsinstrumente zu Forschungsfrage 4 & 5 – Selbsteingeschätzte Lernzuwächse der Studierenden & Nutzung der Methoden aus der Veranstaltung durch die Studierenden

Zur Erhebung der (wichtigsten) Lernerfolge (F4) wurden die Studierenden zum Abschluss der Fragebogen-Befragung zum zweiten Messzeitpunkt (s. Abbildung 6.2) nach ihren selbsteingeschätzten Lernzuwächsen in sechs Bereichen befragt:

- Unterschiedliche Motivationslagen und -defizite wahrnehmen (Wahrnehmen)
- Ursachen von Motivationsdefiziten diagnostizieren (Diagnostizieren)
- Zielgerichtet motivationsförderlichen Unterricht planen (Planen)
- Angemessen auf Motivationsdefizite reagieren (Reagieren)
- Motivationstheorien wirkungsvoll für den Unterricht nutzen (Theorienutzung)
- Zielgerichtete Maßnahmen zur Motivationsförderung ergreifen (Motivation fördern)

Für jeden der Bereiche konnten die Studierenden ihren Lernzuwachs auf einer vierstufigen Skala von *kein Zuwachs* bis *sehr viel Zuwachs* einschätzen. Neben der Einschätzung zu den motivationsbezogenen Lernzuwächsen wurden die Studierenden in einem offenen Item nach ihrem insgesamt wichtigsten Lernzuwachs befragt. Im Anschluss an die Frage nach dem wichtigsten Lernzuwachs wurden die Studierenden ebenfalls offen gefragt, worauf sie diesen Lernzuwachs zurückführen.

Zur Erhebung der Umsetzung der Methoden aus dem Blockseminar in den Förderstunden (F5) wurden nur die Studierenden der Experimentalgruppe (vgl. Abschnitt 6.3) wöchentlich online in Anschluss an ihre Förderstunde danach gefragt, welche Methoden und Inhalte sie aus dem Blockseminar angewendet haben (vgl. Abschnitt 6.2 und Hettmann, Nahrgang et al. 2019). Dazu wurden ihnen in einer Auswahlliste alle Inhalte des Blockseminars angeboten und sie konnten die Elemente ankreuzen, die sie genutzt haben. Dabei war eine Mehrfachnennung möglich. Bei der Interpretation der Ergebnisse ist einerseits zu beachten, dass die Daten auf Selbsteinschätzungen der Studierenden beruhen und nur nach den Oberkategorien der Inhalte gefragt wurde. Die Daten lassen keinen Schluss darauf zu, wie und in welcher Qualität die Methoden tatsächlich konkret umgesetzt wurden.

Auswertungsmethode für Studie 1

9

Die Beschreibung der Auswertungsmethodik für die erhobenen Daten folgt der Gliederung durch die fünf Forschungsfragen (vgl. Abschnitt 5.1).

Die Ergebnissen zu den Kompetenzfacetten der KMLF zu den Bereichen pädagogisch-psychologisches Wissen, motivationale Orientierung und Überzeugungen hinsichtlich des Lehrens und Lernens der Studierenden (F1) werden die Skalen zur inferenzstatistischen Überprüfung der Entwicklung zwischen den Messzeitpunkten mittels zweifaktorieller Varianzanalysen mit Messwiederholung ausgewertet (vgl. Field 2018; Rasch et al. 2014). Dadurch können die Daten auf potenziell unterschiedliche Entwicklungen über die Zeit überprüft werden. Der Innersubjektfaktor ist, wenn nicht anders angegeben, die Untersuchungsgruppe mit den Ausprägungen Kontroll- und Experimentalgruppe (KG und EG). Die Voraussetzungen für die Varianzanalysen wurden jeweils geprüft (vgl. ebd.): Die Normalverteilung der Residuen wurde sowohl mit dem Shapiro-Wilk-Test als auch grafisch mit QQ-Plots überprüft, die Varianzhomogenität wurde mittels des Levene-Tests auf Gleichheit der Fehlervarianzen überprüft und die Gleichheit der Kovarianzenmatrizen mit dem Box-Test. Im Falle eines Nicht-Erfüllens der Voraussetzungen wurde ein entsprechendes nicht parametrisches Pendant zur Überprüfung der Ergebnisse berechnet: Der van der Waerden-Test nach Lüpsen (2019) ist ein Verfahren, das ohne die üblichen Voraussetzungen der Normalverteilung, Varianzhomogenität und Gleichheit der Kovarianzenmatrizen auskommt. Die Ergebnisse des van der Waerden-Test werden nur in einem Fall berichtet, in dem sie von denen der Varianzanalysen abweichen, in allen anderen Fällen stimmen die Ergebnisse überein.

Die Skalen zur Bewertung des Veranstaltungskonzepts durch die Studierenden (F2) werden nur zum zweiten Messzeitpunkt erhoben. Um zu überprüfen, ob Unterschiede in der Bewertung zwischen den Untersuchungsgruppen (KG und

© Der/die Autor(en) 2022
M. Hettmann, *Motivationale Aspekte mathematischer Lernprozesse*,
Bielefelder Schriften zur Didaktik der Mathematik 7,
https://doi.org/10.1007/978-3-658-37180-7_9

EG) bestehen, werden t-Tests für unabhängige Stichproben oder je nach gegebenen Voraussetzungen das nicht parametrische Pendant der Mann-Whitney-U-Test berechnet.

Im Rahmen der Auswertung der Daten zu den motivationalen Variablen der von den Studierenden geförderten Schüler*innen und den Schüler*innen aus Regelklassen (F3) werden zwei Gruppenvergleiche angestellt: Erstens die Unterscheidung aller geförderten Schüler*innen (KG und EG zusammen) und der Regelklassengruppe, die keine externe Förderung bekommen hat (F3.1), und zweitens die Unterscheidung der Schüler*innen in der Kontrollgruppe von denen der Experimentalgruppe (F3.2). Im zweiten Fall werden die Daten der Regelklassengruppe nicht verwendet.

Zur Beantwortung der Forschungsfrage 3.1 werden zum einen t-Tests für unabhängige Stichproben zu beiden Messzeitpunkten berechnet, um zu überprüfen, ob zu Beginn der Förderung in den gemessenen Merkmalen Unterschiede zwischen den Gruppen (gefördert vs. nicht gefördert) bestehen und inwieweit diese aufgefangen werden können. Zum anderen werden die Skalen zu den motivationalen Variablen zur inferenzstatistischen Überprüfung der Entwicklung zwischen den Messzeitpunkten mittels zweifaktorieller Varianzanalysen mit Messwiederholung ausgewertet. Der Innersubjektfaktor ist dabei die Unterscheidung in die Gruppe der geförderten Schüler*innen (Fördergruppe = KG + EG) und die Gruppe der Schüler*innen aus dem Regelunterricht (RG).

Zur Beantwortung der Forschungsfrage 3.2 werden die drei Skalen zu den motivationalen Variablen ebenfalls zur inferenzstatistischen Überprüfung der Entwicklung zwischen den Messzeitpunkten mittels zweifaktorieller Varianzanalysen mit Messwiederholung ausgewertet. Der Innersubjektfaktor ist dabei jedoch die Untersuchungsgruppe mit den Ausprägungen Kontroll- und Experimentalgruppe (KG und EG). Hier gehen die Schüler*innen aus der Regelklassengruppe nicht in die Auswertung ein. Die Voraussetzungen für die Varianzanalysen bei den Schüler*innendaten wurden ebenfalls überprüft und im Falle eines Nicht-Erfüllens wurde wieder das entsprechende nicht parametrisches Pendant zur Überprüfung der Ergebnisse berechnet, der van der Waerden-Test nach Lüpsen (2019) (vgl. Abschnitt 10.3). Die Ergebnisse des van der Waerden-Test stimmen in den meisten Fällen mit denen der Varianzanalysen überein. Im Folgenden werden die Ergebnisse der Varianzanalysen berichtet und nur bei Abweichungen ergänzend die Ergebnisse der van der Waerden-Tests.

Für Forschungsfrage F3.3 werden Pearson Chi-Quadrat-Tests berechnet, um zu testen, ob ein Zusammenhang zwischen der Untersuchungsgruppe und dem Berichten eines Erfolgserlebnisses besteht.

Die selbsteingeschätzten Lernzuwächse der Studierenden (F4) in den sechs motivationsbezogenen Bereichen werden deskriptiv-statistisch ausgewertet und mittels t-Tests für unabhängige Stichproben bzw. nicht-parametrischer Alternativen auf Unterschiede zwischen den Untersuchungsgruppen überprüft. Die offenen Items zum insgesamt wichtigsten Lernzuwachs und den Ursachen dafür wurden strukturierend-inhaltsanalytisch mit dem Ziel ausgewertet die Vielzahl der Aussagen zu systematisieren und zusammenzufassen. Die Kategorien wurden nach Kuckartz (2018) induktiv am Material erstellt.

Die Ergebnisse zur Nutzung der Methoden in der Praxis (F5) werden häufigkeitsanalytisch ausgewertet.

Ergebnisse zu Studie 1 **10**

10.1 Ergebnisse zu Forschungsfrage 1 – Kompetenzfacetten der Studierenden

10.1.1 Pädagogisch-psychologisches Wissen und Sicherheit des pädagogisch-psychologischen Wissens

Zur Auswertung des Wissenstests zum pädagogisch-psychologischen Wissen wurden die Punktescores der zwanzig Einzelitems zu einem Gesamtscore addiert. Dieser konnte maximal 80 Punkte und minimal − 60 Punkte erreichen (vgl. Abschnitt 8.1.1). In der Tabelle 10.1 sind die Verläufe der beiden Untersuchungsgruppen zwischen den Messzeitpunkten (T1 und T2) dargestellt.

Tabelle 10.1 Deskriptive Statistik und inferenzstatistische Überprüfung des pädagogisch-psychologischen Wissens nach Untersuchungsgruppe und Messzeitpunkt (* der p-Wert wird auf Basis der geschätzten Randmittel (nicht in der Tabelle) berechnet)

Gruppe	N	M_T1	SD_T1	M_T2	SD_T2	$p*$
Wissen_KG	23	42,22	12,03	45,10	11,60	0,148
Wissen_EG	44	45,38	11,64	52,20	11,27	< 0,001

In der zweifaktoriellen Varianzanalyse mit Messwiederholung für das pädagogisch-psychologische Wissen kann ein signifikanter Haupteffekt der Zeit nachgewiesen werden (F(1, 65) = 15,951, p < 0,001, partielles η^2 = 0,197, r = 0,44). Der Gesamtscore des pädagogisch-psychologischen Wissens steigt über die zwei Messzeitpunkte hinweg signifikant an. Es werden 19,7 % der Varianz des Gesamtscores durch den Faktor Zeit erklärt. Der Effekt ist nach Cohen (1988)

© Der/die Autor(en) 2022
M. Hettmann, *Motivationale Aspekte mathematischer Lernprozesse*,
Bielefelder Schriften zur Didaktik der Mathematik 7,
https://doi.org/10.1007/978-3-658-37180-7_10

als mittel einzuschätzen (vgl. Field 2018)[1]. Auf Basis der geschätzten Randmittel mit Bonferoni-Korrektur kann nur in der Experimentalgruppe ein signifikanter Anstieg des Gesamtscores nachgewiesen werden (s. Tabelle 10.1).

Es kann kein signifikanter Interaktionseffekt zwischen den Untersuchungsgruppen und der Zeit festgestellt werden (F(1, 65) = 2,621, p = 0,110, partielles η^2 = 0,039, r = 0,2). Der ausbleibende Interaktionseffekt zeigt, dass die Verbesserung in der Experimentalgruppe sich nicht signifikant von der in der KG unterscheidet.

In der Experimentalgruppe wurde darüber hinaus erfragt, ob die Studierenden andere psychologische Veranstaltungen parallel zum Förderpraktikum belegt haben. Dies bejahten 22 der 44 Studierenden in der Experimentalgruppe. Tabelle 10.2 zeigt die Entwicklung der Gesamtscores zum pädagogisch-psychologischen Wissen und den Gruppen mit und ohne Parallelveranstaltung mit psychologischen Inhalten sowie die inferenzstatistische Überprüfung der Mittelwertsunterschiede zwischen den Messzeitpunkten. Es ist zu beobachten, dass beide Gruppen (mit und ohne Parallelveranstaltung) im Mittel vergleichsweise ansteigen.

Tabelle 10.2 Deskriptive Statistik und inferenzstatistische Überprüfung des pädagogisch-psychologischen Wissens nach Belegung einer anderen psychologischen Veranstaltung (oV = ohne Veranstaltung, mV = mit anderer Veranstaltung) und Messzeitpunkt (* der p-Wert wird auf Basis der geschätzten Randmittel (nicht in der Tabelle) berechnet)

Gruppe	N	M_T1	SD_T1	M_T2	SD_T2	*p**
Wissen_oV	22	46,49	12,13	53,82	10,80	0,001
Wissen_mV	22	44,26	11,29	50,58	11,75	0,003

In der zweifaktoriellen Varianzanalyse mit Messwiederholung für das pädagogisch-psychologische Wissen mit Zwischensubjektfaktor *andere psychologische Veranstaltung* kann, in Übereinstimmung mit den Tests über die geschätzten Randmittel in der Experimentalgruppe, ein signifikanter Haupteffekt der Zeit nachgewiesen werden (F(1, 42) = 23,996, p < 0,001, partielles η^2 = 0,364, r

---

[1] Als Effektstärke wird auch bei allen folgenden Angaben der r-Wert in Anlehnung an Field (2018) berechnet:

$$r = \sqrt{\frac{F(1, d_f)}{F(1, d_f) + d_f}}$$

= 0,6). Der Gesamtscore des pädagogisch-psychologischen Wissens steigt über die zwei Messzeitpunkte hinweg signifikant an. Es werden 36,4 % der Varianz des Gesamtscores durch den Faktor Zeit erklärt. Der Effekt ist als groß einzuschätzen. Auf Basis der geschätzten Randmittel mit Bonferoni-Korrektur kann in beiden Gruppen ein signifikanter Anstieg des Gesamtscores nachgewiesen werden (s. Tabelle 10.2).

Es kann kein signifikanter Interaktionseffekt zwischen den Gruppen (mit und ohne Parallelveranstaltung) und der Zeit festgestellt werden (F(1, 42) = 0,132, p = 0,718, partielles η^2 = 0,003, r = 0,06). Die Verbesserung in der Gruppe ohne Parallelveranstaltung unterscheidet sich nicht signifikant von der in der Gruppe mit Parallelveranstaltung.

Bei der *Sicherheit des pädagogisch-psychologischen Wissens* wurde der Mittelwert der zwanzig Item-Mittelwerte berechnet, um so eine Gesamtsicherheit zu berechnen.

Tabelle 10.3 Deskriptive Statistik und inferenzstatistische Überprüfung der Sicherheit des pädagogisch-psychologischen Wissens nach Untersuchungsgruppe und Messzeitpunkt (* der p-Wert wird auf Basis der geschätzten Randmittel (nicht in der Tabelle) berechnet)

Gruppe	N	M_T1	SD_T1	M_T2	SD_T2	p*
SH_KG	22	3,35	0,928	3,47	1,026	0,473
SH_EG	44	3,53	0,723	4,19	0,789	< 0,001

In der zweifaktoriellen Varianzanalyse mit Messwiederholung für die Sicherheit des pädagogisch-psychologischen Wissens kann ein signifikanter Haupteffekt der Zeit nachgewiesen werden (F(1, 64) = 15,657, p < 0,001, partielles η^2 = 0,197, r = 0,44). Die Gesamtsicherheit des pädagogisch-psychologischen Wissens steigt über die zwei Messzeitpunkte hinweg signifikant an. Es werden 19,7 % der Varianz der Gesamtsicherheit durch den Faktor Zeit erklärt. Der Effekt ist als mittel einzuschätzen. Auf Basis der geschätzten Randmittel mit Bonferoni-Korrektur kann nur in der Experimentalgruppe ein signifikanter Anstieg der Gesamtsicherheit nachgewiesen werden (s. Tabelle 10.3).

Es kann ein signifikanter Interaktionseffekt zwischen den Untersuchungsgruppen und der Zeit festgestellt werden (F(1, 64) = 7,712, p = 0,007, partielles η^2 = 0,108, r = 0,33). Es werden 10,8 % der Varianz der Gesamtsicherheit durch diesen Interaktionseffekt erklärt. Der Effekt ist als mittel einzuschätzen. Die Verbesserung der Experimentalgruppe in der Sicherheit des pädagogisch-psychologischen Wissen unterscheidet sich signifikant von der in der Kontrollgruppe.

10.1.2 Motivationale Orientierungen

10.1.2.1 Lehrer*innenselbstwirksamkeit und Selbstwirksamkeit motiviertes Lernen fördern

Tabelle 10.4 zeigt die Entwicklung der *Lehrer*innenselbstwirksamkeit (LSW)* und der *Selbstwirksamkeit motiviertes Lernen zu fördern (SWML)* in den beiden Untersuchungsgruppen sowie die inferenzstatistische Überprüfung der Mittelwertsunterschiede zwischen den Messzeitpunkten.

Tabelle 10.4 Deskriptive Statistik und inferenzstatistische Überprüfung der Lehrer*innenselbstwirksamkeit (LSW) und Selbstwirksamkeit motiviertes Lernen zu fördern (SWML) nach Untersuchungsgruppe und Messzeitpunkt (* der p-Wert wird auf Basis der geschätzten Randmittel (nicht in der Tabelle) berechnet)

Gruppe	N	M_T1	SD_T1	M_T2	SD_T2	p*
LSW_KG	23	2,97	0,316	3,15	0,268	0,007
LSW_EG	44	3,03	0,302	3,18	0,351	0,002
SWML_KG	23	2,89	0,329	3,19	0,344	0,004
SWML_EG	44	2,93	0,333	3,17	0,388	0,001

Bei der LSW schätzen sich die Studierenden beider Gruppen im Mittel bereits vor der Maßnahme eher selbstwirksam als nicht selbstwirksam ein (s. Tabelle 10.4).

In der zweifaktoriellen Varianzanalyse mit Messwiederholung kann ein signifikanter Haupteffekt der Zeit nachgewiesen werden (F(1, 65) = 16,830, p < 0,001, partielles η^2 = 0,206, r = 0,45). Die LSW steigt über die zwei Messzeitpunkte hinweg signifikant an. Es werden 20,6 % der Varianz der LSW durch den Faktor Zeit erklärt. Der Effekt ist als mittel einzuschätzen. Auf Basis der geschätzten Randmittel mit Bonferoni-Korrektur kann in beiden Gruppen eine signifikante Steigerung in der LSW nachgewiesen werden (s. Tabelle 10.4).

Es kann kein Interaktionseffekt zwischen den Untersuchungsgruppen und der Zeit festgestellt werden (F(1, 65) = 0,143, p = 0,707, partielles η^2 = 0,002, r = 0,05). Die Verbesserung der Experimentalgruppe in der LSW unterscheidet sich nicht signifikant von der in der Kontrollgruppe.

Bei der *Selbstwirksamkeit motiviertes Lernen zu fördern* (SWML) schätzen sich die Studierenden beider Gruppen mit leicht geringeren Mittelwerten als bei der *LSW* ebenfalls bereits vor der Maßnahme eher selbstwirksam als nicht selbstwirksam ein (s. Tabelle 10.4).

In der zweifaktoriellen Varianzanalyse mit Messwiederholung kann ein signifikanter Haupteffekt der Zeit nachgewiesen werden (F(1, 65) = 19,266, p < 0,001, partielles η^2 = 0,229, r = 0,48). Die SWML steigt über die zwei Messzeitpunkte hinweg signifikant an. Es werden 22,9 % der Varianz dieses Konstruktes durch den Faktor Zeit erklärt. Der Effekt ist als mittel einzuschätzen. Auf Basis der geschätzten Randmittel mit Bonferoni-Korrektur kann in beiden Gruppen eine signifikante Steigerung in der Selbstwirksamkeit nachgewiesen werden (s. Tabelle 10.4).

Es kann kein Interaktionseffekt zwischen den Untersuchungsgruppen und der Zeit festgestellt werden (F(1, 65) = 0,240, p = 0,626, partielles η^2 = 0,004, r = 0,06). Die Verbesserung der Experimentalgruppe in der SWML unterscheidet sich nicht signifikant von der in der Kontrollgruppe.

10.1.2.2 Enthusiasmus für Mathematik

Tabelle 10.5 zeigt die Entwicklung der der Skala *Enthusiasmus für Mathematik* in den beiden Untersuchungsgruppen sowie die inferenzstatistische Überprüfung der Mittelwertsunterschiede zwischen den Messzeitpunkten. Bei der Skala *Enthusiasmus für Mathematik* schätzen sich die Studierenden beider Gruppen bereits vor der Maßnahme mit hohen Werten ein, wobei besonders die Experimentalgruppe mit einem Ausgangswert von 3,72 bereits sehr nah am Maximum ist (s. Tabelle 10.5).

Tabelle 10.5 Deskriptive Statistik und inferenzstatistische Überprüfung der Skala Enthusiasmus für Mathematik (EM) nach Untersuchungsgruppe und Messzeitpunkt (* der p-Wert wird auf Basis der geschätzten Randmittel (nicht in der Tabelle) berechnet)

Gruppe	N	M_T1	SD_T1	M_T2	SD_T2	p*
EM_KG	22	3,42	0,473	3,56	0,476	0,084
EM_EG	44	3,72	0,413	3,73	0,382	0,891

In der zweifaktoriellen Varianzanalyse mit Messwiederholung kann kein signifikanter Haupteffekt der Zeit nachgewiesen werden (F(1, 64) = 2,294, p = 0,135, partielles η^2 = 0,035, r = 0,19). Der Faktor der Zeit hat keinen signifikanten Einfluss auf die Werte des *Enthusiasmus für Mathematik*. Auf Basis der geschätzten Randmittel mit Bonferoni-Korrektur kann in keiner der beiden Gruppen eine signifikante Steigerung im *Enthusiasmus für Mathematik* nachgewiesen werden (s. Tabelle 10.5).

Es kann kein Interaktionseffekt zwischen den Untersuchungsgruppen und der Zeit festgestellt werden (F(1, 64) = 1,837, p = 0,180, partielles η^2 =

0,028, r = 0,17). Die Entwicklungen im Konstrukt *Enthusiasmus für Mathematik* unterscheiden sich nicht signifikant zwischen den Untersuchungsgruppen.

10.1.3 Überzeugungen hinsichtlich des Lehrens und Lernens von Mathematik

10.1.3.1 Attribution schlechter Schüler*innenleistungen

Tabelle 10.6 Deskriptive Statistik und inferenzstatistische Überprüfung der Anteile der Attributionen auf Probleme im Unterricht (PU), mangelnde Begabung (mB) und mangelnde Anstrengung (mA) nach Untersuchungsgruppe und Messzeitpunkt (* der p-Wert wird auf Basis der geschätzten Randmittel (nicht in der Tabelle) berechnet)

Gruppe	N	M_T1	SD_T1	M_T2	SD_T2	p*
PU_KG	23	0,3692	0,047	0,3231	0,069	0,002
PU_EG	44	0,3674	0,042	0,3266	0,057	< 0,001
mB_KG	23	0,2482	0,041	0,2855	0,062	0,006
mB_EG	44	0,2639	0,047	0,2615	0,057	0,801
mA_KG	23	0,3826	0,033	0,3914	0,063	0,536
mA_EG	44	0,3687	0,041	0,4119	0,061	< 0,001

Probleme im Unterricht

In der zweifaktoriellen Varianzanalyse mit Messwiederholung für das Attributionsmuster *Probleme im Unterricht* kann ein signifikanter Haupteffekt der Zeit nachgewiesen werden ($F(1, 65) = 24,359$, $p < 0,001$, partielles $\eta^2 = 0,273$, $r = 0,53$). Der Anteil der Attribution auf Probleme im Unterricht sinkt über die zwei Messzeitpunkte hinweg signifikant. Es werden 27,3 % der Varianz des Anteils der Attribution auf Probleme im Unterricht durch den Faktor Zeit erklärt. Der Effekt ist als groß einzuschätzen. Auf Basis der geschätzten Randmittel mit Bonferoni-Korrektur kann in beiden Gruppen eine signifikante Abnahme des Anteils der Attribution auf Probleme im Unterricht nachgewiesen werden (s. Tabelle 10.6).

Es kann kein signifikanter Interaktionseffekt zwischen den Untersuchungsgruppen und der Zeit festgestellt werden ($F(1, 65) = 0,090$, $p = 0,765$, partielles $\eta^2 = 0,001$, $r = 0,04$). Die Verringerung der Experimentalgruppe in der Attribution auf Probleme im Unterricht unterscheidet sich nicht signifikant von der in der Kontrollgruppe.

Mangelnde Begabung

In der zweifaktoriellen Varianzanalyse mit Messwiederholung für das Attributionsmuster *mangelnde Begabung* kann ein signifikanter Haupteffekt der Zeit nachgewiesen werden (F(1, 65) = 4,618, p = 0,035, partielles η^2 = 0,066, r = 0,26). Der Anteil der Attribution auf mangelnde Begabung steigt über die zwei Messzeitpunkte hinweg signifikant. Es werden 6,6 % der Varianz des Anteils der Attribution auf mangelnde Begabung durch den Faktor Zeit erklärt. Der Effekt ist als klein einzuschätzen. Bei diesem Haupteffekt weicht das Ergebnis des van der Waerden-Tests insofern ab, dass kein signifikanter Anstieg nachgewiesen werden kann. Auf Basis der geschätzten Randmittel mit Bonferoni-Korrektur kann nur in der Kontrollgruppe ein signifikanter Anstieg des Anteils der Attribution auf mangelnde Begabung nachgewiesen werden (s. Tabelle 10.6).

Es kann ein signifikanter Interaktionseffekt zwischen den Untersuchungsgruppen und der Zeit festgestellt werden (F(1, 65) = 5,977, p = 0,017, partielles η^2 = 0,084, r = 0,29). Es werden 8,4 % der Gesamtvarianz durch den Interaktionseffekt erklärt. Der Effekt ist als klein einzuschätzen. Die Entwicklung der Experimentalgruppe in der Attribution auf mangelnde Begabung unterscheidet sich signifikant von der in der Kontrollgruppe.

Mangelnde Anstrengung

In der zweifaktoriellen Varianzanalyse mit Messwiederholung für das Attributionsmuster *mangelnde Anstrengung* kann ein signifikanter Haupteffekt der Zeit nachgewiesen werden (F(1, 65) = 8,880, p = 0,004, partielles η^2 = 0,120, r = 0,35). Der Anteil der Attribution auf mangelnde Anstrengung steigt über die zwei Messzeitpunkte hinweg signifikant. Es werden 12 % der Varianz des Anteils der Attribution auf mangelnde Anstrengung durch den Faktor Zeit erklärt. Der Effekt ist als mittel einzuschätzen. Auf Basis der geschätzten Randmittel mit Bonferoni-Korrektur kann nur in der Experimentalgruppe ein signifikanter Anstieg des Anteils der Attribution auf mangelnde Anstrengung nachgewiesen werden (s. Tabelle 10.6).

Es kann kein signifikanter Interaktionseffekt zwischen den Untersuchungsgruppen und der Zeit festgestellt werden (F(1, 65) = 3,889, p = 0,053, partielles η^2 = 0,056, r = 0,24). Die Entwicklung der Experimentalgruppe in der Attribution auf mangelnde Anstrengung unterscheidet sich nicht signifikant von der in der Kontrollgruppe.

10.1.3.2 Bezugsnormorientierung

Tabelle 10.7 und Tabelle 10.8 zeigen die Entwicklung der Bezugsnormorientierung in den beiden Untersuchungsgruppen sowie die inferenzstatistische

Tabelle 10.7 Deskriptive Statistik der Tendenzorientierung bzw. individuellen Bezugsnormorientierung (TO) und Normorientierung bzw. sozialen Bezugsnormorientierung (NO) nach Untersuchungsgruppe und Messzeitpunkt (* der p-Wert wird auf Basis der geschätzten Randmittel (nicht in der Tabelle) berechnet)

Gruppe	N	M_T1	SD_T1	M_T2	SD_T2	p*
TO_KG	22	7,41	6,478	5,73	5,897	0,203
TO_EG	44	6,70	6,893	7,43	5,479	0,434
NO_KG	22	4,09	2,045	3,68	2,056	0,452
NO_EG	44	3,59	2,661	4,07	2,453	0,217

Tabelle 10.8 Deskriptive Statistik und inferenzstatistische Überprüfung der individuellen Bezugsnormorientierung (r_{IBNO}) und sozialen Bezugsnormorientierung (r_{SBNO}) nach Untersuchungsgruppe und Messzeitpunkt (* der p-Wert wird auf Basis der geschätzten Randmittel (nicht in der Tabelle) berechnet)

Gruppe	N	M_T1	SD_T1	M_T2	SD_T2	p*
r_{IBNO}_KG	22	0,412	0,163	0,328	0,200	0,080
r_{IBNO}_EG	44	0,303	0,164	0,397	0,189	0,007
r_{SBNO}_KG	22	−0,353	0,213	−0,392	0,208	0,496
r_{SBNO}_EG	44	−0,358	0,258	−0,281	0,223	0,063

Überprüfung der Mittelwertsunterschiede zwischen den Messzeitpunkten für die Korrelationskoeffizienten r_{IBNO} und r_{SBNO}.

Es zeigt sich, dass bei den Studierenden die soziale Bezugsnormorientierung (r_{SBNO}) im Vergleich zur individuellen Bezugsnormorientierung (r_{IBNO}) weniger stark und im r_{SBNO} sogar negativ ausgeprägt ist. Die Studierenden orientieren sich demnach eher nicht an der sozialen Bezugsnorm.

Für die folgenden varianzanalytischen Auswertungen werden die Werte r_{IBNO} und r_{SBNO} genutzt. In der zweifaktoriellen Varianzanalyse mit Messwiederholung für die individuelle Bezugsnormorientierung kann kein signifikanter Haupteffekt der Zeit nachgewiesen werden ($F(1, 64) = 0{,}025$, $p = 0{,}875$, partielles $\eta^2 = 0{,}001$, $r = 0{,}02$). Der Faktor der Zeit hat keinen signifikanten Einfluss auf die Werte des r_{IBNO}. Auf Basis der geschätzten Randmittel mit Bonferoni-Korrektur kann nur in der Experimentalgruppe eine signifikante Steigerung im r_{IBNO} nachgewiesen werden (s. Tabelle 10.8).

Es kann ein signifikanter Interaktionseffekt zwischen den Untersuchungsgruppen und der Zeit festgestellt werden ($F(1, 64) = 9{,}356$, $p = 0{,}003$, partielles η^2

= 0,128, r = 0,36). Es werden 12,8 % der Gesamtvarianz durch den Interaktionseffekt erklärt. Der Effekt ist als mittel einzuschätzen. Die Studierenden der Experimentalgruppe zeigen bei ihrer Einschätzung der Schüler*innenleistungen einen stärkeren Zuwachs in der Nutzung der individuellen Bezugsnorm als die Studierenden der Kontrollgruppe, für die sogar ein Abfall zu beobachten ist.

In der zweifaktoriellen Varianzanalyse mit Messwiederholung für die soziale Bezugsnormorientierung kann kein signifikanter Haupteffekt der Zeit nachgewiesen werden (F(1, 64) = 0,285, p = 0,595, partielles η^2 = 0,004, r = 0,07). Der Faktor der Zeit hat keinen signifikanten Einfluss auf die Werte des r_{SBNO}. Auf Basis der geschätzten Randmittel mit Bonferoni-Korrektur kann in keiner der beiden Gruppen eine signifikante Änderung in der Selbstwirksamkeit nachgewiesen werden (s. Tabelle 10.8).

Es kann kein Interaktionseffekt zwischen den Untersuchungsgruppen und der Zeit festgestellt werden (F(1, 64) = 2,724, p = 0,104, partielles η^2 = 0,041, r = 0,2). Die Zugehörigkeit zu einer Untersuchungsgruppe hat demnach keinen signifikanten Einfluss auf die Entwicklung der sozialen Bezugsnormorientierung über die Messzeitpunkte hinweg.

10.2 Ergebnisse zu Forschungsfrage 2 – Bewertung des Veranstaltungskonzepts durch die Studierenden

Für die Evaluationsskalen zur Bewertung der Intervention werden die Ergebnisse der t-Tests für unabhängige Stichproben in Tabelle 10.9 berichtet, bzw. bei Nichterfüllung der Voraussetzungen in einem Fall die Ergebnisse des nicht-parametrischen Pendants (Mann-Whitney-U-Test).

Die Ergebnisse der Skalen zur Anwendbarkeit der Inhalte im Förderpraktikum und in der Zukunft, zur Darstellung und zur Nützlichkeit der Inhalte zeigen in der Experimentalgruppe durchweg signifikant positivere Bewertungen als in der Kontrollgruppe. Die Effekte sind nach Cohen (1988) als groß einzuschätzen, mit Ausnahme des Effekts zur Darstellung der Inhalte, welcher als mittel einzuschätzen ist. Bei der Interessantheit der Inhalte zeigen beide Gruppen ähnliche Werte. Es kann kein signifikanter Unterschied nachgewiesen werden.

Tabelle 10.9   Deskriptive Statistik und inferenzstatistische Überprüfung der Akzeptanzskalen Anwendung im Förderpraktikum (ANWF), Anwendung in der Zukunft (ANWZ), Darstellung (DAR), Interessantheit der Inhalte (INT) und Nützlichkeit der Inhalte (NÜTZ) nach
Untersuchungsgruppe. * Aufgrund der Verletzung der Normalverteilungsvoraussetzung wird
für diese Skala ein Mann-Whitney-U-Test berechnet. Der angegebene Wert ist der ausge-
gebene Z-Wert für diesen Test. ** Für den Mann-Whitney-U-Test wird die Effektstärke r
berechnet

Gruppe	N	M	SD	T	df	p	d
ANWF_KG	23	2,56	0,447	−3,699	55,319	< 0,001	0,914
ANWF_EG	44	3,03	0,575				
ANWZ_KG	23	2,66	0,611	−3,570	39,421	0,001	0,940
ANWZ_EG	44	3,20	0,527				
DAR_KG	23	3,06	0,349	−3,291*	–	0,001	0,402**
DAR_EG	44	3,38	0,409				
INT_KG	23	3,04	0,449	−,690	40,672	0,494	0,181
INT_EG	44	3,12	0,402				
NÜTZ_KG	23	2,51	0,543	−4,126	35,686	< 0,001	1,105
NÜTZ_EG	44	3,04	0,414				

10.3   Ergebnisse zu Forschungsfrage 3 – Motivationale Variablen der Schüler*innen

10.3.1 Ergebnisse zu Forschungsfrage 3.1 – Unterschiede zwischen Geförderten und nicht geförderten Schüler*innen

Die Mittelwerte und Standardabweichungen der in Kapitel 8 beschriebenen
motivationalen Variablen Selbstwirksamkeit, Selbstkonzept und Anstrengungs-
Erfolgs-Überzeugungen sind für beide Messzeitpunkte in Tabelle 10.10 für beide
Gruppen (geförderte und nichtgeförderte Schüler*innen) zusammengefasst.

Es lassen sich mittels t-Tests mit unabhängigen Stichproben zum ersten Messzeitpunkt die Unterschiede in den Ausprägungen der motivationalen Variablen
zwischen den Gruppen untersuchen. In allen drei Variablen ist zum ersten
Messzeitpunkt der Mittelwert der Schüler*innengruppe aus den Regelklassen
signifikant höher als der Mittelwert der Schüler*innen in den Fördergruppen
(s. Tabelle 10.10). Die Effektstärken sind als klein (für SK_T1) bis mittel

Tabelle 10.10 Deskriptive Statistik nach Untersuchungsgruppe und Messzeitpunkt und Ergebnisse der t-Tests mit unabhängigen Stichproben der Schüler*innenselbstwirksamkeit, des Selbstkonzepts und der Anstrengungs-Erfolgs-Überzeugungen

	n	M (SD) Förder Bedarf	n	M (SD) kein Förderbedarf	t	df	p	d
SW_T1	125	3,15 (0,660)	37	3,58 (0,906)	−2,7	47,855	0,01	0,595
SW_T2	126	3,10 (0,732)	37	3,71 (0,885)	−3,836	51,330	< 0,001	0,793
SK_T1	125	3,02 (0,680)	36	3,37 (0,880)	−2,245	47,673	0,029	0,48
SK_T2	124	3,27 (0,646)	36	3,41 (0,867)	−0,920	46,838	0,362	0,2
AEE_T1	125	3,58 (0,671)	37	3,93 (0,746)	−2,572	54,377	0,013	0,508
AEE_T2	124	3,66 (0,737)	37	3,78 (0,754)	−0,881	58,061	0,382	0,392

(für SW_T1 und AEE_T1) einzuschätzen. Zum ersten Messzeitpunkt bestehen zwischen den beiden Gruppen signifikante Unterschiede hinsichtlich der motivationalen Konstrukte.

Zur Untersuchung, wie sich die beiden Schüler*innengruppen im Verlauf des Schuljahres entwickeln und ob sich diese bestehenden Unterschiede auflösen, werden zum einen die Ergebnisse der zweifaktoriellen Varianzanalysen berichtet und zum anderen die Ergebnisse der t-Tests mit unabhängigen Stichproben zum zweiten Messzeitpunkt (s. Tabelle 10.10). Bei der *Schüler*innenselbstwirksamkeit* konnte in der zweifaktoriellen Varianzanalyse mit Messwiederholung kein signifikanter Haupteffekt der Zeit nachgewiesen werden (F(1, 160) = 0,543, p = 0,462, partielles η^2 = 0,003, r = 0,06). Der Faktor der Zeit hat keinen signifikanten Einfluss auf die Werte der *Schüler*innenselbstwirksamkeit*. Auf Basis der geschätzten Randmittel mit Bonferoni-Korrektur kann in keiner der beiden Gruppen eine signifikante Steigerung in der *Schüler*innenselbstwirksamkeit* nachgewiesen werden (Fördergruppe p = 0,436; Regelklassengruppe p = 0,208). Es kann kein Interaktionseffekt zwischen den Untersuchungsgruppen und der Zeit festgestellt werden (F(1, 160) = 2,199, p = 0,140, partielles η^2 = 0,014, r = 0,12). Die Entwicklung der Fördergruppe in der *Schüler*innenselbstwirksamkeit* unterscheidet sich nicht signifikant von der in der Regelklassengruppe. Zum zweiten Messzeitpunkt unterscheiden sich die Mittelwerte der beiden Gruppen weiterhin signifikant voneinander (t (51,330) = -3,836, p < 0,001).

Beim *Selbstkonzept* kann in der zweifaktoriellen Varianzanalyse mit Messwiederholung ein signifikanter Haupteffekt der Zeit nachgewiesen werden (F(1, 157) = 6,99, p = 0,009, partielles η^2 = 0,043, r = 0,21). Das *Selbstkonzept* steigt über die zwei Messzeitpunkte hinweg signifikant an. Es werden 4,3 % der Varianz des *Selbstkonzepts* durch den Faktor Zeit erklärt. Der Effekt ist als klein einzuschätzen. Auf Basis der geschätzten Randmittel mit Bonferoni-Korrektur kann nur in der Fördergruppe eine signifikante Steigerung im *Selbstkonzept* nachgewiesen werden (Fördergruppe p < 0,001; Regelklassengruppe p = 0,678). Es kann kein Interaktionseffekt zwischen den Untersuchungsgruppen und der Zeit festgestellt werden (F(1, 160) = 3,658, p = 0,058, partielles η^2 = 0,023, r = 0,15). Die Entwicklung der Fördergruppe im *Selbstkonzept* unterscheidet sich nicht signifikant von der in der Regelklassengruppe. Zum zweiten Messzeitpunkt unterscheiden sich die Mittelwerte der beiden Gruppen nicht mehr signifikant voneinander (t (46,838) = -0,920, p = 0,362).

Bei den *Anstrengungs-Erfolgs-Überzeugungen* kann in der zweifaktoriellen Varianzanalyse mit Messwiederholung kein signifikanter Haupteffekt der Zeit nachgewiesen werden (F(1, 158) = 0,483, p = 0,488, partielles η^2 = 0,003, r = 0,06). Der Faktor der Zeit hat keinen signifikanten Einfluss auf die Werte der *Anstrengungs-Erfolgs-Überzeugungen*. Auf Basis der geschätzten Randmittel mit Bonferoni-Korrektur kann in keiner der beiden Gruppen eine signifikante Steigerung in den *Anstrengungs-Erfolgs-Überzeugungen* nachgewiesen werden (Fördergruppe p = 0,218; Regelklassengruppe p = 0,143). Es kann kein Interaktionseffekt zwischen den Untersuchungsgruppen und der Zeit festgestellt werden (F(1, 158) = 3,557, p = 0,061, partielles η^2 = 0,022, r = 0,15). Die Entwicklung der Fördergruppe in den *Anstrengungs-Erfolgs-Überzeugungen* unterscheidet sich nicht signifikant von der in der Regelklassengruppe. Zum zweiten Messzeitpunkt unterscheiden sich die Mittelwerte der beiden Gruppen nicht mehr signifikant voneinander (t (58,061) = -0,881, p = 0,382).

10.3.2 Ergebnisse zu Forschungsfrage 3.2 – Unterschiede zwischen den Untersuchungsgruppen

In Tabelle 10.11 ist die Entwicklung der *Schüler*innenselbstwirksamkeit* in den beiden Untersuchungsgruppen (Kontroll- und Experimentalgruppe) sowie die inferenzstatistische Überprüfung der Mittelwertunterschiede zwischen den Messzeitpunkten dargestellt.

Tabelle 10.11 Deskriptive Statistik und inferenzstatistische Überprüfung der Schüler*innenselbstwirksamkeit (SW) nach Untersuchungsgruppe und Messzeitpunkt (* der p-Wert wird auf Basis der geschätzten Randmittel (nicht in der Tabelle) berechnet)

Gruppe	N	M_T1	SD_T1	M_T2	SD_T2	p*
SW_KG	38	3,13	0,689	3,27	0,817	0,140
SW_EG	87	3,16	0,651	3,04	0,684	0,055

In der zweifaktoriellen Varianzanalyse mit Messwiederholung kann kein signifikanter Haupteffekt der Zeit nachgewiesen werden (F(1, 123) = 0,029, p = 0,864, partielles η^2 < 0,001, r = 0,2). Der Faktor der Zeit hat keinen signifikanten Einfluss auf die Werte der *Schüler*innenselbstwirksamkeit*. Auf Basis der geschätzten Randmittel mit Bonferoni-Korrektur kann in keiner der beiden Gruppen eine signifikante Steigerung in der *Schüler*innenselbstwirksamkeit* nachgewiesen werden (s. Tabelle 10.11).

Es kann ein Interaktionseffekt zwischen den Untersuchungsgruppen und der Zeit festgestellt werden (F(1, 123) = 5,328, p = 0,023, partielles η^2 = 0,042, r = 0,2). Die Entwicklung in der Kontrollgruppe im Konstrukt *Schüler*innenselbstwirksamkeit* ist signifikant positiver als in der Experimentalgruppe. Es werden 4,2 % der Varianz durch diesen Interaktionseffekt aufgeklärt. Der Effekt ist als klein einzuschätzen. Die Ergebnisse des van der Waerden-Tests weichen beim Interaktionseffekt ab. In der robusten Testvariante konnte kein signifikanter Interaktionseffekt nachgewiesen werden.

In Tabelle 10.12 ist die Entwicklung des *Selbstkonzepts* in den beiden Untersuchungsgruppen (Kontroll- und Experimentalgruppe) sowie die inferenzstatistische Überprüfung der Mittelwertunterschiede zwischen den Messzeitpunkten dargestellt.

Tabelle 10.12 Deskriptive Statistik und inferenzstatistische Überprüfung des Selbstkonzepts nach Untersuchungsgruppe und Messzeitpunkt (* der p-Wert wird auf Basis der geschätzten Randmittel (nicht in der Tabelle) berechnet)

Gruppe	N	M_T1	SD_T1	M_T2	SD_T2	p*
SK_KG	36	3,11	0,658	3,46	0,591	< 0,001
SK_EG	87	3,01	0,666	3,19	0,655	0,002

In der zweifaktoriellen Varianzanalyse mit Messwiederholung kann ein signifikanter Haupteffekt der Zeit nachgewiesen werden (F(1, 121) = 24,158, p < 0,001, partielles $\eta^2 = 0,166$, r = 0,41). Das *Selbstkonzept* steigt über die zwei Messzeit-punkte hinweg signifikant an. Es werden 16,6 % der Varianz des *Selbstkonzepts* durch den Faktor Zeit erklärt. Der Effekt ist als mittel einzuschätzen. Auf Basis der geschätzten Randmittel mit Bonferoni-Korrektur kann in beiden Gruppen eine signifikante Steigerung in der Selbstwirksamkeit nachgewiesen werden (s. Tabelle 10.12).

Es kann kein Interaktionseffekt zwischen den Untersuchungsgruppen und der Zeit festgestellt werden (F(1, 121) = 2,250, p = 0,136, partielles $\eta^2 = 0,018$, r = 0,14). Die Verbesserung der Experimentalgruppe im Konstrukt *Selbstkonzept* unterscheidet sich nicht signifikant von der in der Kontrollgruppe.

In Tabelle 10.13 ist die Entwicklung der *Anstrengungs-Erfolgs-Überzeugungen* in den beiden Untersuchungsgruppen (Kontroll- und Experimentalgruppe) sowie die inferenzstatistische Überprüfung der Mittelwertunterschiede zwischen den Messzeitpunkten dargestellt.

Tabelle 10.13 Deskriptive   Statistik   und   inferenzstatistische   Überprüfung   der Anstrengungs-Erfolgs-Überzeugungen nach Untersuchungsgruppe und Messzeitpunkt (* der p-Wert wird auf Basis der geschätzten Randmittel (nicht in der Tabelle) berechnet)

Gruppe	N	M_T1	SD_T1	M_T2	SD_T2	p*
AEE_KG	36	3,57	0,664	3,89	0,640	0,003
AEE_EG	87	3,61	0,658	3,57	0,753	0,595

In der zweifaktoriellen Varianzanalyse mit Messwiederholung kann ein signifi-kanter Haupteffekt der Zeit nachgewiesen werden (F(1, 121) = 5,213, p = 0,024, partielles $\eta^2 = 0,041$, r = 0,2). Es werden 4,1 % der Varianz der *Anstrenungs-Erfolgs-Überzeugungen* durch den Faktor Zeit erklärt. Der Effekt ist als gering einzuschätzen. Die Ergebnisse des van der Waerden-Tests weichen bei diesem Haupteffekt ab. In der robusten Testvariante konnte kein signifikanter Haupt-effekt der Zeit nachgewiesen werden. Auf Basis der geschätzten Randmittel mit Bonferoni-Korrektur kann nur in der Kontrollgruppe eine signifikante Stei-gerung in den Anstrengungs-Erfolgs-Überzeugungen nachgewiesen werden (s. Tabelle 10.13).

Es kann ein Interaktionseffekt zwischen den Untersuchungsgruppen und der Zeit festgestellt werden (F(1, 121) = 8,180, p = 0,005, partielles $\eta^2 = 0,063$, r = 0,25). Die Entwicklung in der Kontrollgruppe im Konstrukt *Anstrenungs-Erfolgs-Überzeugungen* ist signifikant positiver als in der Experimentalgruppe. Es werden 6,3 % der Varianz durch diesen Interaktionseffekt aufgeklärt. Der Effekt ist als klein einzuschätzen.

10.3.3 Ergebnisse zu Forschungsfrage 3.3 – Anzahl der Erfolgserlebnisse

Mithilfe eines Pearson Chi-Quadrat-Tests wird getestet, ob ein Zusammenhang zwischen den zwei kategorialen Variablen Untersuchungsgruppe und Erfolgserlebnis besteht. Dabei werden beobachtete Häufigkeiten mit theoretisch erwarteten Häufigkeiten verglichen und Stärke wie Richtung des Zusammenhangs berechnet (vgl. Schwarz, 2020).

In Tabelle 10.14 und Abbildung 10.1 werden die Häufigkeiten der berichteten Erfolgserlebnisse und die Ergebnisse des χ^2-Tests für den Vergleich mit der Experimentalgruppe dargestellt. Das Merkmal *berichtetes Erfolgserlebnis* und die Untersuchungsgruppe stehen im Vergleich der Kontrollgruppe mit der Experimentalgruppe in einem Zusammenhang ($\chi^2(1) = 4{,}045$, p $= 0{,}044$, n $= 125$). Der Effekt ist nach Cohen (1988) als klein einzuschätzen ($\varphi = 0{,}180$, p $= 0{,}044$). Im Vergleich der Regelklassengruppe mit der Experimentalgruppe stehen diese Merkmale ebenfalls in einem Zusammenhang ($\chi^2(1) = 11{,}547$, p $= 0{,}001$, n $= 123$). Der Effekt ist hier als mittel einzuschätzen ($\varphi = 0{,}306$, p $= 0{,}001$). Die Schüler*innen der Experimentalgruppe berichten signifikant häufiger von Erfolgserlebnissen als beide Vergleichsgruppen.

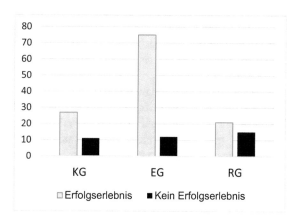

Abbildung 10.1 Darstellung der Häufigkeiten von Erfolgserlebnissen nach Untersuchungsgruppe

Tabelle 10.14 Darstellung der Häufigkeiten von Erfolgserlebnissen nach Untersuchungsgruppe und χ^2-Tests für den Vergleich mit der Experimentalgruppe

	n	Erfolgserlebnis	Kein Erfolgserlebnis	p (Vergleich mit EG)	χ^2	df	φ
KG	38	27	11	0,044	4,045	1	0,180
EG	88	75	12				
RG	36	21	15	0,001	1,1547	1	0,306

10.4 Ergebnisse zu Forschungsfrage 4 & 5 – Selbsteingeschätzte Lernzuwächse der Studierenden & Nutzung der Methoden aus der Veranstaltung durch die Studierenden

10.4.1 Ergebnisse zu Forschungsfrage 4 – Selbsteingeschätzte Lernzuwächse der Studierende

In Abbildung 10.2 (links) werden zu den sechs erfragten Bereichen die Mittelwerte der Einschätzungen des Lernzuwachses der Studierenden dargestellt. In
den beiden Untersuchungsgruppen ähneln sich die Mittelwerte. Es lassen sich
über t-Tests (Ergebnisse dazu nicht dargestellt) keine signifikanten Unterschiede
zwischen den Untersuchungsgruppen nachweisen. Die geringsten Lernzuwächse
berichten die Studierenden in den Bereichen *Motivationstheorien wirkungsvoll
für den Unterricht nutzen (Theorienutzung)* und *Zielgerichtete Maßnahmen zur
Motivationsförderung ergreifen (Motivation fördern)*.

Bei der Frage nach ihrem größten Lernzuwachs aus diesen sechs Bereichen
werden die Ergebnisse für beide Gruppen gemeinsam berichtet. Die meisten der
Studierenden (N = 59) geben die Bereiche *Unterschiedliche Motivationslagen
und –defizite wahrnehmen* (H = 21) und *Zielgerichtet motivationsförderlichen
Unterricht planen* (H = 18). Die dritthäufigste Nennung hat *Ursachen von Motivationsdefiziten zu diagnostizieren* (H = 8). Die anderen Aspekte werden nur von
einzelnen Studierenden genannt (s. Abbildung 10.2, rechts).

Bei der Auswertung der offenen Antworten zu den insgesamt wichtigsten
Lernzuwächsen der Studierenden lassen sich die Antworten unter fünf Kategorien
zusammenfassen. Die Untersuchungsgruppen unterscheiden sich nicht maßgeblich in der Verteilung der angesprochenen Kategorien, sodass die Ergebnisse im
Folgenden für beide Gruppen gemeinsam berichtet werden können.

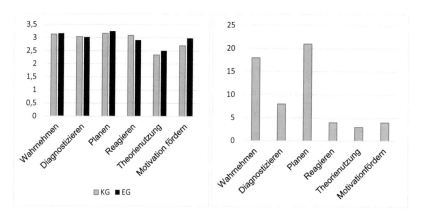

Abbildung 10.2 Einschätzung der Lernzuwächse (Mittelwerte) in sechs motivationsbezogenen Bereichen (links) und Häufigkeiten der größten Lernzuwächse (rechts)

Unter die Kategorie *Motivationsförderung* fallen alle Aussagen, die Motivationsförderung als Lernzuwachs lediglich nennen oder auf die Bedeutsamkeit einer Motivationsförderung für leistungsschwache Schüler*innen im Mathematikunterricht hinweisen, motivationsförderliche Inhalte des Blockseminars aufzählen oder Herausforderungen bei der Motivationsförderung herausstellen (Abbildung 10.3).

- Die Bedeutung der Selbstwirksamkeit im Mathematikunterricht (EG)
- Wichtigkeit von Motivation für schwächere SuS (EG)
- Dass mit genügend Motivation auch "schwächere" SuS Aufgaben lösen können (EG)
- Methoden aus dem Werkzeugkoffer, da es hier viele Aufgabentypen etc. gibt, die ich in den Unterricht aufnehmen kann. (EG)
- Nahziele formulieren (EG)
- Schüler mit Hilfe von Spielen motivieren (KG)
- Dass die SuS schnell an Motivation verlieren, viel Geduld und Anstrengung bei der Vermittlung notwendig ist. (KG)

Abbildung 10.3 Beispielaussagen zur Kategorie Motivationsförderung

Die Kategorie *Unterrichtspraxis* umfasst Lernzuwächse im Bereich der Diagnostik, Erstellung von Förderplänen und dem Vorbereiten, Durchführen und

Nachbereiten von Unterrichtsstunden. Darüber hinaus werden Stellen eingeordnet, die die Bedeutsamkeit einer guten Vorbereitung, das Zeitmanagement in Unterrichtsstunden und die Flexibilität von Unterrichtsplanungen herausstellen (Abbildung 10.4).

- *Erstellung von Förderplänen, Dokumentationen der Stunde und Reflexion der Stunde. (EG)*
- *Ich habe gelernt, wie intensiv man sich auf eine Unterrichts- bzw. Förderstunde vorbereiten muss und dass man sich bei dieser Planung sehr schnell vertuen kann. (EG)*
- *Nie zu sehr an Plänen festhalten, sondern auf Schüler eingehen und Pläne ändern (EG)*

Abbildung 10.4   Beispielaussagen zur Kategorie Unterrichtspraxis

Die Kategorie *Individualisierung und Kooperation* fasst Aussagen zusammen, die auf die Notwendigkeit von Individualisierung und die Wichtigkeit einer professionellen Lehrer*innen-Schüler*innen-Beziehung hinweisen (Abbildung 10.5).

- *Jeder Schüler hat seine eigenen Probleme bei bestimmten mathematischen Inhalten. Wichtig ist es da individuell drauf einzugehen und anzuknüpfen. (KG)*
- *Das Wichtigste war für mich, dass selbst bei einer solch kleinen Lerngruppe der Unterschied in den Lernständen riesig sein kann. (EG)*
- *Eine Beziehung zu den Schülern aufzubauen und darauf aufbauend besser individuell fördern zu können. (EG)*

Abbildung 10.5   Beispielaussagen zur Kategorie Individualisierung und Kooperation

In der vierten Kategorie *eigene Professionalisierung* werden Textstellen eingeordnet, die auf Lernzuwächse in der Auseinandersetzung der eigenen Professionalisierung hindeuten. Beispielsweise, wenn Studierende sich in ihrer Berufswahl bestätigt fühlen, Praxiserfahrungen gesammelt haben oder sich mit Problembereichen des Lehrkräfteberufs auseinandergesetzt haben (Abbildung 10.6).

Eine letzte kleine Kategorie *Schüler*innenkognitionen* umfasst zwei Aussagen, in denen Studierende Lernzuwächse im Bereich des Verständnisses von Schüler*innenkognitionen berichten (Abbildung 10.7).

Bei den Antworten auf die Frage nach den Ursachen für den wichtigsten Lernzuwachs, lassen sich fünf Attributionsmuster identifizieren, die in der Häufigkeit

> - *Eigener Umgang mit Inhalten, Eigene Strategien entwickelt, Weiterentwicklung eigener Lehrerpersönlichkeit (Bezug individuelle Förderung). (EG)*
> - *Dass das mein Beruf ist und ich den weiterhin ausführen möchte. (EG)*
> - *ruhiger Umgang, gelassener zu sein, besserer Umgang mit SuS zur Vermeidung von Störungen (EG)*

Abbildung 10.6 Beispielaussagen zur Kategorie Eigene Professionalisierung

> - *Dass es schwierig ist, Schülern „schweren" Stoff zu vermitteln, wenn ihnen generelles Zahlenverständnis fehlt (KG)*
> - *warum Schüler bestimmte Fehler machen, woran es liegt (EG)*

Abbildung 10.7 Aussagen zur Kategorie Schüler*innenkognitionen

ihres Vorkommens aufgelistet werden. Da die Verteilungen der Attributionsmuster der beiden Untersuchungsgruppen nicht differieren, werden auch diese Ergebnisse für beide Gruppen gemeinsam berichtet.

Die Studierenden führen ihren Lernzuwachs am häufigsten auf praktische Erfahrungen in der Förderung, wie Beobachten, Planen und Unterrichten zurück, dabei verweisen sie auf die Möglichkeit sich auszuprobieren und Effekte des regelmäßigen Übens (19 Stellen). Beispielsweise formuliert eine Versuchsperson „Mir fiel es durch die vielen Stunden einfacher Motivationsprobleme zu erkennen. Die Erfahrung hat viel gebracht.", und eine andere schreibt „mehrfache Anwendung des Gelernten, selbstständige Entscheidungen zu treffen (Spontanität, viel Ausprobieren)".

Die am zweithäufigsten genannte Ursache sind die theoretischen Inhalte des Blockseminars und die Sensibilisierung durch das Blockseminar (13 Stellen). Dabei wird angegeben, dass diese mit Praxis-Erfahrungen oder Unterstützungsangeboten durch die Schule verknüpft werden: „Auf die Vorbereitung im Seminar und die anschließende Anwendung der Theorie in der Praxis".

Außerdem wird das häufige Vorkommen von Motivationsproblemen der Schüler*innen im Unterricht, auf das die Studierenden reagieren mussten (11 Stellen) genannt: „Da ich oft mit Motivationsdefiziten konfrontiert war, musste ich diesen auf den Grund gehen". Mit ebenfalls elf Stellen werden Unterstützungsangebote, wie Vor- und Nachbereitungen und Reflexions- und Feedbackgespräche mit den Betreuungslehrkräften und den Studierendengruppen beschrieben.

Mit neun Nennungen folgt der persönliche Kontakt zu den Schüler*innen, wobei insbesondere der Austausch über Unterricht, Motivationsprobleme und Privates betont wird. Eine Versuchsperson betont die Auswirkungen dieser Gespräche auf ihre Einstellung zu methodischen Entscheidungen: „Austausch mit den Schülern hat meine Bedeutung / Sicht auf verschiedene Maßnahmen gestärkt oder verringert".

10.4.2 Ergebnisse zu Forschungsfrage 5 – Nutzung der Methoden aus dem Veranstaltungskonzept durch die Studierenden

Bei der Online-Befragung der Studierenden nach der Umsetzung der Methoden aus dem Blockseminar wurde insgesamt zu 361 Förderstunden eine Einschätzung vorgenommen. Die im Folgenden dargestellten Anteile werden immer an dieser Gesamtzahl der in die Analyse eingegangenen Förderstunden berechnet (s. Abbildung 10.8 links). Die gegebenen Beispiele wurden nicht systematisch erfasst, sondern stammen aus Erfahrungen in Hospitationen und haben eher illustrativen Charakter, um zu verdeutlichen, was konkret hinter den Begriffen steht.

Der am häufigsten genannte Inhalt ist das Attributionale Feedback (ca. 36 %), also auf Ursachen fokussiertes Feedback bei Erfolgen und Misserfolgen. Darauf folgen Formen der Qualitativen Diagnostik (ca. 25 %), also beispielsweise Diagnose von Verständnishürden, Grund- und Fehlvorstellungen im Prozess und Inhalte aus dem Werkzeugkoffer der Individuellen Förderung (ca. 21 %) (s. Abbildung 10.8 rechts). Die Dokumentation und Reflexion von Lernfortschritte, z. B. in Form von Abschlussrunden mit Reflexionskarten und die Formulierung und Bearbeitung von Nahzielen wurden jeweils in 19 % der analysierten Förderstunden genutzt. Im Vergleich am seltensten wurden die Inhalte der Quantitativen Diagnostik (ca. 11 %) und Erwartungseffekte (ca. 8 %) genannt. Für den Werkzeugkoffer der Individuellen Förderung wurde differenzierter nach den umgesetzten Methoden gefragt (s. Abbildung 10.8 rechts). Die Anteile berechnen sich an den 75 Nennungen des Werkzeugkoffers. Hier dominieren mathematische Lernspiele, wie Domino- und Memory-Varianten, Kopfrechenspiele und komplexere Spielformen (ca. 53 %). Es folgen Lösungsbeispiele (ca. 27 %), Methoden der gelenkten Differenzierung mit durch die Lehrkraft ausgewählten Basisaufgaben (ca. 21 %), Selbstdifferenzierende Aufgaben, z. B. Blütenaufgaben, offene Aufgaben etc. (ca. 15 %), Aufgaben und Lernformen zum Aufbau von Grundvorstellungen (ca. 13 %), Formen Produktiven Übens (12 %), sprachliche Scaffolding-Maßnahmen (12 %) und Selbstdiagnose durch die Schüler*innen (ca. 7 %).

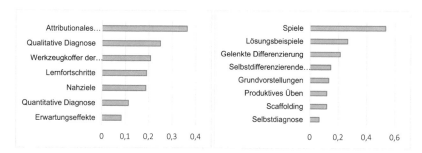

Abbildung 10.8 Anteilmäßige Nutzung der einzelnen Inhalte und Methoden aus dem Blockseminar in den Förderstunden, gemessen an der Anzahl der insgesamt eingeschätzten Förderstunden (n = 361) (links) und anteilmäßige Nutzung der einzelnen Inhalte und Methoden aus dem Werkzeugkoffer der individuellen Förderung in den Förderstunden, gemessen an der Anzahl der Nennungen Werkzeugkoffer der individuellen Förderungen (n = 75) (rechts). Mehrfachnennung war möglich

Zusammenfassende Diskussion Ergebnisse von Studie 1

Die Förderung von Motivation ist vor dem Hintergrund der besonderen motivationalen Bedingungen von Schüler*innen mit Schwierigkeiten beim Mathematiklernen (vgl. Abschnitt 2.2) ein wichtiges Element der alltäglichen Tätigkeit von Mathematiklehrkräften. Diese Arbeit leistet einen Beitrag dazu, die hinter motivationsförderlichem Lehrer*innenhandeln stehenden kognitiven und affektiv-motivationalen Dispositionen zu identifizieren und einen Ansatz für deren Förderung zu entwickeln. Auf Basis einer Anforderungsanalyse für die Motivationsförderung von Schüler*innen mit Schwierigkeiten beim Mathematiklernen in Fördersettings wurde theoriebasiert ein Modell der *professionellen Kompetenz, motiviertes Lernen zu fördern* entwickelt und begründet (s. Abbildung 3.4). Dieses unterscheidet für Lehrkräfte auf der dispositionalen Ebene drei Kompetenzbereiche: Das Professionswissen und –können, die motivationalen Orientierungen und die Überzeugungen zum Lehren und Lernen (vgl. Abschnitt 3.3).

Im Bachelor-Studiengang für das Lehramt im Fach Mathematik an der Universität Bielefeld hat sich ein mathematikdidaktisches Veranstaltungskonzept mit integrierter Praxisphase etabliert, das Potential für die Entwicklung der professionellen Kompetenz, motiviertes Lernen zu fördern hat. Inhaltlich zielte das Konzept auf die fachliche Unterstützung von Schüler*innen mit Schwierigkeiten beim Mathematiklernen. Im Rahmen des Projekts Biprofessional, das Teil der Bielefelder Qualitätsoffensive Lehrer*innenbildung ist, wurde dieses Veranstaltungskonzept überarbeitet, indem der inhaltliche Schwerpunkt um motivationspsychologische Inhalte zur Förderung der Motivation von Schüler*innen mit Schwierigkeiten beim Lernen von Mathematik erweitert wurde (vgl. Kapitel 4; vgl. Hettmann et al. 2019). Dadurch sollte das Potential zur Entwicklung der professionellen Kompetenzen motiviertes Lernen zu fördern erhöht werden.

Ziel der Untersuchung war vor diesem Hintergrund zum einen herauszufinden, inwieweit Facetten dieser professionellen Kompetenz durch ein solches
Veranstaltungsformat verändert werden können, und zum anderen zu untersuchen,
ob die explizite Thematisierung motivationspsychologischer Inhalte im Rahmen
der Veranstaltung einen Einfluss auf diese Entwicklung nimmt. Dazu wurden
in einer quantitativen Untersuchung mit einem Prä-Post-Design 44 Studierende
(Experimentalgruppe), die an der Veranstaltung mit expliziter Thematisierung
motivationspsychologischer Inhalte teilgenommen haben und 23 Studierende
(Kontrollgruppe), die die Veranstaltung ohne explizite Thematisierung motivationspsychologischer Inhalte besuchten, befragt.

Inhaltlich fokussierte die Untersuchung auf fünf Aspekte (vgl. Abschnitt 5.1):

1. Die unter Abschnitt 3.3 beschriebenen Facetten der professionellen Kompetenz, motiviertes Lernen zu fördern (Abschnitt 11.1),
2. die Einschätzung der Studierenden zur jeweils besuchten Veranstaltung
   (Abschnitt 11.2),
3. motivationsbezogene Konstrukte der von den befragten Studierenden im
   Rahmen der Veranstaltung unterrichteten Schüler*innen (Abschnitt 11.3)
4. den von den Studierenden selbsteingeschätzten eigenen Lernzuwachs
   (Abschnitt 11.4) und
5. die von den Studierenden selbsteingeschätzte eigene Umsetzung der in der
   Veranstaltung vermittelten Methoden in der Praxis (Abschnitt 11.4).

Die Auswertungen zu den einzelnen Forschungsfragen wurden entsprechend der
Struktur der Daten jeweils mit unterschiedlichen Methoden ausgewertet. Die
Zusammenfassung der Ergebnisse gliedert sich aus diesem Grund nach den
Forschungsfragen. Dieses Kapitel schließt mit einer kritischen Reflexion der
Untersuchung.

11.1 Facetten der professionellen Kompetenz, motiviertes Lernen zu fördern

Das Erkenntnisinteresse zu den Facetten der *professionellen Kompetenz, motiviertes Lernen zu fördern* gliedert sich in zwei Fragestellungen. Zum einen wurde
untersucht, inwieweit sich, beide Untersuchungsgruppen zusammengenommen,
Veränderungen in den Facetten vor und nach Besuch der Veranstaltung zeigen
(F1.1). Die Ergebnisse zu dieser Fragestellung sind in Tabelle 11.1 in der Spalte

Haupteffekt zusammengefasst. Zum anderen wurde geprüft, ob sich die Entwicklungen zwischen den beiden Untersuchungsgruppen unterscheiden (F1.2). Die Ergebnisse zu der Einzelbetrachtung der beiden Untersuchungsgruppen finden sich in Tabelle 11.1 in den Spalten *Effekt in KG* und *Effekt in EG*. Die Überprüfung auf Interaktionseffekte zwischen den Faktoren Untersuchungsgruppe und Zeit sind in der Spalte *Interaktion* angegeben. Die jeweiligen Effektstärken können im Abschnitt 10.1 nachgelesen werden.

Die Hypothesen H1.1 i)-vi) nehmen an, dass sich Veränderungen im Verlauf des Untersuchungszeitraums zeigen. Sie beziehen sich jeweils auf eine bestimmte Facette der professionellen Kompetenz, motiviertes Lernen zu fördern:

i) Pädagogisch-psychologisches Wissen
ii) Sicherheit des pädagogisch-psychologischen Wissens
iii) Lehrer*innenselbstwirksamkeit und Selbstwirksamkeit motiviertes Lernen zu fördern
iv) Enthusiasmus für Mathematik
v) Attribution schlechter Schüler*innenleistungen
vi) Bezugsnormorientierung

Entsprechend nehmen die Hypothesen H1.2 i)-vii) eine Interaktion der Faktoren Untersuchungsgruppe und Zeit an.

Die Überprüfung der Hypothesen kommt zu den folgenden Ergebnissen (s. Tabelle 11.1): Die Hypothesen H1.1 i) – iii) und v) können aufgrund des jeweils nachgewiesenen Haupteffekts angenommen werden. Lediglich im Enthusiasmus für Mathematik (H1.1 iv)) und in der Bezugsnormorientierung (H1.1 vi)) zeigt sich keine systematische Veränderung über die Zeit. Die Hypothesen H1.2 i), iii) und iv) müssen aufgrund der ausbleibenden Interaktionseffekte abgelehnt werden, allerdings zeigt sich beim pädagogisch-psychologischen Wissen in der Einzelbetrachtung der Gruppen ein Vorteil der Experimentalgruppe. Die Hypothesen zur Sicherheit des pädagogisch-psychologischen Wissens, zur Attribution schlechter Schüler*innenleistungen und zur Bezugsnormorientierung werden angenommen.

Tabelle 11.1 Zusammenfassung der Ergebnisse der Studie zu den Facetten der professionellen Kompetenz, motiviertes Lernen zu fördern (+: positiver Effekt, /: kein Effekt, −: negativer Effekt; bei der Interaktion ist jeweils angegeben in welche Richtung er geht und welche Untersuchungsgruppe die entsprechend stärkere Ausprägung aufweist)

	Haupteffekt	Effekt in KG	Effekt in EG	Interaktion
Pädagogisch-psychologisches Wissen	+	/	+	/
Sicherheit des Pädagogisch-psychologischen Wissens	+	/	+	+ (EG)
Lehrer*innenselbstwirksamkeit	+	+	+	/
Selbstwirksamkeit motiviertes Lernen zu fördern	+	+	+	/
Enthusiasmus für Mathematik	/	/	/	/
Attribution schlechter Schüler*innenleistungen auf Probleme im Unterricht	−	−	−	/
Attribution schlechter Schüler*innenleistungen auf mangelnde Begabung	+	+	/	+ (KG)
Attribution schlechter Schüler*innenleistungen auf mangelnde Anstrengung	+	/	+	/
Individuelle Bezugsnormorientierung	/	/	+	+ (EG)
Soziale Bezugsnormorientierung	/	/	/	/

11.1.1 Pädagogisch-psychologisches Wissen und Sicherheit des Wissens

In der Gesamtschau der Ergebnisse zum pädagogisch-psychologischen Wissen und den Sicherheiten zeigt sich, dass es möglich scheint, Wissensaspekte mit einem der ausgewählten Veranstaltungsformate zu verbessern. Aufgrund einer fehlenden Basisgruppe, die keine vergleichbare Veranstaltung besucht, können diese Effekte nur eingeschränkt auf den Besuch der Veranstaltung zurückgeführt werden, allerdings scheint es vor dem Hintergrund der inhaltsnah formulierten

Wissenstestitems und der Ergebnisse zu parallel belegten psychologischen Veranstaltungen[1] plausibel hier einen Zusammenhang anzunehmen. Die Ergebnisse deuten damit in eine vergleichbare Richtung, wie die Ergebnisse von König und Seifert (2012b) und Tachtsoglou und König (2017), die den Einfluss der Lehramtsausbildung auf das allgemein-pädagogische Wissen über mehrere Semester hinweg beschrieben haben. Vor dem Hintergrund der Betonung wissensbezogener Aspekte professioneller Kompetenzen (vgl. Baumert und Kunter 2011a; Voss et al. 2015b) ist es ein Erfolg des Projekts ein exemplarisches Veranstaltungsformat beschrieben zu haben, welches es Studierenden ermöglicht sich in dieser Kompetenzfacette zu verbessern. Die Ergänzung inhaltlicher Bausteine zur Motivationsförderung in der Experimentalgruppe scheint einen positiven Einfluss auf die Sicherheit der Studierenden zu haben, mit der sie die Wissenstestitems beantworten[2] und zumindest in der Einzelbetrachtung der Untersuchungsgruppen einen Vorteil in der Vermittlung motivationsbezogenen pädagogisch-psychologischen Wissens.

Die Frage danach, inwieweit in diesem Veranstaltungskonzept die Kombination von Theorie und Praxis zu einem verbesserten Wissenszuwachs geführt hat und welche Elemente der Veranstaltung zu den Effekten geführt haben, ist vor dem Hintergrund der Datenlage und der noch nicht hinreichend belastbaren Studienlage zur Wirkung von Praxiserfahrungen auf das pädagogisch-psychologische Wissen (vgl. Voss et al. 2015b) nicht abschließend zu beurteilen.

11.1.2 Motivationale Orientierungen

Die motivationale Orientierung der Studierenden wurde über die Konstrukte *Lehrer*innenselbstwirksamkeit*, *Selbstwirksamkeit motiviertes Lernen zu fördern* und *Enthusiasmus für Mathematik* untersucht. Die Entwicklung der Selbstwirksamkeitswerte ist vor dem Hintergrund der in Abschnitt 3.3.3.1 beschriebenen

---

[1] Das Belegen einer parallelen Veranstaltung mit psychologischen Inhalten hatte in dieser Stichprobe keinen Effekt auf die Entwicklung der Wissenstest-Scores. Die Ergebnisse deuten darauf hin, dass der Lernzuwachs sowohl bei Studierenden ohne psychologische Parallelveranstaltung auftreten als auch bei denen mit Parallelveranstaltung (s. Abschnitt 10.1.1).

[2] Es wurde geprüft, inwieweit die Sicherheit bei der Beantwortung der Items mit einer Verbesserung der Punktescores zusammenhängt, um auszuschließen, dass sich die Sicherheit der Studierenden bei potenziell schlechteren Ergebnissen steigt. Die Korrelationsanalysen zeigen auf, dass bei 14 der 20 Items ein positiver Zusammenhang zwischen der Sicherheit und den Punktescores besteht. In den anderen 6 Items konnte kein Zusammenhang nachgewiesen werden. In der Tendenz sind sich die Studierenden bei besseren Ergebnissen auch sicherer.

Wirkungen einer hohen Selbstwirksamkeit auf Schüler*innenvariablen, die Unterrichtsqualität und das Wohlbefinden der Lehrkraft positiv zu bewerten. Eine
vergleichbar positive Entwicklung zeigt sich auch bei Strauß et al. (2019),
die im Vergleich von Studierenden und Referendar*innen zeigen konnten, dass
die Selbstwirksamkeit bei Referendar*innen höher ist. Sie führen dies auf den
regelmäßigen Zugang zu den Quellen der Selbstwirksamkeit zurück, wie die
Erfahrungen im eigenen Unterricht, sowie stellvertretende Erfahrungen von Men-
tor*innen und Peers (vgl. ebd.). Ulrich et al. (2020) berichten in ihrem Review zu
Effekten des Praxissemesters ebenfalls von einer Selbstwirksamkeitssteigerung.
Die zum ersten Messzeitpunkt schon hohen Mittelwerte entsprechen allerdings
nicht den Erwartungen einer realistischen Selbsteinschätzung eines*r Noviz*in.
Sie könnten auf eine Überschätzung der tatsächlichen Fähigkeiten durch die
Studierenden hindeuten, wie sie von Kruger und Dunning (1999) beschrieben
wurde. Mögliche Erklärungen für eine solche Überschätzung sind die, durch noch
fehlende Praxiserfahrung bedingte, Schwierigkeit die Herausforderungen des Lehrer*innenberufs richtig einschätzen zu können oder vorangegangene vorwiegend
positive pädagogische Vorerfahrungen (vgl. Depping et al. 2021). Eine unreflektierte Steigerung der Selbstwirksamkeit ist daher, ohne Betrachtung der jeweiligen
Bedingungsfaktoren und tatsächlichen Fähigkeiten, kritisch zu betrachten (vgl.
Schwarzer und Jerusalem 2002; Seethaler 2012; Krapp und Ryan 2002). Hohe
Selbstwirksamkeitswerte bei noch gering ausgeprägten Fähigkeiten könnten gar
keinen Effekt haben (vgl. Schwarzer und Jerusalem 2002) oder die weitere Professionalisierung der Studierenden sogar negativ bedingen, indem sie durch die
Selbstüberschätzung zu geringerer Anstrengungsbereitschaft führen (vgl. Breker
2016; Trippel 2012). Eine wichtige Ergänzung zur durchgeführten Studie wäre
ein Abgleich der Selbstwirksamkeitsfacetten mit den tatsächlichen Fähigkeiten
der Studierenden.

Da beide Gruppen gleichermaßen einen Anstieg verzeichnen, liegt die Vermutung nahe, dass der Zuwachs in den Selbstwirksamkeitsfacetten, bei aller oben
bereits thematisierter Einschränkung, eher auf die Erfahrung von begleiteter Praxis zurückzuführen ist als auf unterschiedliche theoretische Inhalte. Darauf deuten
auch die Ergebnisse von Seifert und Schaper (2018) hin, die zeigen konnten, dass
im Praxissemester das Planen und Durchführen von pädagogischen Handlungssi-
tuationen ein Prädiktor für die Veränderung von Selbstwirksamkeitserwartungen
ist. Theoriegeleitete Reflexionen der eigenen Unterrichtserfahrungen scheinen
eher geringeren Einfluss zu nehmen (vgl. ebd.). Depping et al. (2021) hingegen konnten zeigen, dass die Anzahl der Praxisphasen im Studium kein Prädiktor
für die Entwicklung der Selbstwirksamkeit ist. Vermutlich ist eine Voraussetzung
für einen Anstieg der Selbstwirksamkeit, dass die Studierenden im Rahmen ihrer

Praxisphase zu dem Fazit kommen, dass sie die nötigen Fähigkeiten besitzen, den Anforderungen zu begegnen. Dazu kommen sie eher, wenn die Praxisphase eine Herausforderung darstellt und wenn sie Zugang zu den Quellen der Selbstwirksamkeit haben (vgl. Tschannen-Moran et al. 1998). Der Herausforderungsaspekt scheint in diesem Format gegeben, da die Studierenden in der Regel zum ersten Mal eigenständig unterrichten. In dem hier untersuchten Veranstaltungskonzept konnte der zweite Aspekt durch die zahlreichen Unterstützungsmaßnahmen von Seiten der Universität und der Schule und die kleinen Fördergruppen unterstützt werden (vgl. Ulrich et al. 2020).

Die hohen Werte im Fachenthusiasmus zum ersten Messzeitpunkt sind aufgrund der positiven Wirkungen auf Merkmale von Lehrperson und Schüler*innen sowie auf die Unterrichtsqualität positiv zu bewerten (vgl. Bleck 2019; Kunter, Frenzel et al. 2011; Mahler et al. 2018). Strauß et al. (2019) und Baumert et al. (2008) berichten ebenfalls von hohen Enthusiasmuswerten für das Fach. Ob die Veranstaltung einen positiven Einfluss auf den Enthusiasmus für das Fach nehmen konnte, kann aufgrund der Deckeneffekte nicht abschließend beantwortet werden. Um diesen Deckeneffekten zu begegnen, sollte zukünftig eine mehrstufigere Skala oder stärker formulierte Items verwendet werden.

11.1.3 Überzeugungen zum Lehren und Lernen

Die motivationsbezogenen Überzeugungen der Studierenden wurden über die Konstrukte *Attributionen schlechter Schüler*innenleistungen* und die *Bezugsnormorientierung* untersucht.

Die Studierenden beider Gruppen sehen in der Antizipation vor der eigenen Praxis Probleme des Unterrichts häufiger als Ursache für schlechte Schüler*innenleistungen als später in ihrer eigenen Fördergruppe. Diese Entwicklung kann auf unterschiedliche Weisen interpretiert werden. Zum einen haben Lehrkräfte die Tendenz zur selbstwertdienlichen Ursachenzuschreibung und führen Misserfolge wie schlechte Schüler*innenleistungen eher nicht auf das eigene Handeln zurück (vgl. Jager und Denessen 2015; Burger et al. 1982; Tollefson et al. 1990). Während in der fiktiven Fördergruppe zum ersten Messzeitpunkt eine ebenfalls fiktive Mathematiklehrkraft für die schlechten Schüler*innenleistungen verantwortlich gemacht werden konnte, können die schlechten Schüler*innenleistungen zum zweiten Messzeitpunkt auch auf die eigene potenziell unzureichende Förderpraxis zurückgeführt werden. Die Entwicklung ist demnach zwar erwartungsgemäß, vor dem Hintergrund, dass schlechter Mathematikunterricht als eine Ursache für Schwierigkeiten beim Mathematiklernen identifiziert wurde (vgl. Moser Opitz 2013), ist die Entwicklung jedoch gleichermaßen problematisch. So entlastet der geringere Anteil an Attributionen auf Probleme im Unterricht die Lehrkraft möglicherweise davon Verantwortung für potenziell schlechten Unterricht zu übernehmen und daran zu arbeiten diesen zu verbessern. Zum anderen nimmt die Attribution auf Probleme des Unterrichts aus Sicht der Schüler*innen eine externale Ursache an, welche eher in einem negativen Zusammenhang mit schüler*innenseitigen motivationalen Aspekten steht (vgl. Natale et al. 2009; Upadyaya et al. 2012). Ein Rückgang der Attribution auf Probleme im Unterricht zugunsten der internalen Ursachen kann demnach positiv bewertet werden (vgl. Hsieh 2004; Wang und Hall 2018).

Während die Kontrollgruppe zum zweiten Messzeitpunkt eher Begabungen als Ursache schlechter Schüler*innenleistungen sieht, scheint die Experimentalgruppe eher mangelnde Anstrengung als Ursache zu identifizieren. Die Entwicklung der Experimentalgruppe ist aufgrund der Kontroll- und Änderungsperspektiven, die die Attribution auf die internal variable Ursache Anstrengung eröffnet, als günstiger einzuschätzen. Eine Attribution auf mangelnde Begabung im Kontext schlechter Schüler*innenleistungen ist als problematisch zu charakterisieren, weil sie den Lernenden je nach Stabilität des Begabungskonzepts wenige oder keine Perspektiven eröffnet, etwas an den schlechten Leistungen ändern zu können und somit einen negativen Einfluss auf die Selbstwirksamkeit nehmen kann (Schwarzer und Jerusalem 2002; Wang und Hall 2018). Insgesamt scheint es möglich die Attributionen schlechter Schüler*innenleistungen der Studierenden positiv zu beeinflussen.

Die Entwicklung in der Experimentalgruppe hin zu einer stärkeren Orientierung an der individuellen Bezugsnorm ist wegen der motivationalen Vorteile der individuellen Bezugsnorm (vgl. Abschnitt 3.3.4.1) insbesondere für leistungsschwache Schüler*innen günstig zu bewerten. Diese positive Entwicklung ist vor dem Hintergrund der Studien von Rheinberg (1982b) überraschend. Dieser konnte zeigen, dass sich über die 1,5 Jahre der Ausbildungszeit nur bei wenigen Studierenden ein Wechsel zur individuellen Bezugsnormorientierung nachgewiesen werden konnte. Eine Erklärung für die abweichenden Ergebnisse in dieser Untersuchung könnte sein, dass es Studierenden in Förderkontexten leichter fällt, individuelle Bezugsnormen zu verwenden. Es bleibt zu prüfen, inwieweit die Bewertungen der konstruierten Schüler*innenleistungen für die Praxis handlungsleitend werden und Effekte auf Schüler*innenebene bedingen (vgl. Fischbach et al. 2015).

11.2 Bewertung der Maßnahmen auf Studierendenebene

Die Einschätzungen der Studierenden zu der jeweils besuchten Veranstaltung wurden aufgrund des Zusammenhangs zu Teilnahmebereitschaft, Wissenszuwachs, Änderungen in den Überzeugungen und dem Verhalten der teilnehmenden Studierenden untersucht (vgl. Abschnitt 3.4). Hier stellte sich die Frage, wie sich die Bewertungen der Studierenden zwischen dem explizit auf Motivationsförderung im Förderkontext zugeschnittenen Veranstaltungskonzept im Vergleich zu dem strukturell ähnlichen Seminar zu den Grundlagen der Diagnose und individuellen Förderung ohne expliziten Anteil motivationspsychologischer Inhalte unterscheiden. Als Kriterien wurden die Anwendbarkeit der Inhalte in der Praxisphase und in der Zukunft, die Darstellung der Inhalte sowie die Nützlichkeit und die Interessantheit der Inhalte erfasst. Es zeigt sich mit einer Ausnahme in allen Bewertungskriterien deutliche Effekte zugunsten der Experimentalgruppe. Die Interessantheit der Inhalte bewerten die Studierenden vergleichbar. Die Hypothese H2 kann bestätigt werden. Diese Ergebnisse auf der Ebene der Reaktionen von teilnehmenden Lehrkräften deuten auf eine Überlegenheit des Veranstaltungskonzepts mit expliziter Vermittlung motivationspsychologischer Inhalte hin (vgl. Lipowsky und Rzejak 2012).

11.3 Effekte auf Schüler*innenebene

Auf Ebene der Schüler*innen stellen sich drei zentrale Forschungsfragen.

- Erstens wurde danach gefragt wie sich die Ausprägung und Entwicklung in den motivationalen Schüler*innen-Variablen zwischen den Schüler*innen der teilnehmenden Studierenden einerseits und Schüler*innen aus Regelklassen andererseits unterscheidet.
- Zweitens wurde danach gefragt, inwieweit sich die Entwicklungen der motivationalen Variablen zwischen den Untersuchungsgruppen Kontroll- und Experimentalgruppe unterscheiden.
- Drittens wird danach gefragt, wie viele der Schüler*innen der drei Untersuchungsgruppen Erfolgserlebnisse im Untersuchungszeitraum berichten.

Die Ergebnisse zur ersten Forschungsfrage werden in Tabelle 11.2 zusammengefasst. Die Hypothese H3.1 wird zumindest für die Konstrukte Selbstkonzept und Anstrengungs-Erfolgs-Überzeugungen angenommen. Die Ergebnisse deuten darauf hin, dass durch die zusätzliche Förderung durch die geschulten Studierenden

Tabelle 11.2 Zusammenfassung der Ergebnisse der Schüler*innendaten zu Forschungsfrage 3.1 zu den motivationalen Variablen der Schüler*innen im Vergleich der geförderten Schüler*innen (KG und EG zusammen) und der Regelklassengruppe (es ist jeweils angegeben, in welcher der untersuchten Gruppen die Ausprägung signifikant höher ist; / bedeutet, dass kein signifikanter Unterschied zwischen den Gruppen nachgewiesen wurde)

	Vor der Förderung	Nach der Förderung
Selbstwirksamkeit	RG	RG
Selbstkonzept	RG	/
Anstrengungs-Erfolgs-Überzeugungen	RG	/

bestehende Unterschiede hinsichtlich motivationaler Variablen zwischen Schüler*innen mit Schwierigkeiten beim Lernen zum Teil aufgelöst werden können. Die ausbleibenden Veränderungen in der Selbstwirksamkeit überraschen vor dem Hintergrund der expliziten Auslegung des inhaltlichen Veranstaltungskonzepts in der Experimentalgruppe auf das Selbstwirksamkeitskonzept. Ursachen dafür können in einer für die Untersuchung von Schüler*innen mit Lernschwierigkeiten ungeeigneten Skala sein. Die Schüler*innen könnten sich trotz individueller Verbesserung noch immer nicht in der Lage dazu sehen, den Herausforderungen des Mathematikunterrichts gewachsen zu sein. Dadurch könnte eine Veränderung in den Items der Selbstwirksamkeitsskala ausbleiben. Eine weitere mögliche Ursache ist, dass für einen Effekt einer Lehrveranstaltung bis auf die Ebene der Schüler*innen Intensität und Umfang zu gering gewählt wurden (vgl. Lipowsky und Rzejak 2012). Es scheint vor diesem Hintergrund angemessen, Siefer et al. (2020) folgend, das Selbstwirksamkeitskonstrukt differenzierter und insbesondere gemeinsam mit den tatsächlichen Fähigkeiten zu erheben. Ebenfalls überraschend ist der Anstieg im Selbstkonzept der Schüler*innen in beiden Untersuchungsgruppen vor dem Hintergrund des geringen zeitlichen Anteils der Förderung am alltäglichen (Schul-)leben der Schüler*innen, so wäre es zu erwarten, dass negative soziale Vergleiche im Regelunterricht dazu führen könnten, dass die Effekte der Förderung in den Hintergrund rücken (vgl. Marsh 2005). Der Anstieg im Selbstkonzept könnte auf das regelmäßige Kompetenzerleben, die Kompetenzsteigerung und den Big-Fish-Little-Pond-Effekt im Förderunterricht zurückgeführt werden, welches unter anderem durch niveauangepasste Aufgaben bzw. das geringere Leistungsniveau im Vergleich zur Klassengruppe ermöglicht wird (vgl. Gold 2018). Das inhaltliche Modul zur Individualisierung von Lernwegen wurde in der Veranstaltung in beiden Untersuchungsgruppen explizit geschult. Die Steigerung der mathematischen Kompetenzen könnte dazu führen, dass die Schüler*innen im Vergleich mit der Klassenbezugsgruppe weniger schlecht abschneiden und so das Selbstkonzept gesteigert werden kann (vgl. ebd.).

Tabelle 11.3 Zusammenfassung der Ergebnisse der Schüler*innendaten zu Forschungsfrage 3.2 zum Vergleich der Schüler*innen beider Untersuchungsgruppen (+: positiver Effekt, /: kein Effekt, −: negativer Effekt; bei der Interaktion ist jeweils angegeben in welche Richtung er geht und welche Untersuchungsgruppe die entsprechend stärkere Ausprägung aufweist)

	Haupteffekt	Effekt in KG	Effekt in EG	Interaktion
Selbstwirksamkeit	/	/	/	/
Selbstkonzept	+	+	+	/
Anstrengungs-Erfolgs-Überzeugungen	+	+	/	+ (KG)

Die Ergebnisse zu Forschungsfrage 3.2 werden in Tabelle 11.3 zusammengefasst. Die Hypothese H3.2 nimmt eine unterschiedliche Entwicklung zwischen den beiden Untersuchungsgruppen an und kann demnach nur für die Anstrengungs-Erfolgs-Überzeugungen angenommen werden. Die Ursachen für diesen unerwarteten Zusammenhang sind unklar. Die ansonsten gleichförmige Entwicklung zwischen den beiden Untersuchungsgruppen deutet an, dass die inhaltliche Nähe der Lehrveranstaltungen in der Experimental- und Kontrollgruppe möglicherweise zu hoch ist, um untersuchungsgruppenspezifische Entwicklungen zu bedingen.

Den Abschluss der Auswertungen zu den Schüler*innen-Daten bildet der Vergleich von Häufigkeiten berichteter Erfolgserlebnisse im Rahmen des Untersuchungszeitraums. Die Ergebnisse deuten darauf hin, dass die Studierenden, die eine explizite Schulung motivationsbezogener Inhalte erhielten, besser dazu in der Lage sind, ihre Förderung so zu gestalten, dass Schüler*innen mit Schwierigkeiten beim Lernen zumindest ein Erfolgserlebnis haben. Dieses Ergebnis ist vor dem Hintergrund der Quellen für Selbstwirksamkeitserwartungen (vgl. Abschnitt 2.2.1) von besonderer Bedeutung. Regelmäßige selbstbewirkte Erfolgserlebnisse sind die zentrale Quelle für Selbstwirksamkeitsüberzeugungen (vgl. Bandura 1997; Schunk und DiBenedetto 2016). Das Ausbleiben der Entwicklung im Selbstwirksamkeitskonstrukt sind vor diesem Hintergrund nach wie vor überraschend, können aber begründet werden (s. o.).

11.4   Lernerfolge und Nutzung der Methoden in der Praxis

Um die selbstberichteten Lernerfolge zu erfassen, schätzten die Studierenden ihren Lernzuwachs zunächst in sechs motivationsspezifischen Lernbereichen ein und beschrieben anschließend darüberhinausgehende Lernzuwächse. Die Lernerfolge in den motivationsspezifischen Lernbereichen unterscheiden sich nicht zwischen den Untersuchungsgruppen. Sie umfassen verschiedene Aspekte der Planung und Durchführung motivationsförderlichen Unterrichts. Die Betrachtung der wichtigsten Lernzuwächse legt den Fokus der Studierenden auf das Wahrnehmen von Motivationslagen und die Planung von motivationsförderlichem Unterricht offen. Diese Bereiche sind für Studierenden im ersten Praktikum mit großem eigenen Lehranteil angemessen (vgl. Hettmann et al. 2019). Den geringsten Lernzuwachs berichten die Studierenden im Bereich der Nutzung von Motivationstheorien für den Unterricht. Für eine Weiter- und Neuentwicklung vergleichbarer Veranstaltungsformate gilt es zu prüfen, inwieweit die Möglichkeiten zur Nutzung von Motivationstheorien in der Praxis durch die Studierenden noch weiter forciert werden können. Ansätze des Forschenden Lernen könnten hier gewinnbringend sein (vgl. Hettmann et al. 2020; Kleine und Castelli 2017; Wellensiek et al. 2017).

Darüber hinaus berichten die Studierenden weitere Lernzuwächse in den Bereichen Motivationsförderung, Unterrichtsgestaltung, Individualisierung und Lehrer*innen-Schüler*innen-Beziehung, eigene Professionalisierung sowie Schüler*innenkognitionen. Die Studierenden führen ihre Lernzuwächse auf die praktischen Erfahrungen in der Förderung der Schüler*innen, die theoretischen Inhalte des Blockseminars, das Reagieren auf Motivationsprobleme und den persönlichen Kontakt zu den Schüler*innen zurück. Aus Sicht der Studierenden werden somit alle Elemente des Veranstaltungskonzepts mehrfach als ursächlich für den Lernerfolg benannt.

Im Rahmen von wöchentlichen Online-Befragungen haben die Studierenden ihre Nutzung der Veranstaltungsinhalte in der Praxis berichtet. Hier zeigt sich, dass die Studierenden die im Blockseminar vermittelten Methoden nach eigener Einschätzung in ihren Förderstunden nutzen. Am häufigsten wurden Attributionales Feedback, Formen Qualitativer Diagnostik und Methoden der individuellen Förderung genutzt. Bei den Methoden der individuellen Förderung dominieren Spiele. Dies spiegelt sich auch in den videografierten Unterrichtsstunden (vgl. Kapitel 12) wider. Die Auswertungen hinsichtlich der Lernerfolge und genutzten Methoden geben einen Einblick in die Schwerpunktsetzung der Teilnehmer*innen und bieten somit einen Ansatzpunkt zur gezielten Weiterentwicklung des Veranstaltungsformats.

11.5 Kritische Reflexion der Untersuchung

Betrachtet man die Ergebnisse über die Forschungsfragen hinweg, lässt sich insbesondere bei den Vergleichen von Kontrollgruppe und Experimentalgruppe beobachten, dass sich nur wenige Interaktionseffekte nachweisen lassen und diese dann meist nur kleine Effektstärken haben. Für dieses Phänomen gibt es zwei Erklärungsansätze. Der erste zielt auf die Kontrollgruppe. Die zum Teil signifikanten Zuwächse in der Kontrollgruppe und die ausbleibenden Interaktionseffekte deuten darauf hin, dass die Veranstaltung in der Kontrollgruppe bereits wichtige Kompetenzfacetten abgedeckt und gefördert hat. Für die reine Ergänzung motivationspsychologischer Inhalte bei sonst vergleichbarer Veranstaltungskonzeption, wie sie die Experimentalgruppe von der Kontrollgruppe unterscheidet, sind die Effekte demnach größtenteils erwartungsgemäß. Der andere Erklärungsansatz zielt auf die Studierendenstichprobe. Für die meisten der Studierenden ist der Förderunterricht die erste Gelegenheit sich selbst in der Rolle einer Lehrkraft wiederzufinden und für eine Gruppe von Schüler*innen gezielt Unterricht zu planen. Es ist denkbar, dass der Großteil ihrer zur Verfügung stehenden Ressourcen für andere Aspekte als die Förderung von Motivation beansprucht werden, wie den Umgang mit Störungen und Konflikten, das Gestalten von Interaktionen mit Schüler*innen, die eigene Körperhaltung oder das Einhalten des Zeitplans. Der zusätzliche Fokus auf die Förderung individueller Motivation könnte eine Überforderung darstellen.

Darüber hinaus sind die zentralen beschränkenden Faktoren dieser Arbeit die Stichprobenauswahl, die zur Verfügung stehende Erhebungszeit und das Fehlen einer Basisgruppe, die nicht eine vergleichbare Veranstaltung besucht. Eine Analyse der Gütekriterien der verwendeten Instrumente wurde bereits in Kapitel 8 durchgeführt.

Die Stichprobe besteht aus nahezu allen Studierenden, die zwischen dem Wintersemester 2016/2017 und dem Sommersemester 2018 die berufsfeldbezogene Praxisstudie in Mathematik am Standort Bielefeld besucht haben. Dabei bildet die erste Kohorte die Kontrollgruppe und die drei darauffolgenden die Experimentalgruppe. Die Stichprobe ist dementsprechend nicht randomisiert und konnte aufgrund des begrenzten Projektzeitrahmens in der Anzahl nicht weiter gesteigert

werden. Die Verallgemeinerung der Ergebnisse auf andere Standorte und Studierendengruppen ist demnach nur eingeschränkt möglich (vgl. Bortz und Böring
2006).

Dadurch, dass die Erhebung im Rahmen der Veranstaltungstage durchgeführt
wurde, war die zur Verfügung stehende Zeit für die Pre- und Post-Erhebung
begrenzt. Dies wirkte sich insbesondere auf die Auswahl und Anzahl der Skalen
und Items aus. Insbesondere die Facetten des Fachwissens und Fachdidaktischen Wissens wurden aus diesem Grund ausgespart. Für eine umfangreichere
Untersuchung der Kompetenzfacetten, wäre eine Auslagerung der Pre- und
Post-Erhebungen nötig gewesen, die sich jedoch gegebenenfalls negativ auf
die Teilnehmer*innenmotivation ausgewirkt hätte. Die Integration in die Veranstaltungstage hatte einen weiteren Nachteil. Die Bearbeitung eines kognitiv
anspruchsvollen Fragebogens ohne Bearbeitungsfeedback ist aus motivationaler
Perspektive und im Hinblick auf etwaige Ermüdung ein ungünstiger Einstieg in
ein mehrtägiges Blockseminar.

Eine weitere Grenze der Untersuchung ist das Fehlen einer Basisgruppe auf
der Ebene der Studierenden. Eine solche Basisgruppe könnte aus Mathematik-
Lehramtsstudierenden im vergleichbaren Semester bestehen mit vergleichbaren
mathematikdidaktischen und pädagogisch-psychologischen Vorwissen, welche
kein entsprechendes Veranstaltungsformat mit Praxisphase besuchen. Es war aus
organisatorischen Gründen nicht möglich eine solche Gruppe zusammenzustel-
len. Dadurch können die Ergebnisse zur Entwicklung der Studierendengruppe
über die Zeit nicht mit einer Basislinie verglichen werden und strenggenommen
nicht auf die Intervention zurückgeführt werden. Aufgrund der Bedeutsamkeit
der Praxisphasen im Lehramtsstudium wird dieser Zusammenhang ungeachtet
dessen bei aller Vorsicht angenommen. Für eine Einschätzung der Nachhaltig-
keit der Entwicklungen hätte eine Follow-Up Untersuchung durchgeführt werden
können.

Weitere Einschränkungen bestehen in möglichen Messfehlern. Diese können potentiell durch den Wechsel einzelner Dozent*innen oder der sozialen
Erwünschtheit einzelner Antworten beispielsweise bei der Bezugsnormorientierung und bei den Selbstberichten zur Nutzung der Methoden aus dem
Blockseminar in der Praxis bedingt sein (vgl. Fisher und Katz 2000; Stocké
2004). Weitere mögliche Messfehler sind das Auftreten von Deckeneffekten und
der Novizen-Status der Lehramtsstudierenden, wodurch die Studierenden in die
Lage gebracht werden, ihre Fähigkeiten in Bereichen einschätzen zu müssen, in
denen sie im Zweifelsfall noch gar keine Erfahrungen machen konnten.

Trotz der genannten Einschränkungen leistet diese Studie einen wichtigen Beitrag zur Erforschung professioneller Kompetenzen von Lehrkräften im Bereich

der Förderung von individueller Motivation in Förderkontexten. Sie bietet, neben einem anforderungsorientierten Kompetenzmodell und einer umfassenden Erforschung von Kompetenzständen angehender Mathematiklehrkräfte und deren Entwicklung im Rahmen des Besuchs einer Veranstaltung mit Praxisanteil, ein evaluiertes Veranstaltungskonzept zur Förderung von Facetten der KMLF.

Der Fokus auf Förderkontexte lässt sich mit Einschränkungen auf inklusive Settings verallgemeinern. In inklusiven Settings müssen Schüler*innen mit Schwierigkeiten beim Mathematiklernen zeitgleich zu einer heterogenen Schüler*innengruppe individuell gefördert werden. Dabei gelten vergleichbare Prinzipien der Motivationsförderung. Allerdings werden beispielsweise aufgrund des höheren Selektionsdrucks und der damit einhergehenden häufigeren Anwendung sozialer Bezugsnormen sowie aufgrund zeitlichen Mangels die Möglichkeiten individueller Förderung eingeschränkt sein. Für die Schüler*innen eröffnen sich durch den vermehrten sozialen Vergleich mehr motivationale Problemfelder beispielsweise in Bezug auf das Selbstkonzept.

11.6 Zwischenfazit

Zusammenfassend deuten die Ergebnisse der quantitativen Studie darauf hin, dass es möglich ist, im Rahmen eines universitären Veranstaltungskonzepts mit Praxisphase, einzelne Facetten der professionellen Kompetenz, motiviertes Lernen zu verbessern. Insbesondere in den Bereichen pädagogisch-psychologisches Wissen, Lehrer*innenselbstwirksamkeit, Attributionen schlechter Schüler*innenleistungen und Bezugsnormorientierung ließen sich in mindestens einem der untersuchten Veranstaltungsformate positive Veränderungen beobachten. Die Adaption des bestehenden Veranstaltungskonzepts hin zu einer expliziteren Vermittlung motivationstheoretischer Inhalte konnte insbesondere in den Bereichen Sicherheit des Professionswissens, Akzeptanz der Studierenden, Attributionen schlechter Schüler*innenleistungen und Bezugsnormorientierung Vorteile für die Studierenden ermöglichen. Die Studierenden berichten nach beiden Veranstaltungskonzepten erwartete Lernerfolge und führen diese auf die Elemente des Veranstaltungskonzeptes zurück. Außerdem nutzen sie nach Selbstbericht die eingesetzten Methoden in ihrem Förderunterricht.

Auf der Ebene der Schüler*innen zeigten sich differenzierte Ergebnisse. Zum einen zeigen sich vor der Förderung erwartete Unterschiede zwischen Schüler*innen aus Regelklassen und Schüler*innen mit Schwierigkeiten beim Mathematiklernen, die von ihren Mathematiklehrkräften für eine Förderung ausgewählt wurden. Die zum ersten Messzeitpunkt gefundenen Unterschiede konnten mit Ausnahme der Selbstwirksamkeit im zeitlichen Rahmen der Förderung aufgelöst werden. Besonders positive Effekte zeigten sich für die Schüler*innen in den Fördergruppen im Selbstkonzept. Die Integration expliziter psychologischer Elemente in das Veranstaltungsformats zeigte auf Ebene der Schüler*innen keine positiven Effekte im Vergleich zum ursprünglichen Veranstaltungskonzept, sondern in einzelnen Facetten eher einen kleinen Nachteil. Für die Schüler*innen der Experimentalgruppe, deren Studierenden das Veranstaltungskonzept mit expliziter Vermittlung motivationspsychologischer Elemente besuchten, konnte jedoch ein Vorteil hinsichtlich der berichteten Erfolgserlebnisse verzeichnet werden. Den Studierenden der Experimentalgruppe scheint es in ihrem Förderunterricht häufiger als den Studierenden der Kontrollgruppe und als praktizierenden Lehrkräften im Regelunterricht zu gelingen, den Schüler*innen Erfolgserlebnisse zu ermöglichen.

Die Analyse der quantitativen Fragebogen-Daten eröffnet weitere Fragen, die im Folgenden mit einem Blick in die qualitativen Video-Daten bearbeitet werden. Insbesondere stellen sich die Fragen, wie sich die KMLF in der Praxis zeigt, also wie die Studierenden ihren Unterricht gestalten und mit welchen Handlungen sie ihre Schüler*innen unterstützen und welchen Anforderungen, die über die theoretischen Analysen hinausgehen, die Studierenden tatsächlich gegenüberstehen. Mit dem Fokus auf Unterstützungshandlungen zielen die folgenden Kapitel darauf, diese Fragen zu klären.

Methode für Studie 2

12

Zur Beantwortung der in Abschnitt 5.2 dargestellten Forschungsfrage

Welche Handlungsmuster und Strukturen lassen sich in Unterstützungssituationen bei der Förderung leistungsschwacher Schüler*innen durch angehende Mathematiklehrkräfte identifizieren?

wurden Unterrichtsstunden von Studierenden der Experimentalgruppe für eine Annäherung an die Unterrichtsrealität videografiert und ausgewertet. Der zentrale Fokus liegt dabei auf Unterstützungssituationen im Rahmen des Förderunterrichts. Es werden Unterstützungsmuster identifiziert und beschrieben, mit denen solche Unterstützungssituationen klassifiziert werden können. Über die Identifikation und Analyse der Unterstützungsmuster hinaus soll ein Einblick in weitere mögliche Einflussfaktoren für das Gelingen von Unterstützungssituationen gegeben werden. Von besonderer Bedeutsamkeit für gelungene Unterstützungssituationen erscheinen besonders die Form der Kommunikation und die Materialauswahl (s. Abschnitt 2.3 und Kapitel 4). Anhand von Fallbeispielen werden Einblicke in die beiden Aspekte ermöglicht und illustriert.

Im folgenden Kapitel wird zuerst das Vorgehen bei der Datenerhebung und -auswertung beschrieben (Abschnitt 12.1) und ein Einblick in den strukturellen Aufbau von Unterstützungssituationen gegeben (Abschnitt 12.2).

© Der/die Autor(en) 2022
M. Hettmann, *Motivationale Aspekte mathematischer Lernprozesse*,
Bielefelder Schriften zur Didaktik der Mathematik 7,
https://doi.org/10.1007/978-3-658-37180-7_12

12.1   Datenerhebung und -auswertung

12.1.1 Entstehung des Datenkorpus

Im Rahmen des in Kapitel 6 beschriebenen Veranstaltungskonzepts wurden etwa
zur Mitte der Förderzeit in den beteiligten Gruppen einer der drei Kooperationsschulen ein bis zwei Förderstunden videografiert. Die Schüler*innengruppen
an dieser Kooperationsschule stammen jeweils aus einer Klasse und wurden von
ihren Mathematiklehrkräften danach zusammengestellt, dass alle einen Bedarf
an zusätzlicher mathematischer Förderung haben und die Schüler*innen sich
untereinander kennen und verstehen. Im Förderkonzept der Schule sind sog. Trai-
ningsstunden in den Hauptfächern fest verankert, in denen die Schüler*innen im
Klassenverband in selbstständiger Arbeit die Inhalte vertiefen oder nacharbeiten
können. Die Schüler*innen der Fördergruppen haben statt an den Trainingsstun-
den am Förderunterricht teilgenommen. Sie mussten also keine zusätzliche Zeit
investieren.

Der Termin für die Videoaufnahme wurde mit den Studierenden abgesprochen
und es wurde mit ihnen vereinbart, dass sie die ohnehin geplante Förderstunde
durchführen sollen. Die Schüler*innen wurden mit dem Einverständnis ihrer
Eltern von ihren Förderlehrer*innen über die Videoaufnahme und entsprechende
Hinweise zur Anonymisierung der Daten informiert. Der Forschende (I in Abbildung 12.1) war als nicht-teilnehmender Beobachter zu jedem Zeitpunkt mit im
Raum und nahm keinen Einfluss auf die Fördersitzung.

Gefilmt wurde mit zwei Kameras, von denen eine auf die Lehrkräfte (B1 und
B2) und die Tafel gerichtet war und die andere auf die Schüler*innen (S1-S6), die
entweder in Reihen oder an Gruppentischen saßen (s. Abbildung 12.1). Darüber
hinaus wurde mit einem weiteren Audio-Aufnahmegerät auf jedem Gruppentisch
versucht, auch leise Interaktionen aufzuzeichnen. Für die weiteren Auswertungs-
schritte, wie die Transkription, wurden beide Kameraperspektiven in einem Video
zusammengeschnitten, sodass für die Transkription und Auswertung stets beide
Ansichten präsent waren.

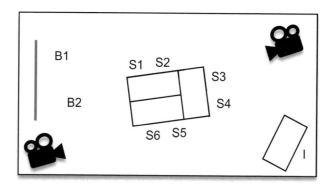

Abbildung 12.1 Erhebungssetting Videos, B1/B2 sind die Förderlehrkräfte, S1-S6 die Schüler*innen und I der Forscher

12.1.2 Beschreibung des Datenkorpus

Insgesamt wurden neun Unterrichtsvideos der Länge von 00:46:10 bis 01:01:11 Stunden mit ergänzenden Audioaufnahmen erstellt. In fünf der Unterrichtsstunden fördern zwei Förderlehrer*innen gemeinsam zwischen vier und sechs Schüler*innen mit mathematischem Förderbedarf. In den anderen 2×2 Videos fördert jeweils eine Lehrkraft zwischen zwei und vier Schüler*innen in zwei Unterrichtsstunden. In Tabelle 12.1 ist ein Überblick über die Videos gegeben.

Zusätzlich wurden die Planungsunterlagen der Lehrkräfte gesammelt. Diese umfassen einen Dokumentationsbogen (Thema, Ziel, Begründung des Themas, eingesetzte Materialien, Begründung der Material- und Methodenwahl), einen Stundenverlaufsplan und die eingesetzten Materialien, wie Arbeitsblätter oder Spielmaterialien. Da die Studierenden diese für die Erbringung der Studienleistung ohnehin erstellen mussten, hatten sie dadurch keinen Mehraufwand.

Tabelle 12.1 Übersicht über den Datenkorpus

Förder lehrkraft	Anzahl S*S	Thema der Stunde	Kurzer Verlaufsplan	Länge des Videos
Elif und Johannes	6	Multiplikation im kleinen Einmaleins	• Lehrer*innenvortrag mit Tafelbild zur *Multiplikation als wiederholte Addition* • Würfelspiel zum *Kleinen Einmaleins* • 10 Minuten Einmaleins-Test	00:52:12
Anna und Sophie	5	Subtraktion mit mehreren Subtrahenden	• Schnipselspiel (Subtraktionsaufgabe in die richtige Reihenfolge bringen) • Drei Aufgaben zur schriftlichen Subtraktion mit mehreren Subtrahenden inkl. Vorrechnen an der Tafel • Mathefußballspiel (in schriftlichen Subtraktionen mit mehreren Subtrahenden müssen Lücken gefüllt werden)	00:56:44
Hanna und Emily	5	Große Zahlen	• Einstiegsspiel: Eckenrechnen • Arbeit an einer Lerntheke zum Thema *Große Zahlen* • Spiel: *Zahlen raten* (Schüler müssen sich einer bestimmten Zahl immer weiter annähern und bekommen jeweils die Hinweise ‚hoch‘ oder ‚tief‘) • Reflexions-Runde	00:54:23
Ann-Christin und Jannis	4	Schriftliche Addition	• Erstellen eines Lernposters zur schriftlichen Addition inkl. Präsentationsphase • Gemeinsames Besprechen des Übertrags • Bearbeiten eines ABs zur schriftlichen Addition • Puzzlespiel zur Addition • Feedback-Runde	00:53:57

(Fortsetzung)

Tabelle 12.1 (Fortsetzung)

Förder lehrkraft	Anzahl S*S	Thema der Stunde	Kurzer Verlaufsplan	Länge des Videos
Benjamin und Britta	6	Schriftliche Multiplikation	• Reflexion der geschriebenen Klassenarbeit • Basteln eines Buddy-Books (Merkheft) inkl. Eintrag über Addition und Subtraktion • Unterrichtsgespräch zur Schriftlichen Multiplikation • Bearbeiten eines Arbeitsblattes zur Schriftlichen Multiplikation	00:46:10
Anika 1	3	Schriftliche Subtraktion	• Wiederholung der letzten Stunde • Spiel *Magische Zahl* (von einer Ausgangszahl müssen immer 7 subtrahiert werden) • Selbstständiges Arbeiten an Aufgabenblättern • Memoryspiel zur Subtraktion	00:58:27
Anika 2	4	Division	• Wiederholung der letzten Stunde • Lehrer*innenvortrag: Teilbarkeiten • Divisionsspiel (Würfelspiel mit Aufgabenkarten) • Reflexions-Runde	00:54:06
Lisann 1	2	Halbschriftliche Division	• Bearbeiten von Arbeitsblättern zum *Halbschriftlichen Dividieren* • Unterrichtsgespräch zum *Halbschriftlichen Dividieren* • Reflexionsrunde	00:59:19
Lisann 2	3	Kleines Einmaleins	• Kopfrechenspiel: *Einmaleins-Aufgaben würfeln* • Auswendiglernen und Aufsagen von Einmaleins-Reihen • Dominospiel zum kleinen Einmaleins	01:01:11

12.1.3 Aufbereitung des Datenkorpus

In einem ersten Schritt wurden die Videos der Unterrichtsstunden mithilfe des Transkriptionsprogramms f4 nach Kuckartz (2018) transkribiert, vereinheitlicht und in MAXQDA importiert. Anschließend wurden die Transkripte dem Verfahren der Qualitativen Inhaltsanalyse (vgl. ebd.) folgend in einer initiierenden Textarbeit durchgearbeitet und zusammengefasst.

Als Analyseeinheiten wurden Unterstützungs*situationen* festgelegt, also vollständige Interaktionen, in denen mindestens eine Lehrkraft mit mindestens einer*m Schüler*in ein oder mehrere Probleme ggf. zergliedert in Teilprobleme bearbeitet (vgl. Abschnitt 12.2). Alle anderen Stellen, z. B. Spielsituationen, in denen keine Probleme auftreten, Reflexionsrunden oder Lehrervorträge ohne Schüler*innenbeteiligung, wurden von der weiteren Analyse ausgeschlossen. Insgesamt wurden 193 Unterstützungssituationen identifiziert. Dabei ist zu beachten, dass es gemäß des Fokus der Forschungsfrage nur um die von den Lehrkräften ausgehenden Unterstützungsmaßnahmen geht und die von Mitschüler*innen ausgehenden Hilfestellungen ausgeblendet werden.

In einem ersten Kodierprozess des gesamten Materials wurde versucht, deduktiv mittels der in Zech (2002) dargestellten Formen von Hilfestellungen für das Problemlösen[1] als Hauptkategorien ganze Unterstützungssituationen zu kodieren. Bei diesem Kodierprozess sind drei Schwierigkeiten aufgetreten. Erstens waren die Kategorien von Zech (2002) für die Analyse realer Unterstützungssituationen nicht konkret genug operationalisiert, zweitens konnten nicht alle Unterstützungssituationen danach beschrieben werden und drittens hat es die Komplexität der Unterstützungssituationen erschwert, jeder Unterstützungssituation eine einzelne Kategorie zuzuordnen.

Als Reaktion auf die aufgetretenen Schwierigkeiten wurde zum einen für den weiteren Kodierprozess ein induktiveres Verfahren angestrebt, um auch offen für neue Kategorien zu sein. Und zum anderen wurden in einem weiteren theoretischen Schritt Unterstützungssituationen im Allgemeinen hinsichtlich ihrer strukturellen Merkmale analysiert und beschrieben (vgl. Abschnitt 12.2). Dadurch ergaben sich Folgen für das weitere Vorgehen:

---

[1] Da in den Überstützungssituationen nur bedingt mathematisches Problemlösen im engeren Sinne betrieben wird, konnte davon ausgegangen werden, dass die Hilfestellungen nach Zech (2002) nur zum Teil auf die Daten anwendbar sind.

- Erstens wurden nicht mehr ganze Unterstützungssituationen, sondern darin enthaltene Unterstützungs*muster* kodiert, in denen die Lehrkräfte ihre Schüler*innen auf eine bestimmte Art und Weise unterstützen. Innerhalb einer Unterstützungssituation können somit mehrere Unterstützungsmuster auftreten und kodiert werden.
- Zweitens wurden die Unterstützungssituationen in den Videos präziser charakterisiert, indem über das Unterstützungsmuster hinaus Anlass, Art des Problems, personeller Rahmen, Lernmaterial und Kommunikationsmuster kodiert wurden.

Die zusätzliche genauere Beschreibung der Unterstützungssituationen und die Analyse der Unterstützungs*muster* gestaltete sich vergleichbar zur induktiven Bestimmung von Subkategorien am Material nach Kuckartz (2018, S. 116ff). In mehreren Kodierdurchgängen durch das gesamte Material wurde der im Anhang einsehbare Kodierleitfaden induktiv entwickelt. Zur Überprüfung des Kodierrasters auf Intercoder-Reliabilität wurden von zwei Kodierern[2] je ca. 18 % des Materials (entspricht 35 Unterstützungssituationen) kodiert. Als Maß der Übereinstimmung wurde jeweils Cohens Kappa berechnet. Die Kappa-Werte betragen 0,733 und 0,681 und liegen mit Landis und Koch (1977) im Rahmen einer substantiellen Übereinstimmung. Den Abschluss bildete ein letztes Kodieren des gesamten Materials mithilfe des fertigen Kategorienrasters. Die identifizierten Handlungsmuster werden in Abschnitt 13.2 dargestellt und erläutert.

---

[2] Jeweils ein*e Vertreter*in der Mathematikdidaktik und der Psychologie der Bildung und Erziehung.

12.1.4 Darstellung des Kategorienrasters

Tabelle 12.2 Kategorienraster

Kategorie	Kodierregel	Ankerbeispiel
Unterstützung durch Klassenführung	LK sorgt durch Maßnahmen der Klassenführung für Ruhe oder unterbindet Störungen. Die Maßnahmen können sowohl auf S*S bezogen sein, die selbst zurück zur Arbeit geführt werden sollen oder auf S*S, die andere S*S vom Arbeiten abhalten.	*(S4 berechnet die Aufgabe acht mal sieben und ist dabei bereits einmal gescheitert)* **B:** *Was ist denn acht mal sieben, wenn du ganz scharf nach denkst?* **S5:** *Acht mal sieben.* **S2:** *Wenn acht mal acht 64 sind was sind* **B1:** *(unterbricht S2)* Psst.
Motivationaler Zuspruch	LK spricht mit den S*S über deren Motivation oder über motivationsbezogene Aspekte, wie Ursachen für gute und schlechte Leistungen, Selbstkonzepte, Umgang mit Misserfolgen oder die Formulierung positiver Erwartungen. Die Unterstützung kann ein einfacher Zuspruch oder ein Gespräch über motivationale Aspekte sein.	*(im Plenum rechnen die Schüler*innen an der Tafel einzeln jeweils eine Spalte von Subtraktionsaufgaben mit mehreren Subtrahenden vor, S2 hat als Einziger noch nicht vorgerechnet)* **B1:** *Eine Aufgabe ist noch übrig. S2 möchtest du es nicht auch einmal versuchen mit den Einern? (S2 nickt)* Wir würden dir auch auf jeden Fall helfen und die anderen bestimmt auch. *(S2 steht auf und geht zur Tafel)* Schaffst du.
Bereitstellung von Informationen über Richtigkeit/Falschheit einer Lösung	LK gibt Rückmeldung über die Richtigkeit oder Falschheit eines Lösungsversuchs eines*r Schüler*in. Wird die Rückmeldung begründet, indem gesagt wird, wie es richtig wäre oder warum die Lösung falsch ist, gehört die Begründung mit zur Rückmeldung.	*(im Plenum rechnen die Schüler*innen an der Tafel einzeln jeweils eine Spalte von Subtraktionsaufgaben mit mehreren Subtrahenden vor, S3 ist an der Reihe)* **S3:** *Drei minus die sieben?* **B2:** *Nicht ganz. Du musst immer die untere von der oberen Zahl abziehen. (…) Also musst du nur quasi rechnen: sieben minus drei.*

(Fortsetzung)

Tabelle 12.2 (Fortsetzung)

Kategorie	Kodierregel	Ankerbeispiel
Informationen über Aufgabenstellung oder Arbeitsauftrag	LK erklärt einen für die S*S unklaren Arbeitsauftrag erneut oder präzisiert ihn ohne inhaltliche Lösungsschritte vorwegzunehmen.	**S3:** *(an B1, die nach S3s Meldung zu ihm kommt)* Ich verstehe das nicht. *(zeigt dabei auf sein Aufgabenblatt)* **B1:** Lesen wir erst einmal die Aufgabe. (4) Hast du dir die Aufgabe durchgelesen? *(S3 nickt)* Du hast hier ein Brett, so zu sagen, wenn du keine Schere hast und Kleber kannst du dir hier auch Zahlen dranschreiben. Also diese eins bis sechzehn, glaube ich sind das. Kannst du beschriften und dann schreibst du hier dran, wozu eins gehört und wozu zwei gehört und das sind die Puzzleteile. Und diese Puzzleteile gehören jeweils auf diese Felder. **S3:** Ach so, ok. **B1:** Du musst dann immer das passende dazu finden. Also du kannst gerne auch ausschneiden und dann legen. **S3:** Ok.
Strukturgebung und strukturiertes Zerlegen	LK geht mit einzelnen oder mehreren S*S eine Aufgabe Schritt für Schritt durch oder unterstützt ein strukturiertes Durcharbeiten der Aufgabe. Es reicht, wenn *ein* folgender Lösungsschritt benannt wird, i.S.v. „Tu als nächstes das" oder nach einem folgenden Lösungsschritt gefragt wird i.S.v. „Was musst du als nächstes tun?". Es wird auch kodiert, wenn die S*S die Struktur vorgeben und die LK die Struktur durch (wiederholte) Rückmeldung bestätigt. Bei diesem Unterstützungsmuster kann es in besonderen Maße zu Überschneidungen mit anderen Mustern kommen.	*(im Plenum rechnen die Schüler*innen an der Tafel einzeln jeweils eine Spalte von Subtraktionsaufgaben mit mehreren Subtrahenden vor, S3 ist an der Reihe)* **B1:** Was müsstest du denn jetzt als erstes machen? **S3:** Die eins und zwei. **B1:** Genau, was musst du damit machen? **S3:** Plus rechnen. **B1:** Genau. Was ist das? **S3:** Drei. **B1:** Genau. **B2:** Und was musst du dann?

(Fortsetzung)

Tabelle 12.2 (Fortsetzung)

Kategorie	Kodierregel	Ankerbeispiel
Aufmerksamkeitslenkung	LK lenkt die Aufmerksamkeit aller oder einzelner S*S verbal oder nonverbal auf mehr oder weniger bestimmte Aspekte oder Gegenstände. Die LK kann die Aufmerksamkeit lenken auf: – die bearbeitete Aufgabe, indem sie diese (wiederholt) benennt oder schriftlich festhält – Visualisierungen der LK in Form von Gestik oder Tafelanschrieben – den aktuellen Arbeitsprozess im Sinne einer (erneuten) Aktivierung von Konzentration („Konzentrier dich!") oder einer Aufforderung aufzupassen („Pass jetzt auf!") oder nachzudenken („Überleg nochmal!") – Aspekte der bearbeiteten Aufgabe, wie vorangegangene Lösungsschritte, aktuell wichtige oder bisher nicht beachtete Stellen in der Aufgabenstellung, – sonstiges Material – zurückliegende Bearbeitungsschritte, Aufgaben oder Unterrichtsstunden Die LK lenkt die Aufmerksamkeit, indem sie auf etwas deutet und hinweist i.S.v. „Schau mal hier" oder „Denk an…" oder indem sie eine Frage (oder einen Beobachtungsauftrag) stellt i.S.v. „Was fällt dir (hier) auf?" Es werden über die reine Lenkung der Aufmerksamkeit keine inhaltlichen Hilfen gegeben.	**B2:** *(an S2, die beim Lösen der Aufgabe sieben mal sechs mehrere Zahlen (72, 56, 48, 32, 53) rät)* Denk vielleicht noch mal nach und wirf nicht einfach Zahlen in den Raum. Dann ist es vielleicht einfacher. (…) Was war sechs mal acht? *(S6 sucht in einer Zahlenreihe nach Beziehungen zwischen den Elementen)* **S6:** Danach habe ich hier jetzt plus gerechnet. Soll ich das hier denn dann hier hinschreiben. Also, aber ich weiß ja nun nicht hier. *(zeigt auf ihr Blatt)* **B1:** Ja, dann guck dir die ganze Reihenfolge an und guck was passiert. *(zeigt auf das Blatt)*

(Fortsetzung)

Tabelle 12.2 (Fortsetzung)

Kategorie	Kodierregel	Ankerbeispiel
Thematisierung mathematischer Zusammenhänge / Verfahren / Begriffe (außerhalb der bearbeiteten Aufgabe)	LK thematisiert mathematischer Zusammenhänge / Verfahren / Begriffe, die nicht im direkten Zusammenhang zu den aktuell bearbeiteten Aufgaben stehen oder vertiefend darüber hinausgehen.	**S4:** (*zu B1, die neben ihr am Tisch sitzt*) Gab es bei irgendeiner Aufgabe eine Zahl wo man die null zum Beispiel, zum Beispiel die null aufgeschrieben hat und dann irgendeine Zahl zu den Einern kam? Noch nie, oder? **B1:** Ne, du rechnest die immer zur nächsthöheren Stelle. **S4:** Ja aber ich meine (*S4 zeigt nochmal auf dem Blatt, was* *sie meint; B1 beugt sich etwas ran*), gab es irgendwann mal eine Zahl, die mal hier. (.) Also hierhin kam. Also zu den Einern. **B1:** Ne, ne. Das ist nur, manche die schreiben immer den Übertrag unter die eigene Stelle. **S4:** Ach so.
Informationen über mögliche Lösungsstrategien	LK stellt S*S Rechenstrategien oder metakognitive Strategien zur Bearbeitung der Aufgabe zur Verfügung. Die Strategie kann durch die LK expliziert und benannt werden oder lediglich implizit angewendet werden.	(*S4 muss die Aufgabe sechs mal sieben rechnen und hat bereits die von B1 vorgegebene Aufgabe sechs mal sechs richtig gelöst*) **B1:** Und 6 mal 7? **S5:** 6 dazu. **S6:** Einfach plus 6 rechnen. **S5:** Du musst nur noch 6 dazurechnen. **B1:** (*zu S5 und S6*) Psst. **S4:** Dreizehn? **B1:** Nein. Wenn 6 mal 6 36 sind, was sind dann 6 mal 7?

(Fortsetzung)

Tabelle 12.2 (Fortsetzung)

Kategorie	Kodierregel	Ankerbeispiel
Vorgabe von richtigen / fertigen (Teil-)Lösungen	LK rechnet Lösungsschritte oder ganze Aufgaben vor oder stellt (Teil-)Lösungen auf andere Weise zur Verfügung.	*(S4 vergisst beim Bearbeiten der schriftlichen Multiplikationsaufgabe 392 mal 5 den Übertrag)* **S4:** Fünfundvierzig und da behalte ich die. **B1:** Und dann rechnest du da plus eins. also dann sechsundvierzig. Und dann, genau. Und dann behältst du die vier im Kopf, wegen von der sechsundvierzig. Dann rechnest du fünf mal drei, das sind ja fünfzehn. Und da dann die vier zu sind neunzehn.

12.2 Struktureller Aufbau der Unterstützungssituation als Analyseeinheit

Unterstützungssituationen sind dadurch gekennzeichnet, dass die Lehrkraft mit einzelnen oder mehreren Schüler*innen ggf. über das aktuell genutzte Lernmaterial moderiert in eine Interaktion über ein zu lösendes Problem tritt. Das Problem bzw. der Unterstützungsbedarf kann sich auf inhaltlich mathematische Aspekte, prozessbezogene Kompetenzen sowie Aufgabenstellungen und Arbeitsaufträge beziehen. Die Unterstützungshandlung im speziellen ist dann die kommunikative Bearbeitung des Problems. Die identifizierten Handlungsmuster beschreiben, wie die eigentliche Unterstützungshandlung gestaltet wird. Hierbei sind verschiedene Kommunikationsmuster auf einem Kontinuum zwischen eng geführten und offenen Interaktionen denkbar. Das wohl bekannteste Kommunikationsmuster in Unterstützungshandlungen ist das sog. Trichtermuster als Verengung und zunehmend stärkere Lenkung eines Gesprächs, das von Bauersfeld (1978) beschrieben wurde. Das Trichtermuster ist demnach eine Bewegung auf dem Kontinuum in Richtung enger geführter Kommunikation.

Eingeleitet werden kann die Unterstützungshandlung sowohl von der Lehrkraft, z. B. wenn diese einen Fehler in den Unterlagen der Schüler*innen sieht, als auch von den Schüler*innen selbst, z. B. durch das Stellen einer Frage. Im *Anlass* der Unterstützungssituation spiegelt sich das Problem wider, welches im Folgenden bearbeitet wird. Jede Unterstützungssituation wird mehr oder weniger klar abgeschlossen. I.d.R. wird die Lehrkraft, nachdem sie von Schüler*innenseite Verstehen signalisiert bekommen hat, die Unterstützungssituation beenden und zu einer*m anderen Schüler*in gehen. Sie kann aber auch im Misserfolg enden, z. B. wenn ein*e Schüler*in die Aufgabe trotz Unterstützung nicht lösen kann. Eine weitere Möglichkeit für den Abschluss einer Unterstützungssituation ist die Ablenkung der Lehrkraft durch einen anderen Reiz, beispielsweise durch eine Unterrichtsstörung oder eine weitere Frage.

Unterstützungssituationen spielen sich im unterrichtlichen Rahmen ab. Dieser konstituiert sich zum einen durch die *unterrichtliche Organisationsstruktur*, also Organisations- und Sozialform, Offenheit der Lernsituation, Individualisierung der Lernwege etc. und zum anderen durch die von den anwesenden Schüler*innen und Förderlehrkräften konstituierte Lernatmosphäre, die sich durch ein mehr oder weniger lernförderliches Klima auszeichnen kann.

Die Abbildung 12.2 verdeutlicht den strukturellen Aufbau einer prototypischen Unterstützungssituation.

Es ist wichtig zu bemerken, dass es in dieser Arbeit nicht um die Analyse des Erfolgs oder der Qualität einzelner Maßnahmen geht. Es sollen lediglich

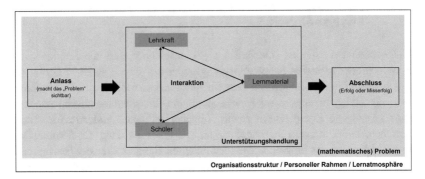

Abbildung 12.2   Struktureller Aufbau einer Unterstützungssituation

Handlungsmuster im Rahmen von Unterstützungssituationen identifiziert werden, mit denen die Unterstützungssituationen charakterisiert werden können. Für eine Analyse des Erfolgs der Unterstützungen ist die Datenbasis nicht geeignet. Da im Regelfall die Schüler*innen nach einer Unterstützungssituation still weiterarbeiten, kann über den Erfolg der Hilfestellung keine Aussage getroffen werden. Bei der Analyse der Unterstützungsmuster und der Darstellung der Ergebnisse dazu ist zu beachten, dass diese keine hierarchische Struktur aufweisen. Es gibt keine grundsätzlich besseren oder schlechteren Unterstützungsarten, sondern vielmehr zu einer Situation passende oder nicht passende. Zur Beurteilung der Passung eines Unterstützungsmusters zur Unterstützungssituation ist die Datengrundlage ebenfalls nicht in allen Fällen aussagekräftig genug.

Um einen bestmöglichen Einblick in die Unterstützungssituationen zu bekommen, werden im Folgenden alle beschriebenen Unterstützungshandlungen so gerahmt, dass Anlass und Abschluss der Situation ersichtlich werden, da die Handlungsmuster oft nur im Prozesskontext verständlich sind. Bei der Betrachtung der Unterstützungsmuster ist zu beachten, dass grundsätzlich alle Muster eine motivations- bzw. selbstwirksamkeitsförderliche Wirkung haben können, indem sie den Weg der Schüler*innen zum Erfolgserleben erleichtern. Das Muster *motivationaler Zuspruch* (s. Tabelle 12.2) ist demnach nur *eine* Form der motivationalen Unterstützung.

Ergebnisse zu Studie 2 13

Im Folgenden werden die Ergebnisse der qualitativen Auswertung der Unterrichtsvideos berichtet. Dazu wird zunächst der strukturelle Rahmen der betrachteten Unterstützungssituationen hinsichtlich der Merkmale *Anlass*, *Art des Problems* und *personeller Rahmen* beschrieben (Abschnitt 13.1). Anschließend werden die aus den Unterrichtsvideos identifizierten isolierten *Unterstützungsmuster* charakterisiert, voneinander abgegrenzt, illustriert und deren Vorkommen quantifiziert (Abschnitt 13.2; 13.3). Im Anschluss an diese isolierte Darstellung der Unterstützungsmuster wird abschließend anhand von Fallbeispielen verdeutlicht, wie die Unterstützungsmuster im Kontext auftreten können und zusammenwirken. Dabei wird der Beobachtungsfokus auf zwei über die bisherigen Analysen hinausgehende Aspekte erweitert, für die gezeigt werden konnte, dass sie einen zentralen Einfluss auf die Unterstützungspraxis der Studierenden genommen haben: Die Interaktion und die Materialauswahl (Abschnitt 13.4).

13.1 Ergebnisse zu Anlass, personeller Rahmen und mathematisches Problem

Hinsichtlich des Ausgangspunktes oder des *Anlasses einer Unterstützungssituation* wurde zwischen lehrer*innenseitigen und schüler*innenseitige Anlässen unterschieden. Die lehrer*innenseitigen Ausgangspunkte umfassen Situationen, in denen die Lehrkraft einen Unterstützungsbedarf wahrnimmt, beispielsweise, wenn ein*e Schüler*in einen Fehler macht, nicht zeitnah auf eine Frage antwortet oder untätig herumsitzt. Wenn von außen kein ersichtlicher Grund hervorgeht, wird ebenfalls angenommen, dass die Lehrkraft die Situation veranlasst. Schüler*innenseitige Anlässe sind in der Regel das Bitten um Unterstützung und

© Der/die Autor(en) 2022   179
M. Hettmann, *Motivationale Aspekte mathematischer Lernprozesse*,
Bielefelder Schriften zur Didaktik der Mathematik 7,
https://doi.org/10.1007/978-3-658-37180-7_13

das Stellen von Fragen. Es kann vorkommen, dass in einer Unterstützungssituation mehrere Anlässe kodiert wurden, beispielsweise, wenn ein*e Schüler*in eine Frage stellt und die Lehrkraft nach der Beantwortung noch einen anderen Aspekt fokussiert oder die*der Schüler*in beim direkten Weiterarbeiten einen Fehler macht. Insgesamt wurden 120 lehrer*innenseitige und 88 schüler*innenseitige Anlässe identifiziert und kodiert.

Hinsichtlich des *personellen Rahmens* wurde zwischen Unterstützungssituationen

- im Plenum, wenn alle Schüler*innen beteiligt sind (77 Codes),
- in der Kleingruppe, wenn nur ein Teil der Schüler*innen beteiligt ist (16 Codes) und
- Eins-zu-Eins-Situationen, wenn die Lehrkraft mit einer*m Schüler*in allein spricht (100 Codes), unterschieden.

In den Unterstützungssituationen wurden drei *Arten von Problemen* diskutiert:

- Inhaltlich-mathematische Probleme, wie dem Verfahren schriftlicher Addition oder einer Kopfrechenaufgabe (167 Codes),
- prozessorientierte Probleme, wie Fragen nach Präsentations- oder Problemlösestrategien (7 Codes) und
- Probleme mit unklarer Unterrichtsstruktur oder Aufgabenstellungen, bei denen Schüler*innen unklar ist, was aktuell zu tun ist oder wie eine Aufgabe zu verstehen ist (65 Codes).

In manchen Unterstützungssituationen werden mehrere Probleme bearbeitet, beispielsweise, wenn ein*e Schüler*in eine Frage zum Verständnis einer Aufgabe hat und die Besprechung der Aufgabe dann auch inhaltlich-mathematische Probleme aufwirft oder innerhalb einer Situation zwei verschiedene mathematische Probleme bearbeitet werden. Inhaltlich-mathematische Probleme sind erwartungsgemäß die häufigsten.

13.2 Charakterisierung und Illustration der Unterstützungsmuster

Im Rahmen der an Kuckartz (2018) angelehnten qualitativen Inhaltsanalyse, welche in Abschnitt 12.1.3 beschrieben wurde, konnten in den 193 Unterstützungssituationen insgesamt 9 verschiedene Unterstützungsmuster identifiziert werden:

1. Unterstützung durch Klassenführung
2. Motivationaler Zuspruch
3. Informationen über Aufgabenstellung oder Arbeitsauftrag
4. Bereitstellung von Informationen über Richtigkeit/Falschheit einer Lösung
5. Aufmerksamkeitslenkung
6. Strukturgebung und strukturiertes Zerlegen
7. Thematisierung mathematischer Zusammenhänge / Verfahren / Begriffe (außerhalb der bearbeiteten Aufgabe)
8. Informationen über mögliche Lösungsstrategien
9. Vorgabe von richtigen / fertigen (Teil-)Lösungen

Im Folgenden werden die einzelnen Unterstützungsmuster charakterisiert und exemplarisch durch Transkriptstellen illustriert.

1. Unterstützung durch Klassenführung
Unter dieses Unterstützungsmuster fallen alle Unterstützungsansätze, in denen die Lehrkraft unter den anwesenden Schüler*innen für Ruhe sorgt und in denen die Lehrkraft gerade inaktive Schüler*innen bei Nebentätigkeiten und -gesprächen unterbricht. Dies dient i. d. R. dazu, dass sich die gerade aktiven Schüler*innen konzentrieren können oder dass Schüler*innen ihre Nebentätigkeiten einstellen. Die Lehrkräfte sichern dies auf verschiedenen Wegen, welche nonverbale Gesten, Psst-Geräusche, die Bitte um Ruhe, die Aufforderung den*die aktive*n Schüler*in überlegen und arbeiten zu lassen sowie Ermahnungen und Androhungen von weiteren Maßnahmen umfassen. Unter diese Kategorie fallen insgesamt 20 Stellen[1].

---

[1] Wie bereits in Abschnitt 12.1.3 beschrieben, wurden in Unterstützungssituationen mehrere Unterstützungsmuster identifiziert, sodass es insgesamt mehr kodierte Stellen gibt als Unterstützungssituationen. In den folgenden Abschnitten wird jeweils die Anzahl der Stellen berichtet.

Unterstützungssituation 1: Anika 2 Z. 496–497 (Aufforderung den*die aktive*n Schüler*in überlegen/arbeiten zu lassen und Bitte um Ruhe)

1	**B:**	*(S1 und S4 unterhalten sich)* Jetzt seid mal leise,
2		damit S3 sich konzentrieren kann, bitte.

Unterstützungssituation 2: Lisann 1 Z. 375 (Androhungen von weiteren Maßnahmen)

1		*(S1 und S2 sprechen über die Handbemalung von S2)*
2	**B:**	*(kommt zu den SuS an den Tisch)* S1, möchtest du sonst
3		gleich einmal auf die andere Seite des Tisches gehen?
4	**S1/S2:**	Nein.
5	**S2:**	Eine letzte Chance.
6	**B:**	Besser zuhören können. (.) Ja wirklich, ne. Sonst
7		sitzt S1 dort *(zeigt auf den Platz gegenüber)*. (.) Ich
8		kann S1 auch dahin setzen *(zeigt auf einen anderen*
9		*Tisch)*

Unterstützungssituation 3: Elif und Johannes Z. 259–261 (Psst-Geräusch)

1		*(S4 berechnet die Aufgabe acht mal sieben und ist dabei*
2		*bereits einmal gescheitert)*
3	**B:**	Was ist denn acht mal sieben, wenn du ganz scharf
4		nachdenkst?
5	**S5:**	Acht mal sieben.
6	**S2:**	Wenn acht mal acht 64 sind was sind
7	**B1:**	*(unterbricht S2)* Psst.

In US1 ermahnt die Förderlehrerin die Schüler*innen S1 und S4, die gerade keine Aufgabe haben, zur Ruhe und ermöglicht somit dem hier unterstützten gerade aktiven Schüler S3 eine ruhigere Lernumgebung. Die Unterstützung von S3 geht in diesem Fall einher mit einer Sanktionierung von S1 und S2. Die Unterstützung ist hier eher indirekt, weil dem aktiven Schüler nicht direkt bei seinem Problem geholfen wird, sondern ein hinderlicher Reiz negiert wird. In US2 hingegen werden die sich anderweitig beschäftigten Schüler*innen selbst direkt unterstützt, indem sie zum Zuhören ermahnt werden. Hervorzuheben ist, dass dieses Unterstützungsmuster nicht nur bei im Allgemeinen unerwünschtem Verhalten auftritt, sondern auch wie in US3 bei i. d. R. erwünschtem, z. B. wenn S2 einen hilfreichen Strategieansatz für die Lösung der Aufgabe skizziert und die Lehrkraft diesen als Störquelle ausbremst.

2. Motivationaler Zuspruch
Unter dieses Unterstützungsmuster fallen alle Unterstützungssituationen, in denen die Lehrkraft den Schüler*innen Mut zuspricht, den Glauben an ihre Fähigkeiten signalisiert, Hilfe ankündigt, eine positive Deutung bei Misserfolgen vornimmt, negative Selbstbilder der Schüler*innen thematisiert, sich auf vergangene Erfolge beruft oder positive Folgen ankündigt. Die Schüler*innen sollen dadurch i. d. R. zur (Wieder-)Aufnahme der Aufgabenbearbeitung animiert werden. Zech (2002) nennt diese Unterstützungsform *Motivationshilfen* (vgl. S. 316). Unter diese Kategorie fallen insgesamt 48 Stellen.

Unterstützungssituation 4: Anna & Sophie Z. 348 (Hilfe ankündigen und Glaube an die Fähigkeiten)

1		*(im Plenum rechnen die Schüler*innen an der Tafel*
2		*einzeln jeweils eine Spalte von Subtraktionsaufgaben*
3		*mit mehreren Subtrahenden vor, S2 hat als Einziger noch*
4		*nicht vorgerechnet)*
5	**B1:**	Eine Aufgabe ist noch übrig. S2 möchtest du es nicht
6		auch einmal versuchen mit den Einern? *(S2 nickt)* Wir
7		würden dir auch auf jeden Fall helfen und die anderen
8		bestimmt auch. *(S2 steht auf und geht zur Tafel)*
9		Schaffst du.

Unterstützungssituation 5: Lisann 1 Z. 369–373 (Beispiel Thematisierung negativer Selbstbilder der Schüler*innen und Berufung auf vergangene Erfolge)

1		*(S1 und S2 sprechen darüber, wie viel Zeit sie für*
2		*die vorangegangene Aufgabe benötigt haben und, dass*
3		*sie die nächste Aufgabe voraussichtlich nicht*
4		*schaffen werden)*
5	**B:**	Kommt, reißt euch zusammen. Das kriegen wir hin. Ihr

6		habt doch schon ganz andere Dinge geschafft (.)
7		*(guckt zu S1)* Konntest du Skaten von Anfang an?
8	S1:	Ja.
9	B:	Ja, ne, du hast dich daraufgestellt und dann erstmal
10		(.) irgendetwas Tolles gemacht, ne?
11	S1:	Ja.
12	B:	Ja, ne. Nein, konntest du auch nicht.
13	S1:	Ich bin schon zehnmal hingefallen.
14	B:	*(guckt zu S2)* Und S2 konnte auch nicht von Anfang an
15		perfekt zeichnen.

In US4 versucht B1 für S2, der sich bisher nicht von sich aus zum Vorrechnen gemeldet hat, einen entspannten und förderlichen Rahmen für das Vorrechnen zu schaffen. Sie kündigt sowohl die Hilfe beider Förderlehrerinnen als auch die erhoffte Unterstützung der Mitschüler*innen an. Sie kommuniziert damit gleichermaßen eine Erwartungshaltung an die Gruppe der Mitschüler*innen. Die Förderlehrerin in US5 nimmt die von den beiden Schüler*innen kommunizierten negativen Selbsteinschätzungen, dass sie bei zukünftigen Aufgabenbearbeitungen voraussichtlich scheitern werden, zum Anlass, die Schüler*innen zu ermutigen. Sie verweist dabei auf vorangegangene Erfolge beider Schüler*innen in anderen Domänen als der Mathematik (Skaten und Zeichnen) und deutet an, dass sich Erfolge nicht sofort einstellen und es daher erwartungsgemäß sei, nicht direkt hervorragende Leistungen zu erbringen.

3. Informationen über Aufgabenstellungen oder Arbeitsauftrag
In diesem Unterstützungsmuster stellt die Lehrkraft Informationen und Wissen über die zu lösenden Aufgaben oder zu bearbeitenden Arbeitsaufträge zur Verfügung, indem sie bei Verständnisproblemen und Nachfragen diese (erneut) erklärt, sie präzisiert oder Fragen zur Aufgabe (nicht zur Lösung dieser) beantwortet. Dabei werden keine inhaltlichen-mathematischen Hilfen gegeben. Unter diese Kategorie fallen insgesamt 54 Stellen.

Unterstützungssituation 6: Hanna und Emily Z. 203–207 (Aufgabenstellung erklärt)

1	S3:	*(an B1, die nach S3s Meldung zu ihm kommt)* Ich verstehe
2		das nicht. *(zeigt dabei auf sein Aufgabenblatt)*
3	B1:	Lesen wir erst einmal die Aufgabe. (4) Hast du dir die

4		Aufgabe durchgelesen? *(S3 nickt)* Du hast hier ein Brett,
5		so zu sagen, wenn du keine Schere hast und Kleber kannst
6		du dir hier auch Zahlen dranschreiben. Also diese eins
7		bis sechzehn, glaube ich sind das. Kannst du beschriften
8		und dann schreibst du hier dran, wozu eins gehört und
9		wozu zwei gehört und das sind die Puzzleteile. Und diese
10		Puzzleteile gehören jeweils auf diese Felder.
11	**S3:**	Ach so, ok.
12	**B1:**	Du musst dann immer das passende dazu finden. Also du
13		kannst gerne auch ausschneiden und dann legen.
14	**S3**	Ok.

Die Förderlehrerin in US6 erklärt auf Anfrage von S3 was in der von ihm ausgesuchten Zuordnungs-Aufgabe gemacht werden muss, ohne einen mathematischen Hinweis zu geben. Sie versucht ihm damit einen klaren Rahmen vorzugeben, in dem S3 dann selbstständig die Karten mit Zahlen in unterschiedlichen Schreibweisen (Stellenwerte, Zahlwort, Zahl) zuordnen kann.

4. Bereitstellung von Informationen über Richtigkeit/Falschheit einer Lösung

Das am häufigsten auftretende Unterstützungsmuster ist die Rückmeldung auf einen Lösungsversuch eines*r Schüler*in. Dabei werden Informationen über die Richtigkeit oder Falschheit der angebotenen Lösung gegeben. Hier lassen sich solche Rückmeldungen mit und ohne Begründung unterscheiden. Einfache Rückmeldungen (465 Stellen) geben lediglich eine Information über Richtigkeit oder Falschheit, während unter Begründungen (83 Stellen) Aussagen darüber gemacht werden, warum die Lösung richtig oder falsch ist oder wie sie richtig zu lösen wäre. Darüber hinaus wurden Stellen erfasst, in denen die Förderlehrkräfte nur implizit deutlich machen, dass die Lösung nicht korrekt ist oder Korrekturen vornehmen, ohne zuvor zu verdeutlichen, dass die Lösung nicht korrekt ist. Bei Zech werden einfache Rückmeldungen unter dem Terminus *Rückmeldungshilfen* gefasst (vgl. Zech, 2002, S. 316).

Rückmeldungen mit Begründungen grenzen sich von anderen Unterstützungsmustern, wie der *Vorgabe von richtigen / fertigen (Teil-)Lösungen* dadurch ab, dass sie nur als Reaktion auf Lösungsvorschläge oder Äußerungen von Schüler*innen auftreten.

Unterstützungssituation 7: Anna und Sophie Z. 543 (Begründung für die Falschheit einer Lösung)

1		*(S1 und S3 haben in einer Wettkampf-Spielsituation eine*
2		*Subtraktionsaufgabe mit Lücke ausgefüllt, B2 rechnet*
3		*daraufhin die korrekte Lösung an der Tafel vor)*
4	**B2:**	Dann können wir die Aufgabe auch nochmal kurz
5		nachrechnen. Als erstes rechnen wir ja: Null, ach
6		*(korrigiert)* zwei minus null, das ist zwei, *(zeigt an*
7		*der Tafel)* man braucht also keinen Übertrag. Und rechnet
8		dann irgendwas minus eins ist gleich zwei. Und das hat
9		S3 hier richtig ausgefüllt, da würde dann hier die drei
10		hinkommen. *(S3 macht eine Siegerpose)* Genau, und *(schaut*
11		*auf die Aufgabe von S1 die eine falsche Lösung, 1,*
12		*angeschrieben hatte)* ja. Und deswegen kriegt euer Team
13		den ersten Punkt.

Unterstützungssituation 8: Anna und Sophie Z. 281–281 (Begründung für die Falschheit einer Lösung)

1		*(im Plenum rechnen die Schüler*innen an der Tafel*
2		*einzeln jeweils eine Spalte von Subtraktionsaufgaben*
3		*mit mehreren Subtrahenden vor, S3 ist an der Reihe)*
4	**S3:**	Drei minus die sieben?
5	**B2:**	Nicht ganz. Du musst immer die untere von der oberen
6		Zahl abziehen. (…) Also musst du nur quasi rechnen:
7		sieben minus drei.

Beide Unterstützungssituationen beginnen mit dem Lösen einer (Teil-)Aufgabe durch einen oder mehrere Schüler*innen. In US7 lösen zwei Schüler*innen eine Aufgabe an der Tafel, welche daraufhin von B2 geprüft wird. Die Förderlehrerin rechnet die gesamte Aufgabe im Plenum für alle Schüler*innen vor. In diesem Zuge begründet sie die Richtigkeit bzw. Falschheit der Schüler*innenlösungen im Abgleich mit ihrer eigenen richtigen Lösung. In US8 stellt der Schüler S3 mündlich einen nicht korrekten Teillösungsschritt vor. Die Förderlehrerin reagiert darauf mit dem Hinweis, dass die Lösung nicht ganz richtig sei und S3 darauf achten solle, dass er die untere von der oberen Zahl abziehe. Der erste allgemein für alle Aufgaben dieses Typs geltende Hinweis, wird nach einer kurzen Pause nochmal auf die aktuelle Aufgabe spezifiziert.

5. Aufmerksamkeitslenkung

Unter der Kategorie Aufmerksamkeitslenkung werden 6 Subkategorien zusammengefasst, die alle gemeinsam haben, dass die Lehrkraft die Aufmerksamkeit der Schüler*innen auf eine mehr oder weniger bestimmte Sache lenkt. Dabei werden Aufmerksamkeitslenkungen im weiteren Sinne, bei denen die Lehrkraft die Aufmerksamkeit der Schüler*innen durch Wiederholen und Anschreiben der aktuell bearbeiteten Aufgabe und durch Visualisierungen lenkt, von denen im engeren Sinne unterschieden, bei denen die Lehrkraft die Aufmerksamkeit durch Hindeuten oder Fragen auf einen Sachverhalt lenkt. Dabei werden in keinem Fall über die reine Lenkung der Aufmerksamkeit, z. B. über das Stellen von Fragen oder das Hindeuten auf interessierende oder bereits bekannte Aspekte, inhaltliche Hilfen oder neue Informationen gegeben. Insgesamt fallen 266 Stellen unter die Kategorie Aufmerksamkeitslenkung.

Die Studierenden lenken die Aufmerksamkeit ihrer Schüler*innen im weiteren Sinne zum einen durch das <u>Wiederholen und Anschreiben der aktuell bearbeiteten Aufgabe</u> und zum anderen durch <u>Visualisierungen</u> mit den Händen oder an der Tafel. Im ersten Fall gibt die Lehrkraft keine weitere Hilfe als die Aufgabe (mehrfach) zu wiederholen oder an der Tafel schriftlich festzuhalten (52 Stellen). Im zweiten Fall unterstützt die Lehrkraft die Schüler*innen, indem sie genannte Zahlen mit den Fingern zeigt, beim Aufsagen von Einmaleins-Reihen zeigt, bei welcher Zahl sie aktuell sind, Tafelbilder zu den bearbeiteten Aufgaben erstellt oder eigene Aussagen / Erklärungen visuell untermalt (23 Stellen).

Unterstützungssituation 9: Elif & Johannes Z. 245–259 (Wiederholen der Aufgabe)

1		*(In einem Einmaleins-Spiel zieht S4 die Karte mit*
2		*acht mal sieben)*
3	**B1:**	Wie lautet die Aufgabe?
4	**S4:**	*acht mal sieben* sind (4) äh keine Ahnung
5	**B1:**	*acht mal sieben* sind?
6	**S4:**	Weiß ich nicht.
7		[…]
8	**B1:**	Was ist denn *acht mal sieben*, wenn du ganz scharf
9		nachdenkst?

Unterstützungssituation 10: Lisann 1 Z. 138–147 (Visualisierung)

1		*(S1 soll die Dreier-Reihe im kleinen Einmaleins aufsagen)*
2	**S1:**	Drei, sechs, neun *(B zeigt mit ihren Fingern, an*
3		*welcher Stelle der 3er-Reihe S1 gerade ist)* (5) zwölf.
4	**B:**	Mhm. *(bestätigend, zeigt ‚vier' mit den Fingern)*
5	**S1:**	Fünfzehn.
6	**B:**	Mhm. *(bestätigend, zeigt ‚fünf' mit den Fingern)*
7	**S1:**	Achtzehn.
8	**B:**	Mhm. *(bestätigend, zeigt ‚sechs' mit den Fingern)*
9	**S1:**	Einundzwanzig.
10	**B:**	Stopp *(hebt ihre Hände hoch, deren Finger noch die*
11		*sieben zeigen)*. (.) So wir haben jetzt im Prinzip die Zahl…

In US9 gibt die Förderlehrkraft außer einer zweifachen Wiederholung der zu bearbeitenden Aufgabe keine darüber hinaus gehenden Hinweise. In US10 nutzt die Förderlehrerin bei der Erklärung intensiv ihre Hände. Zuerst gibt sie per Fingerzeig jeweils an, mit welcher Zahl die drei multipliziert wird, um auf das von S1 genannte Ergebnis zu kommen. Danach unterstützt sie ihr gesprochenes ‚Stopp' (Z. 10) zusätzlich durch eine Geste und nutzt erneut den Fingerzeig, um deutlich zu machen, an welcher Stelle der Dreierreihe sie sich befindet.

Die Förderlehrkräfte lenken die Aufmerksamkeit ihrer Schüler*innen *im engeren Sinne* auf unterschiedliche Aspekte: Aufmerksamkeitslenkung auf den aktuellen Prozess (unspezifisch), auf Aufgabenaspekte, auf sonstige Materialien und Aufgaben sowie auf Zurückliegendes oder Zusammenfassungen.

Bei der <u>unspezifischen Lenkung auf den aktuellen Prozess</u> (42 Stellen) fordern die Lehrkräfte ihre Schüler*innen zu Konzentration, zu (erneutem) Überlegen über die Aufgabe oder die Lösung und zum Aufpassen auf. Dabei wird nicht genauer spezifiziert, worauf die Aufmerksamkeit gelenkt werden soll.

Unterstützungssituation 11: Benjamin und Britta Z. 466 (Einfordern von Konzentration)

1	**B2:**	*(an S5, der sich mit etwas anderem beschäftigt)* Guck
2		mal. Damit du gleich weißt, was du machen sollst.

Unterstützungssituation 12: Lisann 2 Z. 108 (Aufforderung zu Überlegen und Wiederholen der Aufgabe)

1	**B2:**	*(an S2, die beim Lösen der Aufgabe sieben mal sechs*
2		*mehrere Zahlen (72, 56, 48, 32, 53) rät)* Denk vielleicht
3		noch mal nach und wirf nicht einfach Zahlen in den Raum.
4		Dann ist es vielleicht einfacher. (...) Was war sechs
5		mal acht?

In US11 führt die Förderlehrkraft die Aufmerksamkeit von S5 zurück auf das aktuelle Unterrichtsgeschehen. Sie weist damit Ähnlichkeiten zu der *Unterstützung durch Klassenführung* auf, weil ein abgelenkter Schüler unerwünschtes Verhalten zeigt und davon abgebracht werden soll. Der Kern dieser Situation liegt aber primär in der Rückführung der Aufmerksamkeit und nicht im Ruhigstellen dieses Schülers. In US12 macht die Schülerin den Eindruck als würde sie Ergebnisse raten. Die Lehrkraft fordert sie daraufhin auf, zuerst nachzudenken. Darüber hinaus gibt sie, außer der Wiederholung der Aufgabe, keine weiteren Hinweise.

Bei der Aufmerksamkeitslenkung auf Aufgabenaspekte (67 Stellen) deuten die Lehrkräfte verbal oder nonverbal auf aktuell wichtige oder bisher nicht beachtete Stellen der Aufgabe oder der Aufgabenbearbeitung, fordern ihre Schüler*innen auf, an gezielten Stellen (weiter) zu überlegen und stellen Beobachtungsaufträge i.S.v. „Was fällt dir auf?".

Unterstützungssituation 13: Anna und Sophie Z. 90 (Hindeuten auf wichtige Aspekte)

1		*(die Schüler*innen sortieren einen zerschnittenen*
2		*Lösungsweg einer Subtraktionsaufgabe)*
3	**S3:**	Das passt nicht.
4	**B2:**	Doch, das gehört alles zusammen. Guckt euch doch mal
5		hier die Rechnungen an. *(zeigt auf den Schnipseln etwas,*
6		*S3, S4 und S5 schauen genauer zu)*

Unterstützungssituation 14: Hanna und Emily Z. (Beobachtungsauftrag)

1		*(S6 sucht in einer Zahlenreihe nach Beziehungen zwischen*
2		*den Elementen)*
3	**S6**	Danach habe ich hier jetzt plus gerechnet. Soll ich das
4		hier denn dann hier hinschreiben. Also, aber ich weiß
5		ja nun nicht hier. *(zeigt auf ihrem Blatt)*
6	**B1**	Ja, dann guck dir die ganze Reihenfolge an und guck was
7		passiert. *(zeigt auf das Blatt)*

In US13 sollen die Schüler*innen in einer Kleingruppe durcheinander geratene Schnipsel mit Teilschritten einer Subtraktionsaufgabe mit mehreren Subtrahenden in die richtige Reihenfolge bringen. Als S3 äußert, dass die Zettel nicht zueinander passen würden, interveniert B2, indem sie einen Hinweis gibt, auf welchen Aspekt die Schüler*innen bei der Sortierung der Schnipsel besonders achten sollen. In US14 gibt die Förderlehrerin, nachdem die Schülerin das Muster in der Zahlenreihe nicht von allein findet, den Beobachtungsfokus, auf die gesamte Reihe zu schauen und nach dem Muster zu suchen.

Bei der <u>Aufmerksamkeitslenkung auf sonstige Materialien und Aufgaben</u> (14 Stellen) verweisen die Lehrkräfte auf hilfreiche Arbeitsblätter und bereits erstellte Tafelbilder oder auf der aktuell bearbeiteten Aufgabe ähnliche Aufgaben, die nicht von den Schüler*innen selbst bearbeitet wurden.

Unterstützungssituation 15: Hanna und Emily Z. 583 (Verweis auf hilfreiche Arbeitsblätter)

1		*(S2 überlegt welche Stelle nach der Hundert-Millionen-*
2		*Stelle kommt)*
3	**B1:**	Weißt du nicht mehr? Dann guck mal hier. *(zeigt auf dem*
4		*Arbeitsblatt)* Was haben wir hier?

Unterstützungssituation 16: Lisann 2 Z. 111 (Verweis auf ähnliche Aufgaben und Wiederholung der Aufgabe)

1		*(S2 versucht die Aufgabe sieben mal sechs zu lösen)*
2	**S2:**	Sechsundfünfzig?
3	**B:**	Nein, das sind sieben mal acht. Wir wollen sieben mal
4		sechs.

In den beiden Beispielen wird deutlich, dass die Förderlehrerinnen die Aufmerksamkeit ihrer Schüler*innen auf einen Aspekt außerhalb der gerade zu lösenden Aufgabe lenken. In US15 ist dies ein hilfreiches Arbeitsblatt und in US16 eine ähnliche Aufgabe, deren Ergebnis der Schüler fälschlicherweise genannt hat.

Bei der <u>Aufmerksamkeitslenkung</u> auf <u>Zurückliegendes oder Zusammenfassungen</u> (68 Stellen) verweisen die Lehrkräfte auf von den Schüler*innen bereits gelöste, ähnliche Aufgaben oder bei komplexen Aufgaben auf bereits gelöste Teilschritte, aktivieren (bereits erarbeitetes) Vorwissen, z. B. aus vorangegangenen Förderstunden oder fassen bereits Erarbeitetes zusammen.

Unterstützungssituation 17: Anika 2 Z. 107 (Verweis auf vorangegangene Förderstunden)

1		*(S2 war in der Förderstunde zur Rechenstrategien bei*
2		*der Division nicht anwesend, B fasst die verpassten*
3		*Inhalte zusammen)*
4	**B:**	Aber du erinnerst dich noch, wie wir das bei Addition
5		und Subtraktion immer gemacht haben? Wir haben uns die
6		Zahlen immer aufgeteilt, sozusagen. S4's Ansatz war da
7		schon echt gut. Also so würde ich es auch im Kopf
8		rechnen. Ich würde es mir auch erst aufteilen und dann
9		die Zahlen immer kleiner sozusagen machen. Wie wir das
10		bei der Subtraktion auch gemacht haben. ja?

Unterstützungssituation 18: Lisann 1 Z. 181 (Verweis auf bereits gelöste Teilschritte)

1		*(bei der halbschriftlichen Division von 204 geteilt*
2		*durch drei wurde die 204 bereits in 180 + x aufgeteilt,*
3		*gesucht ist nun das x)*
4	**B:**	Wie viel haben wir denn bisher verrechnet? Wir haben
5		von den zweihundertvier haben wir hundertachtzig erst
6		genommen.

In US17 werden für eine in der vorangegangenen Förderstunde abwesende
Schülerin die verpassten Inhalte wiederholt. Thema der Förderstunde waren *Rechenstrategien beim Dividieren im Kopf*. Die Förderlehrerin greift zuerst die Ergebnisse
aus den Förderstunden zur Addition und Subtraktion zusammen und verweist auf
einen Lösungsansatz von S4, der zu einem früheren Zeitpunkt in dieser Förderstunde eine Divisionsaufgabe aufgeteilt hatte. In US18 fasst die Förderlehrerin die
vorangehenden Lösungsbemühungen der Schüler*innen zu einem Zwischenfazit
zusammen, um eine gemeinsame Grundlage für das Weiterarbeiten zu schaffen.

6. Strukturgebung und strukturiertes Zerlegen
Die Kategorie Strukturgebung umfasst zum einen alle Situationen, in denen die
Förderlehrkräfte mehrschrittige Aufgaben oder mehrere Aufgaben hintereinander
gemeinsam, Schritt für Schritt mit den Schüler*innen durchgehen (59 Stellen) und
zum anderen die i. d. R. deutlich kürzeren Stellen, in denen die Förderlehrkräfte den
nächsten Lösungsschritt benennen (207 Stellen) oder danach fragen (22 Stellen). Zu
beachten ist, dass das Benennen des folgenden Lösungsschrittes immer auch Vor-
wegnahme von Teillösungsschritten ist, sie werden jedoch nicht unter der Kategorie
Vorgabe von richtigen / fertigen (Teil-)Lösungen gefasst.

Bei der Kategorie des schrittweisen Durchgehens von Aufgaben kommt es
zwangsläufig zu Überschneidungen mit anderen Handlungsmustern, da ein schrittweises Durchgehen einer Aufgabe nicht ohne die anderen Handlungsmuster, wie
dem Benennen von Lösungsschritten oder Rückmeldungen über Richtigkeit oder
Falschheit auskommt. Das erste Beispiel zur Strukturgebung besteht aus hintereinander geschalteten Rückmeldungen, das zweite aus dem sukzessiven Fragen nach
dem nächsten Lösungsschritt.

Unterstützungssituation 19: Anna und Sophie Z. 382–391 (Schrittweises Durchgehen einer Aufgabe mittels hintereinander geschalteter Rückmeldungen)

1		*(im Plenum rechnen die Schüler*innen an der Tafel*
2		*einzeln jeweils eine Spalte von Subtraktionsaufgaben*
3		*mit mehreren Subtrahenden vor, S4 ist an der Reihe)*
4	**S4:**	Und danach plus äh *(korrigierend)* minus dreizehn. Ja,
5		oder? *(schaut zu B2)* Und dann kommt da eine zwei.
6		*(schreibt 2 an die Tafel)* Dann wird das zur dreizehn.
7	**B2:**	Genau.
8	**S4:**	Und danach muss man dreizehn minus elf.
9	**B2:**	Ja.
10	**S4:**	Und dann kommt da eine zwei.
11	**B1:**	Ja, genau.
12	**S4**	Und danach muss da eine eins.
13	**B2:**	Ja genau.

Unterstützungssituation 20: Anna und Sophie Z. 272–280 (Beispiel für schrittweises Durchgehen einer Aufgabe mittels sukzessiver Fragen nach dem nächsten Lösungsschritt)

1		*(im Plenum rechnen die Schüler*innen an der Tafel*
2		*einzeln jeweils eine Spalte von Subtraktionsaufgaben*
3		*mit mehreren Subtrahenden vor, S3 ist an der Reihe)*
4	**B1:**	Was müsstest du denn jetzt als erstes machen?
5	**S3:**	Die eins und zwei.
6	**B1:**	Genau, was musst du damit machen?
7	**S3:**	Plus rechnen.
8	**B1:**	Genau. Was ist das?
9	**S3:**	Drei.
10	**B1:**	Genau.
11	**B2:**	Und was musst du dann?

In beiden Unterstützungssituationen sieht man die enge Verzahnung der Aussagen von Schüler*innen und Förderlehrkräften. Beide Unterstützungen sind aus der gleichen Phase der Förderstunde von Anna und Sophie, in der die Schüler*innen an der Tafel jeweils eine Spalte einer Subtraktion mit mehreren Subtrahenden vorrechnen. In US19 bietet S4 Teillösungen an, die von den Förderlehrerinnen jeweils mittels *einfacher Rückmeldungen über die Richtigkeit* bestätigt werden. Die Schülerin bekommt so ein sofortiges Feedback über jeden ihrer Rechenschritte. In US20 geht die Kommunikation eher von den Förderlehrerinnen aus und der Schüler S3 reagiert auf die von beiden Förderlehrerinnen gestellten Fragen. Die Förderlehrerinnen nehmen ihm so die Strukturierung seines Lösungsweges ab.

7. Thematisierung mathematischer Zusammenhänge / Verfahren / Begriffe (außerhalb der bearbeiteten Aufgabe)
Unter diese Kategorie fallen Stellen, in denen die Lehrkräfte inhaltlich-mathematische Zusammenhänge, Verfahren oder Begriffe klären, die nicht im direkten Zusammenhang zu den aktuell bearbeiteten Aufgaben stehen oder vertiefend darüber hinausgehen. Insgesamt fallen 21 Stellen unter diese Kategorie.

Unterstützungssituation 21: Jannis und Ann-Christin Z. 459–466 (Beispiel für das Thematisieren mathematischer Zusammenhänge)

1	**S4:**	*(zu B1, die neben ihr am Tisch sitzt)* Gab es bei
2		irgendeiner Aufgabe eine Zahl wo man die null zum
3		Beispiel, zum Beispiel die null aufgeschrieben hat und
4		dann irgendeine Zahl zu den Einern kam? Noch nie, oder?
5	**B1:**	Ne, du rechnest die immer zur nächst höheren Stelle.
6	**S4:**	Ja aber ich meine *(S4 zeigt nochmal auf dem Blatt, was*
7		*sie meint; B1 beugt sich etwas ran),* gab es irgendwann
8		mal eine Zahl, die mal hier. (.) Also hierhin kam. Also
9		zu den Einern.
10	**B1:**	Ne, ne. Das ist nur, manche die schreiben immer den
11		Übertrag unter die eigene Stelle.
12	**S4:**	Ach so.

In US21 stellt die Schülerin S4 eine mathematische Frage, die nichts mit der Lösung der eigentlichen Aufgabe zu tun hat. Vermutlich fragt sie nach einem Übertrag der Zehntelstelle auf die Einerstelle (vgl. Z. 3–4 und 8–9). Dieser ist nur bei Additionen rationaler Zahlen möglich, daher beantwortet B1 die Frage für den Zahlenraum der natürlichen Zahlen korrekt, indem sie sagt, dass der Übertrag immer zur höheren Stelle gerechnet wird und da es keine tiefere Stelle als die Einerstelle gibt, kann es auch keinen Übertrag dahin geben. Sie thematisiert nicht die Möglichkeit eines Übertrags an die Einerstelle in den rationalen Zahlen.

8. Informationen über mögliche Lösungsstrategien

Unter die Kategorie Informationen über mögliche Lösungsstrategien fallen alle Stellen, in denen die Lehrkräfte ihren Schüler*innen mehr oder weniger produktive Strategien an die Hand geben, die Aufgaben zu lösen. Die Strategien umfassen beispielsweise das Rückwärtsarbeiten, das Nutzen schriftlicher Rechenverfahren, das Aufteilen im Sinne der halb-schriftlichen Rechenverfahren, die Nutzung von Nachbaraufgaben im kleinen Einmaleins und Analogiebildung. Dabei ist zu beachten, dass die Strategien dabei nicht zwangsläufig expliziert werden müssen. Es reicht aus, dass sie implizit verwendet werden. Insgesamt fallen 63 Stellen unter diese Kategorie. Zech (2002) unterscheidet bei den strategischen Hilfen zwischen allgemein-strategischen und inhaltsorientiert-strategischen Hilfen (vgl. S. 316f). Diese Unterscheidung findet sich so nicht in den Daten wieder.

Unterstützungssituation 22: Anika 2 Z. 630 (Explizites Vorgeben einer Lösungsstrategie)

1	**B:**	*(an S4)* Teil dir die Zahl doch einmal auf.
2		Dreihundertsechsundsechzig durch drei.

Unterstützungssituation 23: Elif und Johannes Z. 552–557 (Implizite Verwendung einer Lösungsstrategie)

1		*(S4 muss die Aufgabe sechs mal sieben rechnen und hat*
2		*bereits die von B1 vorgegebene Aufgabe sechs mal sechs*
3		*richtig gelöst)*
4	**B1:**	Und 6 mal 7?
5	**S5:**	6 dazu.
6	**S6:**	Einfach plus 6 rechnen.
7	**S5:**	Du musst nur noch 6 dazurechnen.
8	**B1:**	(zu S5 und S6) Psst.
9	**S4:**	Dreizehn?
10	**B1:**	Nein. Wenn 6 mal 6 36 sind, was sind dann 6 mal 7?

In beiden Beispielen wird mit typischen Rechenstrategien gearbeitet. Während in US22 die Strategie des Aufteilens explizit vorgegeben wird, benennt B1 in US23 die

Strategie Einmaleins-Aufgaben über bekannte Nachbaraufgaben herzuleiten nicht direkt, sondern führt S4 durch das *Benennen des jeweils nächsten Lösungsschritts* durch diese Strategie (vgl. Z. 10).

9. Vorgabe von richtigen / fertigen (Teil-)Lösungen

Unter diese Kategorie fallen alle Stellen, in denen die Lehrkraft (Teil-)Lösungen selbst vorrechnet oder in anderer Weise vorgibt. Dabei differiert insbesondere der Umfang der vorgegebenen Lösung von kleinen Lösungsschritten bis hin zum Vorrechnen ganzer Aufgaben. Insgesamt wurde diese Kategorie 61-mal kodiert. Zech (2002) nennt diese Kategorie inhaltliche Hilfen (vgl. S. 317).

***Unterstützungssituation 24:** Benjamin und Britta Z. 506–507 (Vorgabe von Teillösungen)*

1		*(S4 vergisst beim Bearbeiten der schriftlichen*
2		*Multiplikationsaufgabe 392 mal 5 den Übertrag)*
3	**S4:**	Fünfundvierzig und da behalte ich die…
4	**B1:**	Und dann rechnest du da plus eins. Also dann
5		sechsundvierzig. Und dann, genau. Und dann behältst du
6		die vier im Kopf, wegen von der sechsundvierzig. Dann
7		rechnest du fünf mal drei, das sind ja fünfzehn. Und da
8		dann die vier zu sind neunzehn.

In US24 hat S4 gerade fünf mal neun als zweiten Rechenschritt bei der schriftlichen Multiplikation berechnet und will gerade die 45 aufschreiben. B1 unterbricht ihn, weil er den Übertrag von der fünf mal zwei vergessen hat und rechnet die Aufgabe komplett für S4 zu Ende.

13.3   Zahlbasierte Auswertung der Unterstützungsmuster

Zwischen den Studierendentandems und -solos lassen sich interindividuelle Unterschiede hinsichtlich der Nutzung verschiedener Unterstützungsmuster herausstellen. In Tabelle 13.1 werden die Häufigkeiten der jeweiligen Unterstützungsmuster für jede Förderstunde angegeben. Beispielsweise haben Elif und Johannes in ihrer Förderstunde sieben Mal das Unterstützungsmuster Klassenführung genutzt.

Tabelle 13.1 Absolute Anzahl der Stellen pro Unterstützungsmuster nach Förderlehrkraft (eine Spalte ist jeweils eine Unterrichtsstunde) aufgeteilt

	Elif & Johannes	Anna & Sophie	Hanna & Emily	Jannis & Ann-Ch.	Benjamin & Britta	Anika 1	Anika 2	Lisann 1	Lisann 2	Gesamt
Klassenführung	7	2	0	0	1	0	8	1	1	**20**
Motivationaler Zuspruch	4	5	1	0	4	1	1	16	16	**48**
Inf. Aufgabenstellung / Arbeitsauftrag	3	9	6	22	4	2	1	4	3	**54**
Einfache Rückmeldung	60	48	57	39	59	50	25	50	77	**465**
Rückmeldung mit Begründung	1	18	10	7	17	6	2	5	17	**83**
Aufmerksamkeitslenkung iwS.	7	0	1	0	1	5	20	31	10	**75**
Aufmerksamkeitslenkung ieS.	3	8	49	12	21	14	14	52	18	**191**
Strukturgebung	3	7	7	7	11	7	5	9	3	**59**
Nächsten Lösungsschritt vorgeben / erfragen	5	19	34	12	38	40	18	53	10	**229**
Thematisierung math. Zusammenhänge	0	0	1	3	9	0	1	7	0	**21**
Lösungsstrategien	5	2	11	5	1	6	11	14	8	**63**
Vorgabe von Lösungen	6	5	3	11	20	6	0	6	4	**61**

Um die Fragen nach individuellen Präferenzen hinsichtlich genutzter Unterstützungsmuster zu beantworten, kann man die Studierendensoli (Anika und Lisann) betrachten, bei denen die gleichen Studierenden in zwei Unterrichtsstunden gefördert haben. Dabei fällt auf, dass die Anzahl der einzelnen Unterstützungsmuster in den beiden Förderstunden durchaus stark differieren und daher wohl nur bedingt individuelle Präferenzen abbilden. Die Auswahl an Unterstützungsmustern bei den Studierenden scheint von weiteren Faktoren als der individuellen Präferenz abzuhängen, wie dem Thema der Unterrichtsstunde, den ausgewählten Aufgaben, dem Vorwissen und Verhalten der Schüler*innen oder den jeweils auftretenden Problemen. Eine solche zahlbasierte Auswertung könnte bei einer breiteren Datenbasis wichtige Erkenntnisse zu den bestimmenden Faktoren für die Auswahl von Unterstützungsmustern liefern.

Mithilfe der zahlbasierten Auswertung lässt sich ein Überblick über die verwendeten Unterstützungsmuster geben. In einzelnen (Extrem-)Fällen ist jedoch auch die Einzelbetrachtung spannend. So scheint Lisann im Vergleich zu ihren Kommiliton*innen eine Vorliebe für den motivationalen Zuspruch zu haben, während Benjamin und Britta überdurchschnittlich häufig Lösungen vorgeben. Jannis und Ann-Christin haben in ihrer Stunde vermutlich ein Problem mit unklaren Aufgabenstellungen, die sie nachträglich in dem häufig auftretenden Unterstützungsmuster *Information über die Aufgabenstellung* kompensieren. Auffällig ist, dass alle Studierenden(-gruppen) fast alle Unterstützungsmuster zumindest einmalig verwenden.

13.4 Analyse von Fallbeispielen zum Einfluss von Kommunikation und Lernmaterial auf Unterstützungssituationen

In der strukturellen Analyse von Unterstützungssituationen (s. Abbildung 12.2) stehen neben den bereits analysierten Aspekten *Anlass*, *personeller Rahmen*, *mathematisches Problem* und *Unterstützungsmuster* noch Analysen zu den *Interaktionsformen* und der *Auswahl von Lernmaterialien* aus. Für die beiden Aspekte wird insbesondere vor dem Hintergrund der theoretischen Analysen (s. Abschnitt 2.3 und Kapitel 4) angenommen, dass sie einen großen Einfluss auf den

Verlauf und die Qualität von Unterstützungsmaßnahmen nehmen. Diese Bedeutsamkeit zeigte sich ebenfalls in der Analyse der Unterrichtssituationen. Anhand von Fallbeispielen wird dieser Einfluss exemplarisch illustriert[2].

13.4.1 Fallbeispiele 1 und 2: Einfluss der Kommunikation auf motivationale Komponenten von Förder- und Unterstützungssituationen

Bei der Analyse der Interaktionen zwischen Lehrkraft und Schüler*innen lassen sich die Interaktionen auf einem Kontinuum zwischen starker Lenkung bis Offenheit darstellen. An dem einen Ende des Kontinuums lassen sich Situationen beobachten, in denen die Kommunikation sehr eng von der Lehrkraft geführt wird, was im Extremfall dazu führt, dass die*der Schüler*in nur noch Ein-Wort-Antworten gibt oder gar nichts mehr beiträgt. Am anderen Ende stehen offenere Formen, in denen die Lehrkraft die Schüler*innen durch offene Fragen dazu anregt, selbstständig zu überlegen. Ein häufig auftretendes Muster ist das bereits genannte Trichtermuster, das die zunehmende Verengung von offenen Formen in geschlossene beschreibt (vgl. Bauersfeld 1978). In Fall 1 lässt sich eine Verengung der Kommunikation nach dem Trichtermuster beobachten, die in einer geschlossenen Kommunikation endet. In Fall 2 kann aufgezeigt werden, wie die Lehrkraft durch Fragen die Schülerin dazu anregt, die Problemlösung selbst anzugehen.

In der Förderstunde von Anna und Sophie zur schriftlichen Subtraktion mit mehreren Subtrahenden (s. Fall 1) sollten alle Schüler*innen drei zuvor angeschriebene Aufgaben bereits bearbeitet haben. Bei der Besprechung der Aufgaben rechnen die Schüler*innen jeweils einzelne Spalten vor. Dabei zeigt sich bei manchen Schüler*innen, dass sie die Aufgaben an der Tafel wie neu gestellte Aufgaben bearbeiten und beim Vorrechnen viel überlegen. S3 ist bei der Hunderter-Spalte einer der Aufgaben dran. Die anderen Schüler*innen schauen ihm dabei zu.

Fall 1: Verengung der Kommunikation bei Anna und Sophie Z. 308–328

| 1 | **B1:** | Ja, S3. Traust du dich noch einmal? |
| 2 | **S3:** | *(geht an die Tafel)* Also, ich rechne zehn plus vier. |

---

[2] Die Datengrundlage ist für eine tiefergehende (insbesondere eine zahlbasierte) Auswertung dieser beiden Aspekte nicht ausreichend. Die folgenden Ausführungen haben demnach ergänzenden Charakter.

3	**B1:**	Ja.
4	**S3:**	Sind vierzehn. *(B1 nickt)* Und null plus vierzehn.
5	**B1:**	Ne *(verneinend)*. Du musst ja jetzt eigentlich von der
6		oberen Zahl die Summe von den beiden unteren abziehen.
7	**S3:**	Das sind ja vierzehn insgesamt.
8	**B1:**	Genau
9	**S3:**	Und vierzehn minus null wären.
10	**B1:**	Ne *(verneinend)* eigentlich müsstest du ja rechnen null
11		minus vierzehn.
12	**S3:**	Ja.
13	**B1:**	Aber das geht ja nicht. (.) Da müssen wir erweitern,
14		wie wir das eben auch schon gemacht haben. Das heißt,
15		auf welche Zahl würden wir dann erweitern, erstmal?
16	**S3:**	Eins?
17	**B1:**	Ne *(verneinend)*.
18	**S3:**	Zehn?
19	**B1:**	Genau. Auf zehn erstmal. Aber zehn minus vierzehn, das
20		geht ja schon wieder nicht, ne? Also müssen wir noch
21		mal erweitern.
22	**S3:**	Zwanzig?
23	**B1:**	Ja.
24	**S3:**	Sind sechs.
25	**B1:**	Genau.

S3 kommt an die Tafel und beginnt korrekt in zwei Schritten den Übertrag mit den beiden unteren Ziffern der Subtrahenden zusammenzurechnen. B1 gibt jeweils positive Rückmeldungen über die Richtigkeit. Als S3 nun auch die Ziffer des Minuenden dazu addieren will (Fehler 1: Wahl der falschen Operation), verneint B1 mit einer negativen *Rückmeldung der Richtigkeit inklusive Erklärung* darüber, was eigentlich allgemein bei Aufgaben dieses Typs getan werden müsste, nämlich die Summe der unteren Ziffern von der oberen abzuziehen. Daraufhin unternimmt S3 einen weiteren Lösungsversuch, bei dem er die falsche der beiden Zahlen abziehen will (Fehler 2: Vertauschung Subtrahend und Minuend). B1 verneint erneut und erklärt, was eigentlich getan werden müsste, dieses Mal aber konkreter und mit klarerem Aufgabenbezug: ‚eigentlich müsstest du ja rechnen null minus vierzehn' (Z. 10–11).

Es folgt ein *strukturgebendes schrittweises Durchgehen* der Aufgabe. Dabei *übernimmt* die Lehrkraft gleich mehrere *Lösungsschritte* für S3: „eigentlich müsstest du ja rechnen null minus vierzehn. (S3: Ja.) Aber das geht ja nicht." (Z. 10–13), „Da müssen wir erweitern, wie wir das eben auch schon gemacht haben." (Z. 13–14) oder „Aber zehn minus vierzehn, das geht ja schon wieder nicht, ne? Also müssen wir noch mal erweitern." (Z. 19–21). Sie benennt für S3 jeweils den *nächsten Lösungsschritt*, sodass dieser einzelne Teile der Lösung (Ergebniszahlen) übernehmen kann. Zu den kurzen Schülerlösungen werden entsprechende *Rückmeldungen der Richtigkeit* gemacht.

In der Förderstunde von Hanna und Emily zum Thema Operieren mit großen Zahlen, arbeiten die Schüler*innen an einer Lerntheke mit Aufgabenblättern[3]. S6 muss in der abgebildeten Aufgabe (s. Abbildung 13.1) die Zahlenfolge vervollständigen und anschließend die Rechenvorschrift herausfinden. Dabei holt sie sich Unterstützung von B1, nachdem sie bereits erste Ergebnisse zu der Aufgabe gesammelt hat.

$$215 \quad 430 \quad 429 \quad 858 \quad 857 \quad \_\_\_ \quad \_\_\_$$

Abbildung 13.1 Von S6 bearbeitete Aufgabe. Aufgabentext ist: Gib vier weitere Zahlen der Zahlenfolge an. Wie lautet die Rechenvorschrift?

Fall 2: Offene Form der Kommunikation Hanna und Emily

1	**S6:**	Muss ich hier hin schreiben was ich mache, also wie ich
2		vorgehe?
3	**B1:**	Genau.
4	**S6:**	Und hier dann mit fünfzehn und dann bin ich auf
5		dreißig gekommen, wie viel das ist.
6	**B1:**	Genau, aber guck mal ganz genau hin. Ist das denn
7		hundert? Ist da nur fünfzehn dazu gekommen oder was ist
8		dazu gekommen? Wie viel?
9	**S6:**	Nein, also da sind ja zweihundert und hier vierhundert.
10		Und dann sind, glaube ich, zweihundertfünfzehn nochmal

---

[3] Aus Gründen der Lesbarkeit wird es in dieser Situation nicht jedes Mal erwähnt, wenn B1 das Unterstützungsmuster Rückmeldung der Richtigkeit verwendet, da dies zu Beginn fast jeder Aussage auftritt.

11		Gekommen.
12	B1:	Genau.
13	S6:	Danach wurde es vierhundertdreißig.
14	B1:	Genau.
15	S6:	Danach habe ich hier jetzt plus gerechnet. Soll ich das
16		hier denn dann hier hinschreiben. Also, aber ich weiß
17		ja nun nicht hier. (zeigt auf ihr Blatt)
18	B1:	Ja, dann guck dir die ganze Reihenfolge an und guck
19		was passiert. (zeigt auf das Blatt)
20	S6:	Muss ich hier plus? (B1 stimmt zu) Und danach minus
21		eins.
22	B1:	Genau.
23	S6:	Und danach wieder plus.
24	B1:	Plus wieviel?
25	S6:	Plus vierhundertneunundzwanzig und dann also,
26		vierhundert. (überlegt 6) Muss ich das dann minus das
27		rechnen? *(zeigt währenddessen auf zwei Zahlen, B1*
28		*stimmt zu)* Ach so.
	[…]	
29	S6:	Jetzt habe ich das Ergebnis erhalten, und dann vergesse
30		ich immer die Rechnung. Eins und minus sind drei.
31		(..) Vierhundertneunundzwanzig.
32	B1:	Ehem *(zustimmend)* Was fällt dir auf?
33	S6:	Also dass dann wieder plus hier ist. Und danach minus
34		eins wieder.
35	B1:	Genau. Schreib dir das über die Pfeile, was du genau
36		machst. *(zeigt auf S6'Blatt)* Also von dem Pfeil, von
37		hier nach da. Was passiert da?
38	S6:	Minus eins.
39	B1:	Dann kannst du das da hinschreiben. Was ist hier
40		passiert? Erinnerst du dich noch?

S6 veranlasst die Unterstützungssituation, indem sie B1 eine Frage nach der Aufgabenstellung stellt, die B1 kurz beantwortet. S6 formuliert daraufhin ihr Ergebnis für den ersten Pfeil und erklärt korrekt, dass sie in Zehner- und

Einerstelle 15 addieren muss, um auf 30 zu kommen. Allerdings lässt sie die Hunderterstelle außer Acht, was ihr im Verlauf der weiteren Förderstunde (nicht abgedruckt) noch an weiteren Stellen passiert. B1 versucht sie durch eine entsprechende Nachfrage dazu anzuregen, über die Hunderterspalte nachzudenken (vgl. Z. 6–8). S6 kann ihre Lösung daraufhin selbstständig korrigieren.

In der folgenden Sequenz formuliert S6 Unsicherheit hinsichtlich einer Stelle der Zahlenfolge, es wird jedoch nicht ganz klar, auf welche Stelle S6 sich bezieht (vgl. Z. 15–17). B1 schlägt ihr als *Strategie zur Lösung* ihres Problems vor, die gesamte Reihenfolge zu betrachten. S6 kommt dann selbstständig darauf, dass sie zuerst addieren (215 + etwas = 430), anschließend mit 1 subtrahieren (429) und dann wieder addieren muss (429 + etwas = 858). B1 bestätigt die Lösungen mithilfe *positiver Rückmeldungen* (Z. 20; 22) und fordert S6 bei der zweiten Addition auf, zu präzisieren, wie viel addiert werden muss (Z. 24). Um herauszufinden, welche Zahl addiert werden muss, kommt S6 selbstständig auf den Ansatz, die Umkehrrechnung durchzuführen und die beiden Zahlen miteinander zu subtrahieren. So kommt sie auf das Ergebnis 429.

B1 stimmt zu und fragt anschließend, was S6 auffällt (vgl. Z. 32). Aus dem der abgedruckten Szene folgenden Transkript wird deutlich, dass B1 hier nach der Beobachtung fragt, dass sowohl bei der 215 als auch bei der 429 die Zahl mit sich selbst addiert wird, sich also verdoppelt. S6 formuliert stattdessen erneut ihre Beobachtung, dass abwechselnd addiert und subtrahiert wird. Um S6 zu unterstützen, macht B1 den Vorschlag, die Pfeile mit den jeweiligen Rechnungen zu beschriften, deutet direkt auf einen Pfeil, den S6 beschriften soll (*Aufmerksamkeitslenkung*) und geht daraufhin die weiteren Pfeile (vgl. Z. 37–40) durch.

Im ersten Fallbeispiel lässt sich beobachten, dass die Lehrkraft dem Schüler zunächst die Freiheit einräumt, seine Rechnung selbst zu strukturieren und zu präsentieren, jedoch nach zwei Fehlversuchen des Schülers zunehmend Großteile der Kommunikation übernimmt. Die Lehrkraft wechselt von einem offenen Format sukzessive in einem Trichtermuster der Kommunikation hin zu einem immer geschlosseneren Format. S3 wird dadurch zunehmend in eine passive Rezipientenrolle gedrängt. Er liefert dadurch nur noch minimale Kommunikationsbeiträge in Form von Ein-Wort-Antworten, die alle im fragenden Ton formuliert sind und sich bis auf den letzten Beitrag auf das Erraten der passenden Zahl zum Erweitern beziehen. Er ist an dem konzeptuellen Bearbeiten der schriftlichen Subtraktionsaufgabe mit mehreren Subtrahenden nur noch als Zuhörer beteiligt. Die Verengung ist auch im Transkript in der Verteilung der Gesprächsanteile zu Beginn und am Ende zu sehen.

Im zweiten Fallbeispiel wird trotz der erschwerten Lesbarkeit des Transkripts sehr deutlich, dass die Förderlehrkraft versucht, die Kommunikation zu öffnen. Sie regt S6 über fokussierende Fragen (vgl. z. B. Z. 18–19 und Z. 24) an, darüber nachzudenken, wie sie auf die Lösung der Aufgabe kommen kann. Sie schafft also nicht einen offenen Raum, in dem gerade leistungsschwache Schüler*innen möglicherweise überfordert wären, sondern strukturiert den Lösungsprozess. Immer wieder übernimmt S6 dadurch größere Anteile der Kommunikation und rechnet ganze Abschnitte selbstständig.

Im Vergleich der beiden Fördersituationen wird der Einfluss der Kommunikation auf den Lernprozess der Schüler*innen besonders deutlich. Während S6 einen großen Anteil an der Lösung des Problems hat, ist dieser bei S3 durch das zunehmende Schließen der Kommunikation durch die Förderlehrerin deutlich geringer. Im Sinne kognitiver Aktivierung erscheint ersteres günstiger für den Lernerfolg der Schüler*innen. Die Vermutung liegt nahe, dass, über den reinen Lernerfolg hinaus, S6 am Ende der Situationen eher als S3 zu dem Gedanken kommen wird, die Aufgabe selbstständig bearbeitet zu haben und so für sich das Fazit ziehen könnte, dass sie den Erfolg des Bearbeitens der Aufgabe selbst bewirkt habe. Dieser Gedanke ist für den Aufbau von Selbstwirksamkeit essenziell (vgl. Abschnitt 2.2.1).

Es bleibt offen, inwieweit eine offenere Form der Kommunikation für S3 bei dieser vermutlich nicht adaptiv auf sein Fähigkeitsniveau abgestimmten Aufgabe möglich gewesen wäre. Die Unterstützungshandlungen hängen stark von genutztem Lernmaterial und deren Passung zum Kompetenzstand der Schüler*innen ab. Dies lässt sich auch am folgenden Fallbeispiel verdeutlichen.

13.4.2 Fallbeispiel 3: Einfluss nicht adaptiven Lernmaterials auf motivationale Komponenten von Förder- und Unterstützungssituationen

Im dritten Fallbeispiel werden drei Situationen aus einer Förderstunde hinsichtlich der adaptiven Passung des Lernmaterials und motivationaler Aspekte reflektiert. Bei den drei Situationen handelt es sich um Situationen aus der Förderstunde von Elif und Johannes zum Thema Kopfrechnen im kleinen Einmaleins. Die Situationen stammen aus einem von Kopfrechenaufgaben unterbrochenen Würfelspiel. An diesem Beispiel wird aufgezeigt, dass in nicht adaptiven Fördersettings die Motivation einzelner Schüler*innen und Schüler*innengruppen unter der mangelnden Passung von Aufgaben- und Fähigkeitsniveau leiden kann.

In der Unterrichtsstunde von Elif und Johannes zum Thema Kopfrechnen im kleinen 1×1 wurde zunächst in einem Lehrervortrag die Multiplikation als mehrfache Addition eingeführt und von den Schüler*innen das angeschriebene Tafelbild ins Heft übertragen. Daraufhin wird ein Brettspiel eingeleitet, bei dem die Schüler*innen würfeln und, je nach dem auf welches Feld sie kommen, der nächste dran ist oder sie eine Aufgabe aus dem kleinen Einmaleins im Kopf berechnen müssen. Beantworten sie die Aufgabe richtig, dürfen die Schüler*innen zwei Felder vor, beantworten sie sie falsch, müssen sie ein Feld zurück. Das Spiel nimmt einen Großteil der Stunde ein, weil ein Würfel für ein zweites Spielfeld fehlt. In den drei betrachteten Szenen (chronologisch sortiert) berechnen zwei Schüler*innen Aufgaben: S4 in den Szenen 1 und 3 und S1 in Szene 2.

Fall 3 – Szene 1: Elif und Johannes: S4 scheitert an der Aufgabe $7 \cdot 9{-}8$

1		*(S4 zieht die Karte sieben mal neun minus acht, B1*
2		*erklärt daraufhin, dass von links nach rechts gerechnet*
3		*werden muss)*
4	**S4:**	Hä, aber das ist voll schwer. *(guckt B1 an)*
5	**B1:**	Was ist denn sieben mal neun?
6	**S6:**	Ich weiß es.
7	**S5:**	Ich weiß.
8	**S4:**	Dreiundsechzig?
9	**S6:**	Richtig.
10	**B1:**	Und dreiundsechzig minus acht?
11	**S4:**	Keine Ahnung *(S6 stöhnt auf)* (.) warte dreiundsechzig
12		minus acht *(überlegt 13 Sekunden bis B1 hilft)*
13	**S5:**	*(flüstert zu S6)* Ich weiß es.
14	**S6:**	Psst die kann das hören. (S3 winkt in die Kamera, S5
15		legt ihren Kopf auf den Tisch)
16	**B1:**	Was hältst du davon jetzt, also wir haben ja hier 63.
17		*(zeigt auf die Karte)* Was sind denn sechzig minus acht?
18		*(zeigt erneut auf die Karte)*
19	**S4:**	sechzig?
20	**B1:**	Ja.
21	**S4:**	Das sind, warte wie ist nochmal die Zahl? *(S6 fasst sich*
22		*mit beiden Händen in die Haare)* Äh fünf nein.
23	**B1:**	Sechzig minus acht sind?

24	**S4:**	Keine Ahnung.
25	**B1:**	Okay, dann musst du ein Feld zurück.
26	**S4:**	Okay.

Fall 3 – Szene 2: Elif und Johannes: S1 berechnet 8 · 10

27		*(S1 nimmt eine Karte schaut sie zunächst selbst an und*
28		*zeigt sie anschließend B1)*
29	**B1:**	Was ist denn acht mal zehn?
30	**S4:**	Oh, wie leicht.
31	**S1:**	Achtzig.
32	**B1:**	Genau, jetzt darfst du zwei Felder vor.
33	**S6:**	Wie einfach.
34	**S4:**	Das ist voll unfair, Alter.

Fall 3 – Szene 3: Elif und Johannes: S4 berechnet 6 · 7–3

35		*(S4 kommt auf ein Feld mit einer Aufgabe und sagt „oh*
36		*Nein")*
37	**B1:**	Sie muss sich kurz konzentrieren. Die Aufgabe lautet?
38	**S4:**	Oh, das ist voll unfair. sechs mal sieben minus drei.
39	**B1:**	Okay, und sechs mal sieben sind?
40	**S4:**	Keine Ahnung.
41	**S6:**	Die hattest du schonmal.
42	**S4:**	Warte warte *(S1 greift über den Tisch nach dem Würfel)*
43	**B1:**	Warte mal S1 ganz kurz, lass mal S4 kurz überlegen.
44	**S4:**	*(überlegt 6 Sekunden)* Weiß ich nicht.
45	**B1:**	Na, nicht aufgeben.
46	**S5:**	Rechne doch erstmal die Malaufgabe.
47	**B1:**	Sechs mal sieben sind was?
48	**S4:**	Weiß ich nicht, ich habe diese Reihen noch nicht so
49		oft gelernt.
50	**B1:**	Was sind den sechs mal sechs?
51		*(S1 und S2 unterhalten sich nebenher, S2 nimmt S1*
52		*weiterhin Gegenstände weg)*

53	**S4:**	Sechs mal sechs sind sechsunddreißig.
54	**B1:**	Und sechs mal sieben?
55	**S5:**	sechs dazu. Du musst nur noch sechs dazurechnen.
56	**S6:**	Einfach plus sechs rechnen.
57	**B1:**	Psst.
58		*(Während S4 16 Sekunden überlegt, legen sich S6 und S3*
59		*auf den Tisch, anschließend guckt S3 in die Kameras und*
60		*macht Tanzbewegungen, S1 und S2 beschäftigen sich*
61		*weiterhin nebenher, S5 schaut sich ihre Karten an)*
62	**S4:**	Dreizehn?
63	**B1:**	Wie viel?
64	**S4:**	Dreizehn?
65	**B1:**	Nein. Wenn sechs mal sechs sechsunddreißig sind…
66	**S4:**	Achso.
67	**B1:**	Was sind dann sechs mal sieben?
68	**S3:**	Sechs mal sieben.
69	**S4:**	Also sechsunddreißig plus sechs?
70	**B1:**	Genau.
71	**S4:**	Sind ähm zwei und (.) vierzig.
72	**B1:**	Genau und minus drei.
73	**S4:**	Äh, sind noch neununddreißig.
74	**B1:**	Sehr gut, zwei Felder vor.
75	**S1:**	Geht doch.
76	**S5:**	Also, geht doch.
77	**B1:**	Geht doch. S1, du bist dran.

Bevor die Szene 1 startet, gibt B1 S4 *Informationen über die Aufgabenstellung*, indem sie erklärt, dass die Aufgabe 7 · 9 − 8 von links nach rechts zu lösen sei. S4 äußert Schwierigkeiten (vgl. Z. 4), woraufhin die Lehrkraft die Aufgabe 7 · 9 − 8 in die zwei Rechenoperationen Multiplikation (7 · 9) und Subtraktion (63 − 8) zerlegt (*Strukturgebung*). Konkret wird die Zerlegung im *Benennen des* ersten, aktuell zu bearbeitenden *Lösungsschritts* 7 · 9. Dieser Lösungsschritt wird von S4 erfolgreich mit der richtigen Lösung bearbeitet und von einer Mitschülerin auch als richtig zurückgemeldet. Von der Lehrkraft wird die Lösung lediglich über das *Benennen des folgenden Lösungsschritts* 63 − 8 implizit für richtig befunden, wäre die Lösung falsch, würde B1 vermutlich nicht fortfahren.

S4 antwortet darauf mit ‚Keine Ahnung' (Z. 11), wiederholt die Aufgabe für sich selbst und überlegt 13 Sekunden lang (in denen sich die Mitschüler*innen sichtbar anderweitig beschäftigen). Die eingeworfenen Zwischenrufe von S5 und S6 (Z. 13–14), das Aufstöhnen von S6 (Z. 11), die Nebenbeschäftigungen von S3, S5 und S6 (Z. 14–15) und das in die Haare Fassen von S6 (Z. 21–22) könnten bei S4 zur Erhöhung des (zeitlichen und emotionalen) Drucks geführt haben und von der eigentlichen Aufgabenbearbeitung abgelenkt haben. Auf den Misserfolg von S4, die Aufgabe trotz langen Überlegens nicht lösen zu können, bietet die Lehrkraft eine *Lösungsstrategie* des Zerlegens der beteiligten Zahlen an: 63 − 8 = 60 − 8 + 3. Dabei übernimmt sie den ersten Schritt des Lösungsverfahrens selbst, statt das Lösungsverfahren lediglich zu beschreiben (z. B. Zerlege eine der beiden Zahlen): ‚Was hältst du davon jetzt, also wir haben ja hier 63. (zeigt auf die Karte) Was sind denn 60 minus 8?' (Z. 16–17). Zweimal fragt S4 daraufhin nach der Aufgabe bzw. der Zahl, woraufhin B1 Entsprechendes jeweils wiederholt und damit die *Aufmerksamkeit* von S4 auf die Aufgabe lenkt. Als S4 auch die einfachere Aufgabe nicht lösen kann, schließt B1 mit ‚Okay, dann musst du ein Feld zurück' (Z. 25). Die Szene schließt somit mit einem Misserfolg für S4. Dass ein*e Schüler*in zurückgehen muss, kommt im gesamten Spiel nur zweimal vor, beide Male muss S4 zurückgehen.

Die Szene 2 schließt fast nahtlos an Szene 1 an und ist exemplarisch für zahlreiche vergleichbare Situationen, in denen die Schüler*innen die gestellten Aufgaben, ohne zu überlegen lösen können. Hier ist S1 auf ein Feld gekommen, bei dem er eine Aufgabe berechnen muss. Die *Aufgabe* 8 · 10 wird, nachdem er sie gelesen hat, von B1 *wiederholt*. S4 kommentiert die Aufgabe mit ‚Oh wie leicht' (vgl. Z. 30). S1 löst die Aufgabe korrekt. Die Richtigkeit wird von B1 bestätigt und S1 darf zwei Felder vorgehen. Anschließend kommentiert S6 ebenfalls, wie einfach die Aufgabe sei, und S4 merkt an, dass die Aufgabenverteilung unfair sei.

Die Szene 3 beginnt damit, dass S4 wieder eine Karte mit einer Rechenaufgabe bekommt. B1 fordert die Mitschüler*innen direkt zur Ruhe auf, indem sie sagt, dass S4 sich konzentrieren muss. Auf Nachfrage nennt S4 die Aufgabe 6 · 7 − 3. B1 zerteilt die Aufgabe direkt in den Multiplikations- und Subtraktionsteil

(*Strukturgebung*, vgl. Fall 3 Szene 1) und benennt den ersten Lösungsschritt 6 · 7. S4 antwortet mit „keine Ahnung" (Z. 40), beginnt aber nach einem Hinweis von S6, dass S4 die Aufgabe schon hatte, nochmal nachzudenken. Als S1 nach dem Würfel greifen will, weil er als nächstes an der Reihe ist, hält B1 ihn direkt davon ab, damit S4 überlegen kann (*Unterstützung durch Klassenführung*, Z. 43). Nachdem S4 überlegt hat, kommt sie noch immer nicht zu dem Ergebnis. B1 fordert sie auf, noch nicht aufzugeben (*motivationaler Zuspruch*, Z. 45) und wiederholt die Aufgabe erneut. S4 erklärt daraufhin, dass sie die Aufgabe nicht lösen kann, weil sie diese Einmaleins-Reihen noch nicht hinreichend geübt habe. B1 beginnt die *Lösungsstrategie* Ableiten von bekannten Aufgaben mit S4 durchzugehen (6 · 7 = 6 · 6 + 6). Die Aufgabe 6 · 6 kann S4 direkt lösen, auf das Nennen des Folgeschrittes des Ableitens von 6 · 7 von 6 · 6 werden S4 anschließend von S5 und S6 Lösungshinweise gegeben. Diese werden von B1 unterbunden. S4 überlegt daraufhin eine Weile und kommt zu dem Ergebnis 13. Die Vermutung liegt nahe, dass sie 6 + 7 gerechnet hat. B1 verneint diese Lösung und benennt erneut die anstehende Rechnung für die *Lösungsstrategie* ‚Wenn 6 mal 6 36 sind, was sind dann 6 mal 7?' (Z. 65–67). S4 scheint daraufhin den Gedanken zu verstehen und will 36 + 6 rechnen. Sie kommt dann auch schnell zur Lösung und löst auch den letzten Schritt (Subtraktion von 3) schnell. Die Situation schließt mit Lob und Gratulation für S4.

In den drei Szenen wird deutlich, dass das von B1 gewählte Lernmaterial für unterschiedliche Schüler*innen unterschiedlich gut geeignet ist. Während die meisten Schüler*innen mit den Aufgaben mühelos zurechtkommen und ggf. sogar unterfordert sind, hat S4 Probleme, die Aufgaben allein oder sogar mit Hilfe zu lösen. Es kann hier für alle Schüler*innen davon ausgegangen werden, dass sie große Teile dieser Förderstunde nicht auf ihrem optimalen Niveau arbeiten. Unter motivationalem Gesichtspunkt ist diese Beobachtung von großer Relevanz. Das Arbeiten auf einem nicht passenden Niveau hat in beide Richtungen negative Implikationen für die Selbstwirksamkeit der Schüler*innen. Die Schüler*innen, die unterfordert sind, können keine Erfolge erreichen, weil die Aufgaben zu einfach sind und keine Herausforderung darstellen. Für S4 ist die erste Situation aus entgegengesetzten Gründen motivational ungünstig. Abgesehen davon, dass ihre Mitschüler*innen in beiden Szenen eine äußerst ungünstige Lernatmosphäre schaffen (Z. 13–22), kann S4 in der ersten Situation die Aufgabe nicht selbstständig lösen und muss sich trotz Unterstützung von der Förderlehrkraft einen Misserfolg eingestehen. Zu merken, dass man selbst im Förderunterricht, also dem Ort, wo sich in der Regel die leistungsschwächsten Schüler*innen sammeln, noch versagt, ist sicherlich nicht förderlich für den Aufbau eines positiven akademischen Selbstkonzepts. Ärgerlich ist es für S4 an dieser Stelle, dass sie bei dieser Aufgabe an etwas scheitert, das gar nicht Ziel der Förderstunde war, nämlich an defizitär ausgebauten Grund- bzw. Operationsvorstellungen zur Subtraktion. Über die ungünstige Aufgabenverteilung an die Schüler*innen hinaus erschwert die intransparente Hilfestellung der Lehrkraft die Aufgabenlösung durch S4. Beispielsweise erscheint S4 durch den Aufgabenwechsel von 63–8 zu 60–8 zusätzlich verwirrt (Z. 19).

Besonders ist die dritte Szene, in der die Lehrkraft eine zunächst unüberwindbar herausfordernde Aufgabe gemeinsam mit S4 so bearbeitet, dass sie diese zu großen Teilen selbst lösen kann. Hier scheinen die Bedingungen für eine Förderung von Selbstwirksamkeit gegeben zu sein.

Die Lernsituation dieses Brettspiels ist aus noch zwei weiteren Aspekten eher ungünstig für den Aufbau von Selbstwirksamkeit bei leistungsschwachen Schüler*innen. Zum einen werden die Schüler*innen in dieser Organisationsform nur sehr selten aktiviert. Die Schüler*innen berechnen aufgrund des Spielsettings in einer vergleichsweise langen Zeit nur sehr wenige Aufgaben. Die Möglichkeiten, Lernerfolge zu sammeln, sind dadurch rein zeitlich eingeschränkt. Zum anderen ist es durch die Zufälligkeit der Aufgabenverteilung und der Schwierigkeit der Aufgaben nur bedingt möglich, adaptiv passende Aufgaben für eine heterogene Schülerschaft bereitzustellen. Eine bessere Möglichkeit hinsichtlich dieses Aspekts wäre es, Aufgaben unterschiedlichen Schwierigkeitsgrades zur Wahl anzubieten, die dann ggf. unterschiedliche Spielbelohnungen ermöglichen, oder entsprechende Unterstützungsangebote bereitzustellen.

Mit Fall 3 Szene 1 ist ein weiteres Beispiel für eine Situation gegeben, in der die Lehrkraft die Aufgabenbearbeitung nur wenig lenkt und die Unterstützung eher offen gestaltet. S4 wird die Lösung der neuen Aufgabe 60 – 8 selbst überlassen. Es ist zumindest fraglich, ob für S4 ein enger geführter Lösungsweg nicht eher zu einem Abschluss mit Erfolg geführt hätte.

Zusammenfassende Diskussion der Ergebnisse zu Studie 2

Das zentrale Anliegen dieser Arbeit ist die Erforschung professioneller Kompetenzen zur Förderung individueller Motivation in Förderkontexten. Die in Abschnitt 3.1 beschriebene Konzeptualisierung von Kompetenz geht davon aus, dass diese neben den im Rahmen der quantitativen Studie beforschten dispositionalen Faktoren das reale Verhalten in Anforderungssituationen umfasst. Um professionelle Kompetenzen auf der Ebene des konkreten Handelns mit dem Ziel zu erfassen, Ansatzpunkte für Lernangebote zu identifizieren, mit denen Lehrkräfte ihre professionellen Kompetenzen zur Motivationsförderung (weiter-)entwickeln können, muss das professionelle Handeln zunächst beschrieben und hinsichtlich Qualitätskriterien bewertet werden. Derzeit ist wenig darüber bekannt, wie sich die Praxis individueller mathematischer Förderung konkretisiert. Der qualitative Teil dieser Arbeit zielt auf dieses Desiderat, indem ein IST-Zustand erhoben und beschrieben wird, der sich bei angehenden Lehrkräften im Rahmen individueller Förderungen aufzeigt. Dieser kann als Basis für weitere Untersuchungen genutzt werden, um auf dieser Basis Bewertungs- und Qualitätskriterien sowie Interventionsansätze zu entwickeln.

Um das professionelle Handeln zu erfassen, wurden die teilnehmenden Studierenden einer der Kooperationsschulen bei der Förderung von Schüler*innen mit Schwierigkeiten beim Mathematiklernen videografiert. Die Videos der Unterrichtsstunden wurden transkribiert und mittels eines an Kuckartz (2018) orientierten qualitativ-inhaltsanalytischen Auswertungsverfahrens (s. Abschnitt 12.1.3) ausgewertet. Zur Reduzierung der Komplexität der Unterrichtsstunden und aufgrund der Bedeutsamkeit konstruktiver Unterstützung für den Erfolg und die Qualität von (Förder-)Unterricht, wurde der Fokus auf Unterstützungssituationen gelegt. Insbesondere für die Förderung von Schüler*innen mit Schwierigkeiten beim Mathematiklernen wurde die Unterstützungsqualität als zentrales Kriterium identifiziert (vgl. Abschnitt 2.3).

© Der/die Autor(en) 2022
M. Hettmann, *Motivationale Aspekte mathematischer Lernprozesse*,
Bielefelder Schriften zur Didaktik der Mathematik 7,
https://doi.org/10.1007/978-3-658-37180-7_14

Das Forschungsinteresse umfasst eine strukturierte Beschreibung der Fördermaßnahmen, die angehende Mathematiklehrkräfte ergreifen, um ihre Schüler*innen beim Mathematiklernen zu unterstützen. Um diesen IST-Zustand der Unterstützungshandlungen in den videografierten Unterrichtsstunden zu beschreiben, werden Handlungsmuster und Strukturen in den Unterstützungssituationen identifiziert und klassifiziert.

Die insgesamt 193 Unterstützungssituationen wurden hinsichtlich der Dimensionen Anlass der Unterstützungssituation, personaler Rahmen, Art des Problems und Art der Unterstützung analysiert. Dabei zeigte sich hinsichtlich der ersten Dimension, dass in den gefilmten Förderstunden lehrer*innenseitige Anlässe gegenüber den schüler*innenseitigen dominieren. Das Eingehen einer Unterstützungssituation geht vorwiegend von der Lehrkraft aus. Hier zeigt sich vermutlich ein struktureller Unterschied zu Unterstützungen im Regelunterricht auf, die häufiger durch die Meldung von Schüler*innen zustande kommen dürften. Personell finden die Unterstützungssituationen zum größten Anteil in Eins-zu-Eins-Situationen statt, allerdings wird auch häufig in Plenumssituationen unterstützt. Die Art des Problems ist vorwiegend inhaltlich-mathematisch und seltener bezogen auf die Unterrichtsstruktur oder die Aufgabenstellung, nur an wenigen Stellen werden prozessorientierte Probleme bearbeitet. Die Ergebnisse der ersten drei Dimensionen sind entsprechend des Settings der mathematischen Kleingruppenförderung erwartungsgemäß und spiegeln Erfahrungen aus früheren Hospitationen wider.

Die Untersuchung hinsichtlich der Art der Unterstützung ist das Kernstück der Analyse. Sie erbrachte 9 Unterstützungsmuster, die die Studierenden im Rahmen der videografierten Unterrichtsstunden zeigten. Bei der Identifikation der Unterstützungsmuster zeigte sich, dass die Studierenden ganz verschiedene Wege der Unterstützung ihrer Schüler*innen gehen und verschiedene Arten der Unterstützung miteinander kombinieren können. Mithilfe der Unterstützungsmuster ist es möglich, dieses komplexe Gefüge zu strukturieren und zu beschreiben. Die Muster bieten dabei einen theoretischen und empirischen Ordnungsrahmen für wiederkehrende Handlungsmuster in Unterstützungssituationen. Die Unterstützungsmuster stehen dabei auch in Zusammenhang mit zahlreichen Qualitätskriterien von Unterricht.

Unterstützung durch Klassenführung, also das Managen nicht lernbezogener Tätigkeiten durch die Lehrkraft, kann einen positiven Einfluss auf den Anteil der Lernzeit nehmen, welchem eine hohe Relevanz für effektives schulisches Lernen zugeschrieben wird (vgl. Brophy 2006; Seidel und Shavelson 2007). Die videografierten Lehrkräfte erreichen dies durch verbale und nonverbale Cues und

Ermahnungen. Durch die strukturellen Gegebenheiten von Unterstützungssituationen, welche nach einem Problem auftreten und dieses bearbeiten, wird in den Unterstützungsmustern nur der reaktive Aspekt der Klassenführung berücksichtigt. Für eine effektivere Klassenführung gilt es, die reaktiven Elemente durch Prävention, beispielsweise durch Regeln und Rituale, den Aufbau einer konstruktiven Beziehung oder eine interessante und strukturierte Unterrichtsgestaltung, zu ergänzen (vgl. Bear 2014; Lenske und Mayr 2015). Diese Aspekte können, beispielsweise im Verweis auf vereinbarte Regeln, auch im Rahmen von Unterstützungssituationen umgesetzt werden, sie sind strukturell jedoch eher einem unterstützenden Setting zuzuordnen als einer unterstützenden Problembearbeitung. Eine Besonderheit dieses Unterstützungsmusters ist, dass die Unterstützung gegebenenfalls auch das Verhalten der Mitschüler*innen direkt betrifft. Die*der gerade aktive Schüler*in ist nicht in allen Fällen Ziel der Unterstützungsmaßnahme, sondern wird oft indirekt über die Ansprache der Mitschüler*innen unterstützt. Die durch das Einfordern von Ruhe entstehende Exponiertheit der*s aktiven Schüler*in könnte, insbesondere in Situationen im Plenum, einen zur Intention gegenläufigen Effekt haben, indem der durch das Verbot zur Nebenbeschäftigung erhöhte soziale Druck einen negativen Einfluss auf die Konzentration nimmt.

Der *motivationale Zuspruch* beschreibt Unterstützungssituationen, in denen die Lehrkraft den Schüler*innen positiven Zuspruch gibt und motivationale Aspekte des Lernens direkt anspricht. Die Studierenden formulieren beispielsweise positive Erwartungen, thematisieren negative Selbstkonzepte und erinnern an vorangegangene Erfolge. Sie beziehen sich damit auf die motivationalen Bezugstheorien der Selbstwirksamkeit und des Selbstkonzepts und nutzen die Wirkungen von Erwartungseffekten (vgl. Bandura 1997; Madon et al. 2001; Shavelson et al. 1976). Die Bedeutsamkeit dieses Unterstützungsmusters ist gerade vor dem Hintergrund der besonderen Bedingungen von Schüler*innen mit Schwierigkeiten beim Mathematiklernen groß (vgl. Abschnitt 2.2.4). Die Wirksamkeit allerdings ist, isoliert betrachtet, vermutlich eher schwach. So positioniert Bandura (1997) die Überredung bei den Quellen der Selbstwirksamkeit hinsichtlich der Auswirkungen auf die Selbstwirksamkeit auf einem der hinteren Plätze. Die Wirksamkeit kann jedoch gesteigert werden, wenn sie an Settings geknüpft wird, in denen die Schüler*innen Möglichkeiten bekommen, ihre eigenen Fähigkeiten zu erfahren und zu zeigen. Kompetenzbezogene und selbstbewirkte Erfolgserlebnisse haben einen positiven Einfluss sowohl auf die Selbstwirksamkeit als auch das Selbstkonzept (vgl. Marsh 2005; Schwarzer und Jerusalem 2002). Diese Settings gestalten sich durch adaptive Gestaltung der

Arbeitsaufträge, das Bewusstmachen von Erfolgen und individuelle Unterstützung bei der Erreichung der Ziele (vgl. Abschnitt 2.3). In diesen Settings ist der motivationale Zuspruch oft an andere Unterstützungs- und Unterrichtssituationen gekoppelt. Eine erfolgreiche Unterstützungshandlung berücksichtigt neben dem inhaltlich unterstützenden Aspekt auch die motivationale Komponente. Die vergleichsweise geringe Anzahl gefundener Stellen zum motivationalen Zuspruch deuten darauf hin, dass die Studierenden die psychologischen Bezugstheorien noch nicht in der Praxis nutzen. Dies liegt möglicherweise daran, dass sie in der besonderen Situation der ersten größeren Praxiserfahrungen andere Schwerpunkte als die Förderung der Motivation legen oder die Konzepte noch nicht ausreichend verinnerlicht haben.

Das Unterstützungsmuster *Informationen über Aufgabenstellung oder Arbeitsauftrag* umfasst Erklärungshandlungen zur Aufgabenstellung und die Beantwortung von Fragen dazu. In einem klar strukturierten Unterrichtssetting mit verständlichen Aufgabenstellungen und Arbeitsaufträgen ist dieses Unterstützungsmuster nur im Ausnahmefall nötig. Ein häufiges Auftreten dieses Musters impliziert unklare oder nicht adaptive Aufgabenstellungen. Die Häufigkeit des Auftretens bei den Studierenden ist aufgrund ihres Novizen-Status erwartungsgemäß. Ziel ist es die Aufgabenstellungen so auszuwählen und zu formulieren, dass sie auch ohne zusätzliche Erklärung verstanden werden, also die Auftretenshäufigkeit dieses Musters zu minimieren.

Bei der *Bereitstellung von Informationen über Richtigkeit/Falschheit einer Lösung* werden zwei Unterstützungsmuster unterschieden. Zum einen einfache Rückmeldungen über die Richtigkeit oder Falschheit einer Lösung und zum anderen ausführlichere Begründungen und Erklärungen zur Lösung. Diese Unterscheidung findet sich auch bei Kunter und Trautwein (2013) und Lipowsky (2015). Letzterer betont die leistungsförderliche Wirkung der ausführlicheren Rückmeldung mit zusätzlichen Informationen zu Lern- und Lösungsstrategien oder zur Selbstregulation. Die einfache Rückmeldung zeigt eher keinen Effekt. Dieses Unterstützungsmuster ist das mit großem Abstand am häufigsten kodierte Muster. Es scheint im Kontext der Förderung von besonderer Bedeutung für die Studierenden zu sein. Hier ist es als problematisch einzuschätzen, dass der einfachen Rückmeldung mit 465 kodierten Stellen keine motivations- und leistungsförderliche Wirkung auf die Schüler*innen zugeschrieben werden kann (vgl. Lipowsky 2015). Eine Besonderheit dieses Musters ist, dass es erst in der Reaktion auf einen bereits abgeschlossenen oder zumindest gestarteten Lösungsversuch auftritt. Es unterstützt also nicht den Lösungsprozess selbst, sondern regt im Fall der negativen Rückmeldung nach Abschluss eines ersten Lösungsprozesses einen Neuen an oder schließt den Lösungsprozess im Fall der positiven

Rückmeldung ab. Um die motivationsförderliche Wirkung dieses Unterstützungsmusters zu steigern, ist insbesondere im Fall der Rückmeldung der Falschheit einer Lösung zu beachten, dass dies für betroffene Schüler*innen in der Regel einen Misserfolg darstellt und dieser angemessen verarbeitet werden sollte. Die Attributionstheorie betont vor diesem Hintergrund die Wichtigkeit der Ursachenzuschreibung auf internal variable Ursachenfaktoren, wie verwendete Lern- und Lösungsstrategien, da diese Attribution Schüler*innen Kontroll- und Änderungsperspektiven aufzeigt (vgl. Graham und Taylor 2016; Weiner 2010). Prediger und Wittmann (2009) sowie Oser und Spychiger (2005) geben einen Überblick über Maßnahmen eines lernwirksamen Umgangs mit Fehlern und zur Etablierung eines fehlerfreundlichen Lernklimas.

Das Unterstützungsmuster *Aufmerksamkeitslenkung* umfasst zahlreiche Situationen, in denen die Schüler*innen in der Problembearbeitung über Wiederholung oder Visualisierung kognitiv entlastet werden, die verlorene Aufmerksamkeit der Schüler*innen wieder eingefangen wird oder die Aufmerksamkeit auf hilfreiche Aspekte gelenkt wird. Bei der *Strukturgebung und dem strukturierten Zerlegen* werden die Schüler*innen entweder schrittweise durch ein Problem geleitet oder ein Problem wird neu strukturiert bzw. in Teilprobleme zerlegt.

Die beiden Unterstützungsmuster finden sich in der Literatur zum *Scaffolding* wieder (s. Abschnitt 2.3; vgl. Puntambekar und Hubscher 2005; Simons und Klein 2007). In den Maßnahmen wird bei der Problembearbeitung für die Schüler*innen ein Gerüst aus Hilfestellungen errichtet, sodass sie das Problem mit den Hilfen eigenständig lösen können. Das Gerüst kann abgebaut werden, wenn die Schüler*innen in der Lage sind, vergleichbare Probleme auch ohne Hilfestellung zu lösen. Die Hilfestellungen bestehen in diesen Unterstützungsmustern darin, Struktur und Zieltransparenz zu erhöhen oder bereits vorhandene Ressourcen wie das Vorwissen aufzuzeigen. Es konnte nachgewiesen werden, dass Unterstützungsmaßnahmen dieser strukturierenden Art positiv mit Leistungsvariablen und motivationalen Aspekten zusammenhängen und, dass diese Unterstützungsform besonders für Schüler*innen mit geringen Vorkenntnissen vorteilhaft ist (vgl. Gold 2016; Rakoczy et al. 2007). Die Unterstützungsmuster der Aufmerksamkeitslenkung und Strukturgebung unterscheiden sich besonders im Ausmaß, mit dem die Studierenden in den Lösungsprozess der Schüler*innen eingreifen und Teillösungsschritte übernehmen (vgl. Abschnitt 13.4.1; Fallbeispiele 1 und 2). Um im Einzelfall zu unterscheiden, welches Maß an strukturierender Unterstützung für Schüler*innen angemessen ist, benötigt die Lehrkraft ein hohes Maß an diagnostischen Kompetenzen. Diese Unterstützungsmuster sind auf Ebene der Studierenden daher voraussetzungsreich.

Die *Thematisierung mathematischer Zusammenhänge / Verfahren / Begriffe (außerhalb der bearbeiteten Aufgabe)* umfasst Erklärungen und Verweise auf hilfreiches mathematisches Wissen, das nicht explizit mit der Bearbeitung des Problems in Verbindung steht. Der Rückgriff auf das mathematische Hintergrundwissen wird nur an vereinzelten Stellen von den Studierenden eingesetzt, was nicht verwunderlich ist, weil Unterstützungssituationen durch ein Problem veranlasst werden, das in der Regel eine konkrete Aufgabenstellung umfasst. Die Hilfestellung wird dann ebenfalls eher auf die Aufgabe bezogen sein als davon losgelöst.

Das Unterstützungsmuster *Informationen über mögliche Lösungsstrategien* beschreibt Unterstützungssituationen, in denen die Studierenden ihren Schüler*innen eine Lösungsstrategie zur Bearbeitung der Aufgabe explizit nennen oder sie implizit verwenden. Die Wichtigkeit von Lösungsstrategien für das Mathematiklernen wurde an verschiedenen Stellen betont (vgl. Hess 2016; Moser Opitz 2013). Außerdem wurde aufgezeigt, dass Schüler*innen mit Schwierigkeiten beim Mathematiklernen oft unzureichende Strategien ausgebildet haben (vgl. van der Weijden et al. 2018; van't Noordende et al. 2016; Moser Opitz 2013). Die Studierenden verweisen auf bereits eingeführte Strategien wie Anika in Unterstützungssituation 22 oder verwenden möglicherweise unbewusst Strategien, ohne diese zu thematisieren (s. Unterstützungssituation 23 in Abschnitt 13.2). Für die Vermittlung von Rechenstrategien scheint der direkte Verweis angemessen. Eine wichtige Beobachtung ist, dass die Studierenden nicht nur gewinnbringende Strategien anwenden (s. Fallbeispiel 3; Szene 1 in Abschnitt 13.4.2).

Das letzte Unterstützungsmuster ist die *Vorgabe von richtigen / fertigen (Teil-) Lösungen*. Hier übernehmen die Studierenden einen Teil der Lösung oder die gesamte Lösung der Aufgabe. In der Regel demonstrieren sie den Schüler*innen einen richtigen Lösungsweg, nachdem diese die Aufgabe nicht eigenständig bewältigen konnten oder einen Fehler gemacht haben. Auf der einen Seite übernehmen die Studierenden in diesem Unterstützungsmuster die eigenständige Bearbeitung der Problemstellungen. Den Schüler*innen wird somit die Möglichkeit genommen, einen selbstbewirkten Erfolg in der Aufgabe zu verzeichnen. Dies wäre sowohl für den Lernerfolg als auch die Selbstwirksamkeit günstig. Eines der anderen Unterstützungsmuster wäre vor diesem Hintergrund angemessener. Ist die Vorgabe von richtigen Teillösungen die einzige Alternative zur Unterstützung der Schüler*innen, weil die Schüler*innen die Lösung der Aufgabe nicht selbst finden können, kann dies als Indikator für nicht adaptives Material angesehen werden. Auf der anderen Seite kann dieses Unterstützungsmuster produktiv genutzt werden, indem, vergleichbar zur Arbeit mit Lösungsbeispielen, Lösungswege und Problemlösungen modelliert werden, an bereits vorhandene Lösungsverfahren erinnert wird oder eigene Lösungen mit der Musterlösung kontrolliert werden (vgl. Salle 2015).

Die Analyse der Fallbeispiele zum *Einfluss der Kommunikation* zeigte auf, dass die Kommunikation zwischen den Studierenden und ihren Schüler*innen ein unterschiedliches Maß an Lenkung bzw. Offenheit aufweist. An zwei Fallbeispielen wurde aufgezeigt, dass sich das Kommunikationsmuster innerhalb einer Unterstützungssituation verändern kann. Im ersten Fallbeispiel wurde deutlich, wie sich die Interaktion zwischen Förderlehrrraft und Schüler trichterförmig verengt und somit von einer eher offenen Form in eine stark gelenkte Kommunikation übergeht. Im anderen Fallbeispiel konnte gezeigt werden, wie sich die Lenkung bzw. Offenheit auf den Lösungsprozess der Schüler*innen auswirkt. Während der Schüler im ersten Fallbeispiel lediglich reaktiv auf die geschlossenen Fragen antwortet und es fraglich ist, ob er eine vergleichbare Aufgabe selbstständig lösen könnte und sich selbst als Urheber der Leistung sieht, übernimmt die Schülerin im zweiten Fallbeispiel auch Teile des Lösungsweges selbstständig. In der Gegenüberstellung der beiden Fallbeispiele kann gezeigt werden, dass strukturierende Unterstützungsmuster nicht zwangsläufig in Form einer starken Lenkung genutzt werden. Beide Studierenden strukturieren den Lösungsweg und führen ihre Schüler*innen durch die Aufgabe, tun dies jedoch in unterschiedlichen Graden der Lenkung.

Die Untersuchung von Kommunikationsmustern ist nur bei Unterstützungssituationen sinnvoll, in denen die Studierenden auch über längere Passagen mit ihren Schüler*innen interagieren. Ein Großteil der Unterstützungssituationen ist allerdings sehr kurz und lässt sich eher als Instruktion bezeichnen, in denen die Lehrkraft den Schüler*innen sagt, was zu tun ist oder eine Hilfestellung anbietet. Ein typisches Muster ist das Stellen einer Frage durch Schüler*innen und das direkte Geben einer Antwort durch die Lehrkraft. Anschließend ist die Interaktion häufig beendet. Die Datenbasis für längere Interaktionen zwischen einzelnen Schüler*innen und der Lehrkraft ist eher klein. Die Interpretation wird darüber hinaus dadurch erschwert, dass oft weitere Schüler*innen an einem Gespräch teilnehmen und die Lehrkraft-Schüler*innen-Interaktion beeinflussen. Für eine vertiefte Untersuchung der Kommunikation in Förderkontexten ist eine breitere Datenbasis wünschenswert.

Die Wichtigkeit adaptiven Lernmaterials zur Herstellung einer optimalen Passung von Anforderung und Schüler*innenfähigkeiten wurde an verschiedenen Stellen dieser Arbeit für die Motivation und Leistung von Schüler*innen begründet (s. Abschnitt 2.3). Zur Beurteilung, inwieweit das Lernmaterial adaptiv an das Fähigkeitsniveau der Schüler*innen angepasst ist, benötigt es, über die Beobachtung während der Aufgabenbearbeitung hinaus, verlässliche Leistungsdaten der

Schüler*innen und eine Anforderungsanalyse der Aufgaben. Da in dieser Studie kein Zugriff auf die Leistungsdaten der Schüler*innen möglich war, wurde in den drei Szenen des dritten Fallbeispiels versucht, anhand der Beobachtungen exemplarisch darzustellen, wie sich nicht adaptives Material auf das Lernen der Schüler*innen in den Förderstunden auswirken kann. Hier wurde insbesondere die Problematik der gleichzeitigen Über- und Unterforderung einzelner Schüler*innen aufgrund fehlender optimaler Herausforderungen herausgestellt.

Die Analyse der Fallbeispiele hat eher illustrierenden Charakter und kann keine tiefergehenden Informationen über die Kommunikation und Adaptivität des Lernmaterials in den beobachteten Förderstunden geben. Sie ermöglicht jedoch einen Einblick in mögliche Probleme der Kleingruppenförderung und gibt einen Ansatzpunkt für weitere Forschungsvorhaben. Beispielsweise zeigt sie über die systematisch erfassten und berichteten Ergebnisse hinausgehend, dass einzelne Studierende noch Schwierigkeiten haben, die im Veranstaltungskonzept diskutierten Inhalte anzuwenden. Hier gilt es zu überlegen, welche Konsequenzen sich aus dieser Tatsache für das Veranstaltungskonzept und den theoretischen Hinterbau ergeben. Die bisherigen Ausführungen und Analysen deuten darauf hin, dass die theoretische Basis des Modells der Förderung von mathematischen Kompetenzen und Motivation (s. Abbildung 2.3) geeignet scheint, um im Rahmen mathematischen Förderunterrichts motivationsförderlich zu agieren. Für das Lehrkonzept könnte eine zunehmende Fokussierung auf konkrete Unterstützungsmaßnahmen für prototypische Fördersituationen, wie beispielsweise den Umgang mit Misserfolgen oder geäußerter niedriger Selbstwirksamkeit, i. S. v. ‚ich kann das doch eh nicht‘, produktiv und vorentlastend sein. Gegebenenfalls könnte eine Reduktion der Inhalte bei gleichzeitiger Vertiefung und Übung der anderen Inhalte dazu führen, dass die Studierenden in der herausfordernden Situation erster unterrichtlicher Versuche die neuen Erkenntnisse aus der Veranstaltung eher für sich nutzbar machen können, statt mit der Fülle an neuen Erfahrungen und Wissensbeständen potenziell überfordert zu werden.

Darüber hinaus lassen sich weitere Grenzen der Untersuchung herausstellen: Die Analyse der Unterstützungssituationen wurde auf der Basis von neun Förderstunden durchgeführt, in denen sieben Studierendentandems ihre Schüler*innen fördern. Auch wenn die Anzahl der Unterstützungssituationen mit fast 200 hinreichend groß für eine Analyse war, zeigte sich an einzelnen Stellen die Abhängigkeit des Vorkommens von Unterstützungsmustern von methodischen und inhaltlichen Entscheidungen. Es ist demnach nicht auszuschließen, dass sich noch weitere Unterstützungsmuster identifizieren oder sich Unterstützungsmuster noch weiter ausdifferenzieren lassen, wenn eine größere Stichprobe verwendet würde. Es ist demnach wünschenswert, weitere praxisnahe Untersuchungen wie diese anzuschließen. Diese Studie bietet einen Ansatzpunkt für die Beforschung von Unterstützungssituationen in Förderkontexten und gibt einen strukturellen Rahmen, der weitere Analysen erleichtern kann. Eine mithilfe des verwendeten Untersuchungsdesigns nicht zu umgehende Problematik ist, dass der Erfolg der Unterstützungsmaßnahmen an vielen Stellen nicht einzuschätzen ist, weil das Weiterkommen der Schüler*innen aufgrund des fehlenden Einblicks in ihre Unterlagen nicht Teil der Analyse war. Für eine Untersuchung der Unterstützungsqualität wäre die Überprüfung des Erfolgs von Unterstützungsmaßnahmen grundlegend.

Eine Übertragbarkeit der Ergebnisse auf inklusiven Mathematikunterricht ist nur zum Teil möglich. Auf der einen Seite ist es auch im Regelunterricht eine zentrale Aufgabe von Lehrkräften, ihre Schüler*innen beim Lernen zu unterstützen. Dies gilt im besonderen Maße für die Schüler*innen mit Schwierigkeiten beim Lernen. Allerdings haben Lehrkräfte im inklusiven Mathematikunterricht deutlich mehr Schüler*innen und somit nur begrenzte Zeit, sich mit einzelnen Schüler*innen auseinanderzusetzen. Dies kann einen Einfluss auf das Vorkommen von Unterstützungssituationen nehmen. Im Förderunterricht könnte es aufgrund des Fokus auf Nacharbeitung unverstandener Inhalte häufiger zu Unterstützungssituationen kommen als im Regelunterricht, in dem neue Inhalte erarbeitet werden und daher vermehrt Unterrichtsgespräche und entdeckende oder kooperative Unterrichtsformen eingesetzt werden. Die Unterstützungsanfragen werden im Regelunterricht voraussichtlich häufiger von den Schüler*innen ausgehen und weniger durch das Beobachten von Fehlern durch die Lehrkraft. Im Regelunterricht werden Unterstützungen oft einem größeren Teil der Klasse zugänglich gemacht, beispielsweise durch die Besprechung von Aufgaben im Plenum. Die Art der Unterstützung in Form der Unterstützungsmuster könnte sich nach einzelnen Anpassungen übertragen lassen. Sie stellen ein Repertoire der Unterstützungsmöglichkeiten auch für Lehrkräfte im Regelklassenunterricht dar.

Zusammenfassung und Ausblick 15

In dieser Arbeit wurden professionelle Kompetenzen von angehenden Mathematiklehrkräften zur Förderung von Mathematiklernen unter der Berücksichtigung individueller Motivation untersucht. Dazu wurde zunächst der aktuelle Forschungsstand zur Förderung von mathematischen Kompetenzen und motivationalen Variablen sowie zur Unterrichtsqualität bei Schüler*innen mit Schwierigkeiten mit dem Mathematiklernen dargelegt und Grundsätze der Förderung dieser Schüler*innengruppe formuliert (s. Abbildung 2.3). Unter Berücksichtigung der Forschung zu professionellen Kompetenzen von Lehrkräften, wurde ein Modell der professionellen Kompetenz von Lehrkräften, motiviertes Lernen zu fördern, entwickelt (s. Abbildung 3.4). Kompetenz wurde dabei Blömeke et al. (2015) folgend als Kontinuum von Dispositionen, situationsspezifischen Fähigkeiten und Performanz modelliert. Auf dieser Basis wurde ein universitäres Lehrkonzept entwickelt (s. Abbildung 4.2), in dem theoretische und praktische Grundlagen der Förderung mathematischer Leistung und individueller Motivation bei Schüler*innen mit Lernschwierigkeiten thematisiert und vermittelt werden.

Das Erkenntnisinteresse dieser Arbeit fokussiert besonders auf die dispositionalen Aspekte der Kompetenz und die Performanzebene. In Bezug auf den dispositionalen Bereich sollte die Frage beantwortet werden, ob sich die dispositionalen Faktoren der professionellen Kompetenz, motiviertes Lernen zu fördern, durch eine universitäre Veranstaltung mit integrierter Praxisphase entwickeln lassen und ob durch den speziellen inhaltlichen Fokus auf motivationale Aspekte ein Vorteil für den Kompetenzerwerb der Studierenden erreicht werden kann. Dabei wurden neben den Facetten der professionellen Kompetenz auch Aspekte der Akzeptanz sowie selbsteingeschätzte Lernzuwächse und eine Reflexion der Nutzung von Methoden aus der Veranstaltung im Rahmen eines Pre-Post-Kontrollgruppendesigns untersucht. Ein weiterer Indikator war die Ebene der

© Der/die Autor(en) 2022
M. Hettmann, *Motivationale Aspekte mathematischer Lernprozesse*,
Bielefelder Schriften zur Didaktik der Mathematik 7,
https://doi.org/10.1007/978-3-658-37180-7_15

Entwicklungen von motivationalen Variablen auf Schüler*innenebene. Die Ergebnisse deuten darauf hin, dass es mithilfe des entwickelten Lehrkonzepts möglich ist, Facetten der professionellen Kompetenz, motiviertes Lernen zu fördern und, dass sich in einzelnen Facetten Vorteile einer expliziten Thematisierung motivationaler Inhalte ergeben. Die Analyse der Akzeptanzskalen, die selbstberichteten Lernerfolge und der Selbstbericht der Studierenden über den Einsatz der Methoden aus der Veranstaltung deuten in dieselbe Richtung. Die Daten auf Ebene der Schüler*innen zeigen einen motivationalen Vorteil für Schüler*innen, die eine zusätzliche Förderung erhalten, allerdings uneinheitliche Ergebnisse darüber, ob eine explizite motivationsbezogene Schulung der Studierenden überlegen ist.

In Bezug auf die Performanz wurde der Schwerpunkt auf ein Kernelement individueller Förderung von Schüler*innen mit Schwierigkeiten beim Mathematiklernen gelegt, die konstruktive Unterstützung. Hier sollte die Frage beantwortet werden, wie Studierende Unterstützungssituationen im Rahmen der Praxisphase gestalten und welche Handlungsmuster und Strukturen sich dabei identifizieren lassen. Das Ergebnis der Analysen von neun Unterrichtsvideos war neben einer Charakterisierung verschiedener Dimensionen von Unterstützungssituationen ein Kategorienraster mit insgesamt 9 Unterstützungsmustern, die verschiedene Arten unterscheiden, mit denen die Studierenden ihre Schüler*innen unterstützen.

Zur Erhöhung der Verallgemeinerbarkeit der quantitativen Ergebnisse wäre eine vergleichbare Erhebung mit einer größeren Stichprobe wünschenswert, gegebenenfalls von unterschiedlichen Universitätsstandorten und einer Kontrollgruppe, die kein vergleichbares Veranstaltungsformat besucht, beispielsweise eine Gruppe, die das Blockseminar ohne Praxisphase absolviert oder die in einem Semester ohne Praxisphase studiert. Dadurch könnten die Zusammenhänge zwischen der Veranstaltung und die Entwicklungen in den Kompetenzfacetten der Studierenden klarer bestimmt und abgesichert werden. Außerdem könnte in einem solchen Format vertiefend untersucht werden, auf welche Aspekte der Veranstaltungskonzeption sich Entwicklungen in den Kompetenzfacetten zurückführen lassen. Eine Adaption des Konzeptes für bereits praktizierende Lehrkräfte wäre daran anschließend ein gewinnbringender weiterer Schritt.

Der im Rahmen der qualitativen Untersuchung der Unterrichtsvideos von Förderstunden entwickelte Ordnungsrahmen für Unterstützungsmuster lässt sich in verschiedenen Bereichen der Forschung und Lehre nutzbar machen. Unter der Forschungsperspektive schließen sich an diese erste Untersuchung zahlreiche Forschungsfragen an. Insbesondere die Frage nach der Qualität und dem Erfolg von Unterstützungsmustern im Hinblick auf Auswirkungen auf die unterstützten Schüler*innen ist ein wichtiger Anschlusspunkt an die Identifikation der Unterstützungsmuster. Die Vermutung liegt nahe, dass es nicht qualitativ hochwertigere

Unterstützungsmuster gibt, sondern die Unterstützungsmuster in unterschiedlichen Situationen und bei unterschiedlichen Schüler*innen unterschiedliche Passung haben und Unterstützungsmuster auf verschiedenen Qualitätsniveaus angewendet werden können. Für die Untersuchung gilt es den Einsatz bestimmter Unterstützungsmuster intensiver zu untersuchen, beispielsweise durch die Nutzung zusätzlicher Schüler*innenbefragungen oder einer Analyse von Schüler*innenlösungen. Ein weiterer Anknüpfungspunkt an die Untersuchung wäre eine Verallgemeinerung der Unterstützungsmuster für eine größere Stichprobe, Lehrkräfte im Regelunterricht oder für das Handeln von Expertenlehrkräften. Ein vor dem Hintergrund der aktuellen gesellschaftlichen Situation bedeutsamer Forschungsfokus ist die Untersuchung von Unterstützungsmaßnahmen im digitalisierten Unterricht.

Für die universitäre Lehre und die Fortbildung von Mathematiklehrkräften lässt sich das Raster gezielt nutzen, um ein Repertoire für die eigene Unterstützungspraxis aufzubauen oder diese zu reflektieren. Beispiele wären eine Reflexion der Rückmeldungspraxis und eine Weiterentwicklung von einfachen Rückmeldungen der Richtigkeit oder Falschheit einer Lösung hin zu ausführlicheren Formen mit Begründungen und Erklärungen oder Überlegungen zur Passung und Qualität unterschiedlicher Unterstützungsformen. Eine weitere Möglichkeit zur Nutzbarmachung des Rasters liegt im Rahmen von Unterrichtshospitationen. Hier könnten die Unterstützungsmuster einen Rahmen für die Analyse eigenen und fremden Unterrichts bieten. Insbesondere könnten Dozierende das gewonnene Wissen darüber, was Studierende in der praktischen Förderung erwartet, für die Vorbereitung der eigenen Lehre nutzen. Weitere Anknüpfungspunkte an das entwickelte Lehrkonzept, insbesondere für eine Verallgemeinerung auf Regelklassenkontexte, könnten die Ansätze der Selbstbestimmungs- und Interessenstheorie sein. Hier sollte eine stärkere Fokussierung auf mathematische Prozesse, wie das Modellieren oder Problemlösen, sowie auf die verwendeten Inhalte und Aufgaben produktive Ergänzungen darstellen.

Für eine umfassende Untersuchung der professionellen Kompetenz, motiviertes Lernen zu fördern, steht noch eine Untersuchung der verbindenden Prozesse zwischen den dispositionalen Aspekten und der Performanz aus.

Diese Arbeit hat einen ersten Schritt zur Erforschung einer wichtigen Teilfacette professionellen Handelns von Lehrkräften gemacht: Die professionellen Kompetenzen zur Förderung mathematischer Kompetenzen und individueller Motivation. Sie setzt damit einen mehrere Kompetenzbereiche umfassenden Anknüpfungspunkt für die weitere Untersuchung der Fähigkeiten, die (angehende) Mathematiklehrkräfte benötigen, um das Motivationsgeschehen im Mathematikunterricht gezielt zu gestalten.

Literaturverzeichnis

Abu-Tineh, A. M., Khasawneh, S. A. & Khalaileh, H. A. (2011). Teacher self-efficacy and classroom management styles in Jordanian schools. *Management in Education 25* (4), 175–181. doi:https://doi.org/10.1177/0892020611420597

Ahmed, W., Minnaert, A., Kuyper, H. & van der Werf, G. (2012). Reciprocal relationships between math self-concept and math anxiety. *Learning and individual differences 22* (3), 385–389. doi:https://doi.org/10.1016/j.lindif.2011.12.004

Ainley, M., Hidi, S. & Berndorff, D. (2002). Interest, learning, and the psychological processes that mediate their relationship. *Journal of Educational Psychology 94* (3), 545–561. doi:https://doi.org/10.1037/0022-0663.94.3.545

Alliger, G. M., Tannenbaum, S. I., Bennett, W., Jr., Traver, H. & Shotland, A. (1997). A meta-analysis of the relations among training criteria. *Personnel Psychology 50* (2), 341–358. doi:https://doi.org/10.1111/j.1744-6570.1997.tb00911.x

Almog, O. & Shechtman, Z. (2007). Teachers' democratic and efficacy beliefs and styles of coping with behavioural problems of pupils with special needs. *European Journal of Special Needs Education 22* (2), 115–129. doi:https://doi.org/10.1080/08856250701267774

Arthur, W., Day, E. A., McNelly, T. L. & Edens, P. S. (2003). A meta-analysis of the criterion-related validity of assesment center dimensions. *Personnel Psychology 56* (1), 125–153. doi:https://doi.org/10.1111/j.1744-6570.2003.tb00146.x

Atkinson, R. C. & Schiffrin, R. M. (1968). Human memory: A proposed system and its control processes. In K. W. Spence & J. T. Spence (Hrsg.), *The psychology of learning and motivation* (S. 89–195). New York: Academic Press.

Baddeley, A. (2000). The episodic buffer: a new component of working memory? *Trends in Cognitive Sciences 4* (11), 417–423. doi:https://doi.org/10.1016/S1364-6613(00)01538-2

Baird, G. L., Scott, W. D., Dearing, E. & Hamill, S. K. (2009). Cognitive Self-Regulation in Youth With and Without Learning Disabilities: Academic Self-Efficacy, Theories of Intelligence, Learning vs. Performance Goal Preferences, and Effort Attributions. *Journal of Social and Clinical Psychology 28* (7), 881–908. doi:https://doi.org/10.1521/jscp.2009.28.7.881

Bakker, A., Smit, J. & Wegerif, R. (2015). Scaffolding and dialogic teaching in mathematics education: introduction and review. *ZDM Mathematics Education 47* (7), 1047–1065. doi:https://doi.org/10.1007/s11858-015-0738-8

© Der/die Herausgeber bzw. der/die Autor(en) 2022
M. Hettmann, *Motivationale Aspekte mathematischer Lernprozesse*,
Bielefelder Schriften zur Didaktik der Mathematik 7,
https://doi.org/10.1007/978-3-658-37180-7

Ball, D. L. (1990). The Mathematical Understandings That Prospective Teachers Bring to Teacher Education. *The Elementary School Journal 90* (4), 449–466. doi:https://doi.org/10.1086/461626

Bandura, A. (1977). Self-efficacy: Toward a unifying theory of behavioral change. *Psychological Review 84* (2), 191–215. doi:https://doi.org/10.1037/0033-295X.84.2.191

Bandura, A. (1995). *Self-efficacy in changing societies* (1st pbk. ed.). Cambridge, U.K.: Cambridge University Press.

Bandura, A. (1997). *Self-efficacy. The exercise of control.* New York: Freeman.

Bandura, A. (2001). Social cognitive Theory. An agentic perspective. *Annual Review of psychology 52*, 1–26. doi:https://doi.org/10.1146/annurev.psych.52.1.1

Bandura, A. & Schunk, D. H. (1981). Cultivating Competence, Self-Efficacy, and Intrinsic Interest Through Proximal Self-Motivation. *Journal of Personality and Social Psychology 41*, 586–598. doi:https://doi.org/10.1037/0022-3514.41.3.586

Bauersfeld, H. (1978). Kommunikationsmuster im Mathematikunterricht. Eine Analyse am Beispiel der Handlungsverengung durch Antworterwartung. In H. Bauersfeld (Hrsg.), *Fallstudien und Analysen zum Mathematikunterricht* (S. 158–170). Hannover: Schroedel.

Baumert, J., Blum, W., Brunner, M., Dubberke, T., Jordan, A., Löwen, K., Neubrand, M. & Tsai, Y.-M. (2008). *Professionswissen von Lehrkräften, kognitiv aktivierender Mathematikunterricht und die Entwicklung von mathematischer Kompetenz (COACTIV). Dokumentation der Erhebungsinstrumente* (Materialien aus der Bildungsforschung, Nr. 83). Berlin: Max-Planck-Inst. für Bildungsforschung.

Baumert, J. & Kunter, M. (2006). Stichwort: Professionelle Kompetenz von Lehrkräften. *Zeitschrift für Erziehungswissenschaft 9* (4), 469–520. doi:https://doi.org/10.1007/s11618-006-0165-2

Baumert, J. & Kunter, M. (2011a). Das Kompetenzmodell von COACTIV. In M. Kunter, J. Baumert, W. Blum, U. Klusmann, S. Krauss & M. Neubrand (Hrsg.), *Professionelle Kompetenz von Lehrkräften. Ergebnisse des Forschungsprogramms COACTIV* (S. 29–54). Münster: Waxmann.

Baumert, J. & Kunter, M. (2011b). Das mathematikspezifische Wissen von Lehrkräften, kognitive Aktivierung im Unterricht und Lernfortschritte von Schülerinnen und Schülern. In M. Kunter, J. Baumert, W. Blum, U. Klusmann, S. Krauss & M. Neubrand (Hrsg.), *Professionelle Kompetenz von Lehrkräften. Ergebnisse des Forschungsprogramms COACTIV* (S. 163–192). Münster: Waxmann.

Baumert, J., Kunter, M., Blum, W., Klusmann, U., Krauss, S. & Neubrand, M. (2011). Professionelle Kompetenz von Lehrkräften, kognitiv aktivierender Unterricht und die mathematische Kompetenz von Schülerinnen und Schülern (COACTIV). Ein Forschungsprogramm. In M. Kunter, J. Baumert, W. Blum, U. Klusmann, S. Krauss & M. Neubrand (Hrsg.), *Professionelle Kompetenz von Lehrkräften. Ergebnisse des Forschungsprogramms COACTIV* (S. 7–25). Münster: Waxmann.

Bear, G. G. (2014). Preventive and Classroom-based Strategies. In E. T. Emmer & E. J. Sabornie (Hrsg.), *Handbook of classroom management* (S. 15–39). New York: Routledge.

Bear, G. G., Minke, K. M. & Manning, M. A. (2002). Self-Concept of Students with Learning Disabilities: A Meta-Analysis. *School Psychology Review 31* (3), 405–427. doi:https://doi.org/10.1080/02796015.2002.12086165

Beck, E. (2008). *Adaptive Lehrkompetenz. Analyse und Struktur, Veränderbarkeit und Wirkung handlungssteuernden Lehrerwissens.* Münster: Waxmann.

Beck, K. & Krapp, A. (2006). Wissenschaftstheoretische Grundfragen der pädagogischen Psychologie. In A. Krapp & B. Weidenmann (Hrsg.), *Pädagogische Psychologie* (S. 33–98). Weinheim: Beltz.

Biermann, A., Kaub, K., Friedrich, A., Hochscheid-Mauel, D., Karbach, J., Spinath, F. M. & Brünken, R. (2014). *Pädagogisches Professionswissen und Instruktionsqualität im ersten Schulpraktikum.* Vortrag auf der 2. Tagung der Gesellschaft für Empirische Bildungsforschung (GEBF), Frankfurt.

Blanz, M. (2015). *Forschungsmethoden und Statistik für die Soziale Arbeit. Grundlagen und Anwendungen.* Stuttgart: Kohlhammer.

Bleck, V. (2019). *Lehrerenthusiasmus.* Wiesbaden: Springer Fachmedien.

Blömeke, S., Felbrich, A. & Müller, C. (2008). Theoretischer Rahmen und Untersuchungsdesign. In S. Blömeke, G. Kaiser & R. Lehman (Hrsg.), *Professionelle Kompetenz angehender Lehrerinnen und Lehrer. Wissen, Überzeugungen und Lerngelegenheiten deutscher Mathematikstudierender und -referendare; erste Ergebnisse zur Wirksamkeit der Lehrerausbildung* (S. 15–48). Münster: Waxmann.

Blömeke, S., Gustafsson, J.-E. & Shavelson, R. J. (2015). Beyond Dichotomies. Competence viewed as a continuum. *Zeitschrift für Psychologie 223* (1), 3–13. doi:https://doi.org/10.1027/2151-2604/a000194

Blömeke, S., Kaiser, G. & Lehman, R. (Hrsg.). (2008). *Professionelle Kompetenz angehender Lehrerinnen und Lehrer. Wissen, Überzeugungen und Lerngelegenheiten deutscher Mathematikstudierender und -referendare; erste Ergebnisse zur Wirksamkeit der Lehrerausbildung.* Münster: Waxmann.

Bortz, J. & Böring, N. (2006). *Forschungsmethoden und Evaluation* (Springer-Lehrbuch). Heidelberg: Springer Medizin Verlag.

Bouffard-Bouchard, T., Parent, S. & Larivee, S. (1991). Influence of Self-Efficacy on Self-Regulation and Performance among Junior and Senior High-School Age Students. *International Journal of Behavioral Development 14* (2), 153–164. doi:https://doi.org/10.1177/016502549101400203

Brandt, V. (2014). *„Ich kann nicht – gibts nicht!". Wie die individuelle Rückmeldung den Attributionsstil, die Motivation und die daraus resultierende Lernleistung langfristig verbessern kann.* Hamburg: Diplomica.

Breker, T. A. (2016). *Fähigkeitsselbstkonzept, Selbstwirksamkeit & Mindset. Wie können Lehrkräfte Erkenntnisse aus der Sozial-Kognitiven-Psychologie nutzen, um die Potenzialentfaltung von Schülerinnen und Schülern zu fördern?* Inaugural-Dissertation, Europa-Universität Viadrina. Frankfurt (Oder).

Bromme, R. (1997). Kompetenzen, Funktionen und unterrichtliches Handeln des Lehrers. In F. E. Weinert, N. Birbaumer & C. F. Graumann (Hrsg.), *Psychologie des Unterrichts und der Schule* (S. 177–212). Göttingen: Hogrefe.

Brophy, J. E. (2006). History of research on Classroom Management. In C. M. Evertson & C. S. Weinstein (Hrsg.), *Handbook of classroom management. Research, practice, and contemporary issues* (S. 17–43). New York, NY: Routledge.

Bruce, C. D. & Flynn, T. (2013). Assessing the Effects of Collaborative Professional Learning: Efficacy Shifts in a Three-Year Mathematics Study. *Alberta Journal of Educational Research 58* (4), 691–709.

Bruder, R. (2006). Erläuterungen zum Modul 1. Weiterentwicklung der Aufgabenkultur im Mathematikunterricht, Sinus Transfer. http://www.sinus-transfer.de/fileadmin/Materi alienBT/Bruder_Modul1.pdf. Zugegriffen: 15. Dezember 2020.

Bruder, R. (2008). Üben mit Konzept. *mathematik lehren 147*, 4–11.

Brühwiler, C. (2014). *Adaptive Lehrkompetenz und schulisches Lernen. Effekte handlungssteuernder Kognitionen von Lehrpersonen auf Unterrichtsprozesse und Lernergebnisse der Schülerinnen und Schüler*. Münster: Waxmann.

Büchter, A. & Leuders, T. (2016). *Mathematikaufgaben selbst entwickeln. Lernen fördern – Leistung überprüfen*. Berlin: Cornelsen.

Bull, R., Johnston, R. S. & Roy, J. A. (1999). Exploring the roles of the visual-spatial sketch pad and central executive in children's arithmetical skills: Views from cognition and developmental neuropsychology. *Developmental neuropsychology 15* (3), 421–442. doi:https://doi.org/10.1080/87565649909540759

Burger, J. M., Cooper, H. M. & Good, T. L. (1982). Teacher Attributions of Student Performance. *Personality and Social Psychology Bulletin 8* (4), 685–690. doi:https://doi.org/10. 1177/0146167282084013

Butler, R. (1994). Teacher communications and student interpretations: effects of teacher responses to failing students on attributional inferences in two age groups. *The British journal of educational psychology 64* (2), 277–294. doi:https://doi.org/10.1111/j.2044-8279.1994.tb01102.x

Butz, A. R. & Usher, E. L. (2015). Salient sources of early adolescents' self-efficacy in two domains. *Contemporary Educational Psychology 42*, 49–61. doi:https://doi.org/10.1016/ j.cedpsych.2015.04.001

Cambria, J., Brandt, H., Nagengast, B. & Trautwein, U. (2017). Frame of Reference effects on values in mathematics: evidence from German secondary school students. *ZDM Mathematics Education 49* (3), 435–447. doi:https://doi.org/10.1007/s11858-017-0841-0

Caprara, G. V., Barbaranelli, C., Steca, P. & Malone, P. S. (2006). Teachers' self-efficacy beliefs as determinants of job satisfaction and students' academic achievement: A study at the school level. *Journal of School Psychology 44* (6), 473–490. doi:https://doi.org/10. 1016/j.jsp.2006.09.001

Carmichael, C., Callingham, R. & Watt, H. M. G. (2017). Classroom motivational environment influences on emotional and cognitive dimensions of student interest in mathematics. *ZDM Mathematics Education 49* (3), 449–460. doi:https://doi.org/10.1007/s11858-016-0831-7

Carpenter, T. P., Fennema, E., Peterson, P. L., Chiang, C.-P. & Loef, M. (1989). Using Knowledge of Children's Mathematics Thinking in Classroom Teaching: An Experimental Study. *American Educational Research Journal 26* (4), 499. doi:https://doi.org/10.2307/ 1162862

Castelli, S., Fast, V. & Kleine, M. (2016). *Mathe.Methoden. Unterrichtsmethoden in der Praxis* (Begleitmaterial Mathematik). Bamberg: C.C. Buchner.

Chang, I. H. (2011). A study of the relationships between distributed leadership, teacher academic optimism and student achievement in Taiwanese elementary schools. *School Leadership & Management 31* (5), 491–515. doi:https://doi.org/10.1080/13632434.2011. 614945

Chang, Y.-L. (2012). A Study of Fifth Graders' Mathematics Self-Efficacy and Mathematical Achievement. *The Asia-Pacific Education Researcher 21* (3), 519–525.

Chang, Y.-L. & Wu, S.-C. (2014). Is a Mathematics Teacher's Efficacy influential to their Students' Mathematics Self-Efficacy and Mathematical Achievement? In C. Nicol, P. Liljedahl, S. Oesterle & D. Allan (Hrsg.), *Proceedings of the Joint Meeting of PME 38 and PME-NA 36*. Vancouver: PME.

Chapman, J. W. (1988). Learning Disabled Children's Self-Concepts. *Review of Educational Research 58* (3), 347–371. doi:https://doi.org/10.3102/00346543058003347

Chong, W. H., Klassen, R., Huan, V. S., Wong, I. & Kates, A. D. (2010). The Relationships Among School Types, Teacher Efficacy Beliefs, and Academic Climate: Perspective from Asian Middle Schools. *The Journal of Educational Research 103* (3), 183–190. doi:https://doi.org/10.1080/00220670903382954

Cobb, P., Wood, T., Yackel, E., Nicholls, J., Wheatley, G., Trigatti, B. & Perlwitz, M. (1991). Assessment of a Problem-Centered Second-Grade Mathematics Project. *Journal for Research in Mathematics Education 22* (1), 3. doi:https://doi.org/10.2307/749551

Cohen, J. (1988). *Statistical power analysis for the behavioral sciences*. Hillsdale, N.J.: L. Erlbaum Associates.

Collet, C. (2009). Welche Effekte können mit Lehrerfortbildungen zum Problemlösen im Mathematikunterricht erzielt werden? *Beiträge zum Mathematikunterricht. doi:*https://doi.org/10.17877/DE290R-13328

Collins, M. L. (1978). Effects of Enthusiasm Training on Preservice Elementary Teachers. *Journal of Teacher Education 29* (1), 53–57. doi:https://doi.org/10.1177/002248717802900120

Connell, J. P. (1985). A New Multidimensional Measure of Children's Perceptions of Control. *Child development 56* (4), 1018. doi:https://doi.org/10.2307/1130113

Cooper, H. M. & Burger, J. M. (1980). How Teachers Explain Students' Academic Performance: A Categorization of Free Response Academic Attributions. *American Educational Research Journal 17* (1), 95–109. doi:https://doi.org/10.3102/00028312017001095

Cornelius-White, J. (2007). Learner-Centered Teacher-Student Relationships Are Effective: A Meta-Analysis. *Review of Educational Research 77* (1), 113–143. doi:https://doi.org/10.3102/003465430298563

Cortés Suárez, G. (2004). *Causal attributions for success or failure by passing and failing students in college algebra*. Florida International University.

Darling-Hammond, L. & Bransford, J. (Hrsg.). (2005). *Preparing teachers for a changing world. What teachers should learn and be able to do*. San Francisco: Jossey-Bass.

Davis, H. A. (2003). Conceptualizing the Role and Influence of Student–Teacher Relationships on Children's Social and Cognitive Development. *Educational Psychologist 38* (4), 207–234. doi:https://doi.org/10.1207/S15326985EP3804_2

Deci, E. L. & Ryan, R. M. (Hrsg.). (2004a). *Handbook of self-determination research* (Softcover edition). Rochester, NY: University of Rochester Press.

Deci, E. L. & Ryan, R. M. (Hrsg.). (2004b). *Handbook of self-determination research*. Rochester: University of Rochester Press.

Demuth, R., Fußangel, K., Gräsel, C., Parchmann, I., Ralle, B., Schellenbach-Zell, J. & Weber, I. (2005). *Optimierung von Implementationsstrategien bei innovativen Unterrichtskonzepten am Beispiel von „Chemie im Kontext": Forschungsprojekt ; Schlussbericht ; CHIK: Chemie im Kontext ; Berichtszeitraum: 1. Februar 2002 – 31. Dezember 2005*: IPN Kiel, Universität Dortmund, Universität Oldenburg & Universität Wuppertal.

Depping, D., Ehmke, T. & Besser, M. (2021). Aus „Erfahrung" wird man selbstwirksam, motiviert und klug: Wie hängen unterschiedliche Komponenten professioneller Kompetenz von Lehramtsstudierenden mit der Nutzung von Lerngelegenheiten zusammen? *Zeitschrift für Erziehungswissenschaft. doi:*https://doi.org/10.1007/s11618-021-00994-w

Desimone, L. M., Porter, A. C., Garet, M. S., Yoon, K. S. & Birman, B. F. (2002). Effects of Professional Development on Teachers' Instruction: Results from a Three-year Longitudinal Study. *Educational Evaluation and Policy Analysis 24* (2), 81–112. doi:https://doi.org/10.3102/01623737024002081

Desoete, A., Roeyers, H. & Clercq, A. de. (2004). Children with mathematics learning disabilities in Belgium. *Journal of learning disabilities 37* (1), 50–61. doi:https://doi.org/10.1177/00222194040370010601

Dickhäuser, O., Janke, S., Praetorius, A.-K. & Dresel, M. (2017). The Effects of Teachers' Reference Norm Orientations on Students' Implicit Theories and Academic Self-Concepts. *Zeitschrift für pädagogische Psychologie 31* (3–4), 205–219. doi:https://doi.org/10.1024/1010-0652/a000208

Döhrmann, M., Kaiser, G. & Blömeke, S. (2012). The conceptualisation of mathematics competencies in the international teacher education study TEDS-M. *ZDM Mathematics Education 44* (3), 325–340. doi:https://doi.org/10.1007/s11858-012-0432-z

Drechsel, B. & Schindler, A. K. (2019). Unterrichtsqualität. In D. Urhahne, M. Dresel & F. Fischer (Hrsg.), *Psychologie für den Lehrberuf* (S. 353–372). Berlin: Springer Berlin.

Eccles, J. S. & Wigfield, A. (2002). Motivational beliefs, values, and goals. *Annual Review of psychology 53,* 109–132. doi:https://doi.org/10.1146/annurev.psych.53.100901.135153

Eisenhart, M., Borko, H., Underhill, R., Brown, C., Jones, D. & Agard, P. (1993). Conceptual Knowledge Falls through the Cracks: Complexities of Learning to Teach Mathematics for Understanding. *Journal for Research in Mathematics Education 24* (1), 8–40. doi:https://doi.org/10.2307/749384

Emmer, E. T., Evertson, C. M. & Worsham, M. E. (2003). *Classroom management for secondary teachers* (6th ed.). Boston: Allyn and Bacon.

Emmer, E. T. & Hickman, J. (1991). Teacher Efficacy in Classroom Management and Discipline. *Educational and Psychological Measurement 51* (3), 755–765. doi:https://doi.org/10.1177/0013164491513027

Feldman, K. A. (1988). Effective college training from the students' and faculty's view. *Research in Higher Education 28* (4), 291–344. doi:https://doi.org/10.1007/BF01006402

Feldman, K. A. (2007). Identifying Exemplary Teachers and Teaching: Evidence from Student Ratings. In Perry, R,. P. & J. C. Smart (Hrsg.), *The Scholarship of Teaching and Learning in Higher Education: An Evidence-Based Perspective* (S. 93–143). Dordrecht: Springer.

Fennema, E., Peterson, P. L., Carpenter, T. P. & Lubinski, C. A. (1990). Teachers' attributions and beliefs about girls, boys, and mathematics. *Educational Studies in Mathematics 21* (1), 55–69. doi:https://doi.org/10.1007/BF00311015

Field, A. (2018). *Discovering statistics using IBM SPSS statistics* (5th edition). Los Angeles: SAGE.

Fischbach, A., Brunner, M., Krauss, S. & Baumert, J. (2015). Die Bezugsnormorientierung von Mathematiklehrkräften am Ende der Sekundarstufe I: Konvergenz verschiedener Messverfahren und Wirkung auf motivational-affektive Aspekte des Mathematiklernens und Leistung. *Journal für Bildungsforschung 7* (3), 3–27.

Fischer, N. (2006). *Motivationsförderung in der Schule. Konzeption und Evaluation einer Fortbildungsmaßnahme für Mathematiklehrkräfte* (Schriften zur pädagogischen Psychologie, Bd. 22). Hamburg: Kovač.

Fisher, R. J. & Katz, J. E. (2000). Social-desirability bias and the validity of self-reported values. *Psychology and Marketing 17* (2), 105–120. doi:https://doi.org/10.1002/(SICI)1520-6793(200002)17:2<105::AID-MAR3>3.0.CO;2-9

Geary, D. C. (2010). Mathematical Disabilities: Reflections on Cognitive, Neuropsychological, and Genetic Components. *Learning and individual differences 20* (2), 130. doi:https://doi.org/10.1016/j.lindif.2009.10.008

Geary, D. C. (2011). Cognitive predictors of achievement growth in mathematics: a 5-year longitudinal study. *Developmental psychology 47* (6), 1539–1552. doi:https://doi.org/10.1037/a0025510

Gerster, H. D. & Schultz, R. (2004). *Schwierigkeiten beim Erwerb mathematischer Konzepte im Anfangsunterricht. Bericht zum Forschungsprojekt Rechenschwäche – Erkennen, Beheben, Vorbeugen.* Pädagogische Hochschule Freiburg.

Gold, A. (2015). *Guter Unterricht: Was wir wirklich darüber wissen.* Göttingen: Vandenhoeck & Ruprecht.

Gold, A. (2016). *Lernen leichter machen. Wie man im Unterricht mit Lernschwierigkeiten umgehen kann.* Göttingen: Vandenhoeck & Ruprecht.

Gold, A. (2018). *Lernschwierigkeiten. Ursachen, Diagnostik, Intervention.* Stuttgart: Kohlhammer.

Goldschmidt, P. & Phelps, G. (2007). *Does Teacher Professional Development Affect Content and Pedagogical Knowledge: How Much and for How Long?* Los Angeles: University of California.

Gonzalez, J. E. J. & Espinel, A. I. G. (1999). Is IQ-Achievement Discrepancy Relevant in the Definition of Arithmetic Learning Disabilities? *Learning Disability Quarterly 22* (4), 291. doi:https://doi.org/10.2307/1511263

Gonzalez, J. E. J. & Espinel, A. I. G. (2002). Strategy Choice in Solving Arithmetic Word Problems: Are there Differences between Students with Learning Disabilities, G-V Poor Performance and Typical Achievement Students? *Learning Disability Quarterly 25* (2), 113–122. doi:https://doi.org/10.2307/1511278

González-Pienda, J. A., Núñez, J. C., González-Pumariega, S., Álvarez, L., Roces, C., García, M., González, P., Cabanach, R. G. & Valle A. (2000). Self-concept, causal attribution process and academic goals in children with and without learning disabilities. *Psicothema 12* (4), 548–556.

Gosling, P. (1994). The Attribution of Success and Failure: The Subject/Object contrast. *European Journal of Psychology of Education,* 69–83. doi:https://doi.org/10.1007/BF03172886

Graham, S. & Taylor, A. Z. (2016). Attribution Theory and Motivation in School. In K. R. Wentzel & D. B. Miele (Hrsg.), *Handbook of motivation at school* (S. 11–33). New York: Routledge.

Griesel, H., vom Hofe, R. & Blum, W. (2019). Das Konzept der Grundvorstellungen im Rahmen der mathematikdidaktischen und kognitionspsychologischen Begrifflichkeiten in der Mathematikdidaktik. *Journal für Mathematik-Didaktik 40,* 123–133. doi:https://doi.org/10.1007/s13138-019-00140-4

Groeben, A. von der. (2013). *Verschiedenheit nutzen 1: Aufgabendifferenzierung und Unterrichtsplanung*. Berlin: Cornelsen Scriptor.

Grube, D. & Hasselhorn, M. (2006). Längsschnittliche Analysen zur Lese-, Rechtschreib- und Mathematikleistung im Grundschulalter: Zur Rolle von Vorwissen, Intelligenz, phonologischen Arbeitsgedächtnis und phonologischer Bewusstheit. In I. Hosenfeld (Hrsg.), *Schulische Leistung. Grundlagen, Bedingungen, Perspektiven*. Münster: Waxmann.

Grünke, M. (2006). Zur Effektivität von Fördermethoden bei Kindern und Jugendlichen mit Lernstörungen. *Kindheit und Entwicklung 15* (4), 239–254. doi:https://doi.org/10.1026/0942-5403.15.4.239

Guo, Y., McDonald Connor, C., Yang, Y., Roehrig, A. D. & Morrison, F. J. (2012). The Effects of Teacher Qualification, Teacher Self-Efficacy, and Classroom Practices on Fifth Graders' Literacy Outcomes. *The Elementary School Journal 113* (1), 3–24. doi:https://doi.org/10.1086/665816

Guskey, T. R. & Passaro, P. D. (1994). Teacher Efficacy: A Study of Construct Dimensions. *American Educational Research Journal 31* (3), 627–643. doi:https://doi.org/10.2307/1163230

Haberstroh, S. & Schulte-Körne, G. (2019). The Diagnosis and Treatment of Dyscalculia. *Deutsches Arzteblatt international 116* (7), 107–114. doi:https://doi.org/10.3238/arztebl.2019.0107

Hafner, T. (2008). Digitales Testen, Diagnostizieren und Fördern. *mathematik lehren* (150), 66–67.

Hafner, T. (2011). Per Mausklick zum Förderplan? Was webbasierte Diagnoseumgebungen leisten können. *mathematik lehren 166*, 41–44.

Hagen, K. M., Gutkin, T. B., Wilson, C. P. & Oats, R. G. (1998). Using vicarious experience and verbal persuasion to enhance self-efficacy in pre-service teachers: „Priming the pump" for consultation. *School Psychology Quarterly 13* (2), 169–178. doi:https://doi.org/10.1037/h0088980

Hammer, S. (2016). *Professionelle Kompetenz von Mathematiklehrkräften im Umgang mit Aufgaben in der Unterrichtsplanung*. Dissertation, Universitätsbibliothek der Ludwig-Maximilians-Universität. München.

Hampton, N. Z. & Mason, E. (2003). Learning Disabilities, Gender, Sources of Efficacy, Self-Efficacy Beliefs, and Academic Achievement in High School Students. *Journal of School Psychology 41* (2), 101–112. doi:https://doi.org/10.1016/S0022-4405(03)00028-1

Hanich, L. B., Jordan, N. C., Kaplan, D. & Dick, J. (2001). Performance across different areas of mathematical cognition in children with learning difficulties. *Journal of Educational Psychology 93* (3), 615–626. doi:https://doi.org/10.1037/0022-0663.93.3.615

Hannula, M. S., Bofah, E., Tuohilampi, L. & Metsämuuronen, J. (2014). A longitudinal analysis of the relationship between mathematics-related affect and achievement in Finland. In S. Oesterle, P. Liljedahl, C. Nicol & D. Allan (Hrsg.), *Proceedings of the 38th conference of the IGPME and the 36th conference of the PME-NA (Vol. 3)* (S. 249–256). Vancouver: PME.

Harackiewicz, J. M., Durik, A. M., Barron, K. E., Linnenbrink-Garcia, L. & Tauer, J. M. (2008). The role of achievement goals in the development of interest: Reciprocal relations between achievement goals, interest, and performance. *Journal of Educational Psychology 100* (1), 105–122. doi:https://doi.org/10.1037/0022-0663.100.1.105

Hardré, P. L., Huang, S.-H., Chen, C.-H., Chiang, C.-T., Jen, F.-L. & Warden, L. (2006). High School Teachers' Motivational Perceptions and Strategies in an East Asian Nation. *Asia-Pacific Journal of Teacher Education 34* (2), 199–221. doi:https://doi.org/10.1080/135 98660600720587

Hardré, P. L. & Sullivan, D. W. (2009). Motivating adolescents: high school teachers' perceptions and classroom practices. *Teacher Development 13* (1), 1–16. doi:https://doi.org/10.1080/13664530902858469

Häsel-Weide, U., Nührenbörger, M., Moser Opitz, E. & Wittich, C. (2014). *Ablösung vom zählenden Rechnen. Fördereinheiten für heterogene Lerngruppen* (5. Auflage). Seelze: Klett Kallmeyer.

Hasselhorn, M. & Gold, A. (2017). *Pädagogische Psychologie. Erfolgreiches Lernen und Lehren*. Stuttgart: Verlag W. Kohlhammer.

Hattie, J. (2009). *Visible learning. A synthesis of over 800 meta-analyses relating to achievement*. London: Routledge.

Hattie, J. & Timperley, H. (2007). The Power of Feedback. *Review of Educational Research 77* (1), 81–112. doi:https://doi.org/10.3102/003465430298487

Heinze, A., Reiss, K. & Rudolph, F. (2005). Mathematics achievement and interest in mathematics from a differential perspective. *Zentralblatt für Didaktik der Mathematik 37* (3), 212–220. doi:https://doi.org/10.1007/s11858-005-0011-7

Helmke, A. (2017). *Unterrichtsqualität und Lehrerprofessionalität. Diagnose, Evaluation und Verbesserung des Unterrichts*. Seelze-Velber: Klett/Kallmeyer.

Herzmann, P. & König, J. (2016). *Lehrerberuf und Lehrerbildung*. Bad Heilbrunn: Klinkhardt.

Hess, K. (2016). *Kinder brauchen Strategien. Eine frühe Sicht auf mathematisches Verstehen* (2. Auflage). Seelze: Klett Kallmeyer.

Hettmann, M., Castelli, S. & Lüken, M. (2020). Forschendes Lernen im Fach Mathematik und Mathematischer Grundbildung – Rückblick, aktuelle Konzeption und Implikationen für die Zukunft. In M. Basten, C. Mertens, A. Schöning & E. Wolf (Hrsg.), *Forschendes Lernen in der Lehrer/innenbildung. Implikationen für Wissenschaft und Praxis* (S. 53–62). Münster: Waxmann.

Hettmann, M., Nahrgang, R., Grund, A., Salle, A., Fries, S. & vom Hofe, R. (2019).»Kein Bock auf Mathe!« Motivationssteigerung durch individuelle mathematische Förderung. *Herausforderung Lehrer*innenbildung – Zeitschrift zur Konzeption, Gestaltung und Diskussion 2* (3), 165–192. doi:https://doi.org/10.4119/hlz-2480

Hettmann, M. & Tiedemann, K. (2022). „Verstehst du es immer noch nicht?!" – Herausforderungen der Inklusion im Fach Mathematik. In M. Braksiek, B. Gröben, K. Golus, M. Heinrich, P. Schildhauer & L. Streblow (Hrsg.), *Schulische Inklusion als Phänomen – Phänomene schulischer Inklusion. Fachdidaktische Spezifika und Eigenlogiken schulischer Inklusion*. Wiesbaden: Springer VS.

Hidi, S. & Renninger, K. A. (2006). The Four-Phase Model of Interest Development. *Educational Psychologist 41* (2), 111–127. doi:https://doi.org/10.1207/s15326985ep4102_4

Hill, H. C., Rowan, B. & Ball, D. L. (2005). Effects of Teachers' Mathematical Knowledge for Teaching on Student Achievement. *American Educational Research Journal 42* (2), 371–406. doi:https://doi.org/10.3102/00028312042002371

Hines, M. T. (2008). The Interactive Effects of Race and and Teacher Self Efficacy on the Achievement Gap in School. *National Forum of Multicultural Issues Journal 7*, 1–11.

Hoffman, B. & Spatariu, A. (2008). The influence of self-efficacy and metacognitive prompting on math problem-solving efficiency. *Contemporary Educational Psychology 33* (4), 875–893. doi:https://doi.org/10.1016/j.cedpsych.2007.07.002

Hohenstein, F., Kleickmann, T., Zimmermann, F., Köller, O. & Möller, J. (2017). *Erfassung von pädagogischem und psychologischem Wissen in der Lehramtsausbildung: Entwicklung eines Messinstruments. Measuring pedagogical and psychological knowledge in teacher education: development of a test instrument.* Weinheim: Beltz Juventa.

Holder, K. & Kessels, U. (2018). Lehrkräfte zwischen Bildungsstandards und Inklusion: Eine experimentelle Studie zum Einfluss von „Standardisierung" und „Individualisierung" auf die Bezugsnormorientierung. *Unterrichtswissenschaft 46* (1), 87–104. doi:https://doi.org/10.1007/s42010-018-0013-0

Honicke, T. & Broadbent, J. (2016). The influence of academic self-efficacy on academic performance: A systematic review. *Educational Research Review 17,* 63–84. doi:https://doi.org/10.1016/j.edurev.2015.11.002

House, J. D. (2006). Mathematics Beliefs, Instructional Strategies, and Algebra Achievement of Adolescent Students in Japan: Results from the TIMSS 1999 Assessment. *International Journal of Instructional Media 33* (4), 443–463. doi:https://doi.org/10.2466/pr0.97.3.717-720

Hsieh, P.-H. (2004). *How College Students Explain Their Grades in a Foreign Language Course: The Interrelationship of Attributions, Self-Efficacy, Language Learning Beliefs, and Achievement.* Dissertation, University of Texas at Austin.

Hsieh, P.-H. & Schallert, D. L. (2008). Implications from self-efficacy and attribution theories for an understanding of undergraduates' motivation in a foreign language course. *Contemporary Educational Psychology 33* (4), 513–532. doi:https://doi.org/10.1016/j.cedpsych.2008.01.003

Jager, L. & Denessen, E. (2015). Within-teacher variation of causal attributions of low achieving students. *Social Psychology of Education 18* (3), 517–530. doi:https://doi.org/10.1007/s11218-015-9295-9

Jäger, R. S. & Bodensohn, R. (2007). *Die Situation der Lehrerfortbildung im Fach Mathematik aus Sicht der Lehrkräfte. Ergebnisse einer Befragung von Mathematiklehrern.* Bonn: Deutsche Telekom Stiftung.

Jerusalem, M. & Röder, B. (2007). Skala Selbstwirksamkeitserwartung „Motiviertes Lernen fördern" (SWML). In R. Schwarzer & M. Jerusalem (Hrsg.), *Förderung von Selbstwirksamkeit und Selbstbestimmung im Unterricht. Skalen zur Erfassung von Lehrer- und Schülermerkmalen* (S. 80–81). Berlin: Humboldt-Universität zu Berlin.

Jimmieson, N. L., Hannam, R. L. & Yeo, G. B. (2010). Teacher organizational citizenship behaviours and job efficacy: Implications for student quality of school life. *British Journal of Psychology 101* (Pt 3), 453–479.

Joët, G., Usher, E. L. & Bressoux, P. (2011). Sources of self-efficacy: An investigation of elementary school students in France. *Journal of Educational Psychology 103* (3), 649–663. doi:https://doi.org/10.1037/a0024048

Johnson, E. S., Humphrey, M., Mellard, D. F., Woods, K. & Swanson, H. L. (2010). Cognitive Processing Deficits and Students with Specific Learning Disabilities: A Selective Meta-Analysis of the Literature. *Learning Disability Quarterly 33* (1), 3–18. doi:https://doi.org/10.1177/073194871003300101

Jones, D., Wilson, R. & Bhojwani, S. (1997). Mathematics Instruction for Secondary Students with Learning Disabilities. *Journal of learning disabilities 30* (2), 151–163. doi:https://doi.org/10.1177/002221949703000203

Kaiser, G., Blömeke, S., König, J., Busse, A., Döhrmann, M. & Hoth, J. (2017). Professional competencies of (prospective) mathematics teachers—cognitive versus situated approaches. *Educational Studies in Mathematics 94* (2), 161–182. doi:https://doi.org/10.1007/s10649-016-9713-8

Kaiser, G., Busse, A., Hoth, J., König, J. & Blömeke, S. (2015). About the Complexities of Video-Based Assessments: Theoretical and Methodological Approaches to Overcoming Shortcomings of Research on Teachers' Competence. *International Journal of Science and Mathematics Education 13* (2), 369–387. doi:https://doi.org/10.1007/s10763-015-9616-7

Kajamies, A., Vauras, M. & Kinnunen, R. (2010). Instructing Low-Achievers in Mathematical Word Problem Solving. *Scandinavian Journal of Educational Research 54* (4), 335–355. doi:https://doi.org/10.1080/00313831.2010.493341

Keller, M. M., Goetz, T., Becker, E. S., Morger, V. & Hensley, L. (2014). Feeling and showing: A new conceptualization of dispositional teacher enthusiasm and its relation to students' interest. *Learning and Instruction 33,* 29–38. doi:https://doi.org/10.1016/j.learninstruc.2014.03.001

Keller, M. M., Woolfolk Hoy, A., Goetz, T. & Frenzel, A. (2016). Teacher Enthusiasm: Reviewing and Redefining a Complex Construct. *Educational Psychology Review 28* (4), 743–769. doi:https://doi.org/10.1007/s10648-015-9354-y

Klassen, R. (2002). A Question of Calibration: A Review of the Self-Efficacy Beliefs of Students with Learning Disabilities. *Learning Disability Quarterly 25* (2), 88–102. doi:https://doi.org/10.2307/1511276

Klauer, K. J. & Leutner, D. (2012). *Lehren und Lernen. Einführung in die Instruktionspsychologie.* Weinheim: Beltz.

Kleickmann, T. & Anders, Y. (2011). Lernen an der Universität. In M. Kunter, J. Baumert, W. Blum, U. Klusmann, S. Krauss & M. Neubrand (Hrsg.), *Professionelle Kompetenz von Lehrkräften. Ergebnisse des Forschungsprogramms COACTIV* (S. 305–315). Münster: Waxmann.

Kleine, M. & Castelli, S. (2017). Perspektiven zum Forschenden Lernen im Fach Mathematik. In R. Schüssler, A. Schöning, V. Schwier, S. Schicht, J. Gold & U. Weyland (Hrsg.), *Forschendes Lernen im Praxissemester* (S. 292–297). Bad Heilbrunn: Klinkhardt.

Klieme, E. (2004). Was sind Kompetenzen und wie lassen sie sich messen? *Pädagogik 56,* 10–13.

Klieme, E. & Leutner, D. (2006). Kompetenzmodelle zur Erfassung individueller Lernergebnisse und zur Bilanzierung von Bildungsprozessen. Beschreibung eines neu eingerichteten Schwerpunktprogramms der DFG. *Zeitschrift für Pädagogik 52* (6), 876–903.

Koca, F. (2016). Motivation to Learn and Teacher-Student Relationship. *Journal of International Education and Leadership 6* (2), 1–19.

Köller, O. (2005). Bezugsnormorientierung von Lehrkräften: Konzeptuelle Grundlagen, empirische Befunde und Ratschläge für praktisches Handeln. In R. Vollmeyer (Hrsg.), *Motivationspsychologie und ihre Anwendung* (S. 189–202). Stuttgart: Kohlhammer.

König, J. & Blömeke, S. (2009). Pädagogisches Wissen von angehenden Lehrkräften. *Zeitschrift für Erziehungswissenschaft 12* (3), 499–527. doi:https://doi.org/10.1007/s11618-009-0085-z

König, J. & Seifert, A. (2012a). Der Erwerb von pädagogischem Professionswissen: Ziele, Design und zentrale Ergebnisse der LEK-Studie. In J. König & A. Seifert (Hrsg.), *Lehramtsstudierende erwerben pädagogisches Professionswissen. Ergebnisse der Längsschnittstudie LEK zur Wirksamkeit der erziehungswissenschaftlichen Lehrerausbildung* (S. 7–31). Münster: Waxmann.

König, J. & Seifert, A. (Hrsg.). (2012b). *Lehramtsstudierende erwerben pädagogisches Professionswissen. Ergebnisse der Längsschnittstudie LEK zur Wirksamkeit der erziehungswissenschaftlichen Lehrerausbildung.* Münster: Waxmann.

König, L. (2020). Podcasts in higher education: teacher enthusiasm increases students' excitement, interest, enjoyment, and learning motivation. *Educational Studies,* 1–4. doi:https://doi.org/10.1080/03055698.2019.1706040

Krapp, A. (1999). Intrinsische Lernmotivation und Interesse. Forschungsansätze und konzeptuelle Überlegungen. *Zeitschrift für Pädagogik 45* (3), 387–406. doi:https://doi.org/10.25656/01:5958

Krapp, A. (2002). Structural and dynamic aspects of interest development: theoretical considerations from an ontogenetic perspective. *Learning and Instruction 12* (4), 383–409. doi:https://doi.org/10.1016/S0959-4752(01)00011-1

Krapp, A. (2018). Interesse. In D. H. Rost, J. R. Sparfeldt & S. R. Buch (Hrsg.), *Handwörterbuch pädagogische Psychologie* (S. 286–296). Weinheim: Beltz.

Krapp, A. & Ryan, R. M. (2002). Selbstwirksamkeit und Lernmotivation. Eine kritische Betrachtung der Theorie von Bandura aus der Sicht der Selbstbestimmungstheorie und der pädagogisch-psychologischen Interessentheorie. *Zeitschrift für Pädagogik* (44), 54–82.

Krauss, S., Blum, W., Brunner, M., Neubrand, M., Baumert, J., Kunter, M., Besser, M. & Elsner, J. (2011). Konzeptualisierung und Testkonstruktion zum fachbezogenen Professionswissen von Mathematiklehrkräften. In M. Kunter, J. Baumert, W. Blum, U. Klusmann, S. Krauss & M. Neubrand (Hrsg.), *Professionelle Kompetenz von Lehrkräften. Ergebnisse des Forschungsprogramms COACTIV* (S. 135–161). Münster: Waxmann.

Krauss, S., Neubrand, M., Blum, W., Baumert, J., Brunner, M., Kunter, M. & Jordan, A. (2008). Die Untersuchung des professionellen Wissens deutscher Mathematik-Lehrerinnen und -Lehrer im Rahmen der COACTIV-Studie. *Journal für Mathematik-Didaktik 29* (3–4), 233–258. doi:https://doi.org/10.1007/BF03339063

Krauthausen, G. (2018). *Einführung in die Mathematikdidaktik – Grundschule.* Berlin, Heidelberg: Springer Berlin Heidelberg.

Krug, S., Herberts, K. & Strauch, T. (2005). Drei Trainingsmethoden zur motivationalen Optimierung von Unterricht: Effekte bei Lehrern und Schülern. In F. Rheinberg & S. Krug (Hrsg.), *Motivationsförderung im Schulalltag. Psychologische Grundlagen und praktische Durchführung* (S. 147–177). Göttingen: Hogrefe Verl. für Psychologie.

Krug, S. & Lecybyl, R. (2005). Die Veränderung von Einstellung, Mitarbeit und Lernleistung im Verlauf einer bezugsnormspezifischen Motivationsintervention. In F. Rheinberg & S. Krug (Hrsg.), *Motivationsförderung im Schulalltag. Psychologische Grundlagen und praktische Durchführung* (S. 95–114). Göttingen: Hogrefe Verl. für Psychologie.

Kruger, J. & Dunning, D. (1999). Unskilled and unaware of it: How difficulties in recognizing one's own incompetence lead to inflated self-assessments. *Journal of Personality and Social Psychology 77* (6), 1121–1134. doi:https://doi.org/10.1037/0022-3514.77.6.1121

Kucian, K. & Aster, M. von. (2015). Developmental dyscalculia. *European journal of pediatrics 174* (1), 1–13. doi:https://doi.org/10.1007/s00431-014-2455-7

Kuckartz, U. (2018). *Qualitative Inhaltsanalyse. Methoden, Praxis, Computerunterstützung.* Weinheim, Basel: Beltz Juventa.

Kultusministerkonferenz. (2004). *Standards für die Lehrerbildung: Bildungswissenschaften. Beschluss vom 16.12.2004.*

Kultusministerkonferenz. (2018). Sonderpädagogische Förderung in Schulen 2007 – 2016. Statistische Veröffentlichungen der Kultusministerkonferenz. https://www.kmk. org/fileadmin/Dateien/pdf/Statistik/Dokumentationen/Dok_214_SoPaeFoe_2016.pdf. Zugegriffen: 4. Februar 2021.

Kunina-Habenicht, O., Lohse-Bossenz, H., Kunter, M., Dicke, T., Förster, D., Gößling, J., Schulze-Stocker, F., Schmeck, A., Baumert, J., Leutner, D. & Terhart, E. (2012). Welche bildungswissenschaftlichen Inhalte sind wichtig in der Lehrerbildung? *Zeitschrift für Erziehungswissenschaft 15* (4), 649–682. doi:https://doi.org/10.1007/s11618-012-0324-6

Kunter, M. (2011). Motivation als Teil der professionellen Kompetenz. Forschungsbefunde zum Enthusiasmus von Lehrkräften. In M. Kunter, J. Baumert, W. Blum, U. Klusmann, S. Krauss & M. Neubrand (Hrsg.), *Professionelle Kompetenz von Lehrkräften. Ergebnisse des Forschungsprogramms COACTIV* (S. 259–275). Münster: Waxmann.

Kunter, M., Baumert, J., Blum, W., Klusmann, U., Krauss, S. & Neubrand, M. (Hrsg.). (2011). *Professionelle Kompetenz von Lehrkräften. Ergebnisse des Forschungsprogramms COACTIV.* Münster: Waxmann.

Kunter, M., Frenzel, A., Nagy, G., Baumert, J. & Pekrun, R. (2011). Teacher enthusiasm. Dimensionality and context specificity. *Contemporary Educational Psychology 36* (4), 289–301. doi:https://doi.org/10.1016/j.cedpsych.2011.07.001

Kunter, M. & Holzberger, D. (2014). Loving Teaching. Research on teachers' intrinsic orientations. In P. W. Richardson, S. A. Karabenick & H. M. G. Watt (Hrsg.), *Teacher Motivation* (S. 83–99). Routledge.

Kunter, M., Kleickmann, T., Klusmann, U. & Richter, D. (2011). Die Entwicklung professioneller Kompetenz von Lehrkräften. In M. Kunter, J. Baumert, W. Blum, U. Klusmann, S. Krauss & M. Neubrand (Hrsg.), *Professionelle Kompetenz von Lehrkräften. Ergebnisse des Forschungsprogramms COACTIV* (S. 55–68). Münster: Waxmann.

Kunter, M., Kunina-Habenicht, O., Baumert, J., Dicke, T., Holzberger, D., Lohse-Bossenz, H., Leutner, D., Schulze-Stocker, F. & Terhart, E. (2017). Bildungswissenschaftliches Wissen und professionelle Kompetenz in der Lehramtsausbildung. In C. Gräsel & K. Trempler (Hrsg.), *Entwicklung von Professionalität pädagogischen Personals* (S. 37–54). Wiesbaden: Springer Fachmedien.

Kunter, M. & Trautwein, U. (2013). *Psychologie des Unterrichts.* Paderborn: Ferdinand Schöningh.

Kunter, M. & Voss, T. (2011). Das Modell der Unterrichtsqualität in COACTIV: Eine multikriteriale Analyse. In M. Kunter, J. Baumert, W. Blum, U. Klusmann, S. Krauss & M. Neubrand (Hrsg.), *Professionelle Kompetenz von Lehrkräften. Ergebnisse des Forschungsprogramms COACTIV* (S. 85–114). Münster: Waxmann.

Lackaye, T., Margalit, M., Ziv, O. & Ziman, T. (2006). Comparisons of Self-Efficacy, Mood, Effort, and Hope Between Students with Learning Disabilities and Their Non-LD-Matched Peers. *Learning Disabilities Research and Practice 21* (2), 111–121. doi:https://doi.org/10.1111/j.1540-5826.2006.00211.x

Landis, J. R. & Koch, G. G. (1977). The Measurement of Observer Agreement for Categorical Data. *Biometrics 33* (1), 159. doi:https://doi.org/10.2307/2529310

Lee, W. C., Chen, V. D.-T. & Wang, L.-Y. (2017). A review of research on teacher efficacy beliefs in the learner-centred pedagogy context: Themes, trends and issues. *Asia Pacific Education Review 18* (4), 559–572. doi:https://doi.org/10.1007/s12564-017-9501-x

Lenske, G. & Mayr, J. (2015). Das Linzer Konzept der Klassenführung. Grundlagen Prinzipien und Umsetzung in der Lehrerbildung. In L. Haad, E. Kiel & M. Trautmann (Hrsg.), *Jahrbuch für allgemeine Didaktik – Thementeil: Klassenmanagement* (S. 71–84). Baltmannsweiler: Schneider Verlag hohengehren.

Leuders, T. & Holzäpfel, L. (2011). Kognitive Aktivierung im Mathematikunterricht. *Unterrichtswissenschaft 39*, 213–230.

Leuders, T. & Prediger, S. (2016). *Flexibel differenzieren und fokussiert fördern im Mathematikunterricht.* Berlin: Cornelsen.

Leutner, D., Klieme, E., Fleischer, J. & Kuper, H. (Hrsg.). (2013). *Kompetenzmodelle zur Erfassung individueller Lernergebnisse und zur Bilanzierung von Bildungsprozessen. Aktuelle Diskurse im DFG-Schwerpunktprogramm* (Zeitschrift für Erziehungswissenschaft Sonderheft). Wiesbaden: Springer VS.

Lintorf, K. & Buch, S. R. (2020). Stabile Präferenz oder flexibel am Diagnoseziel orientiert? – Die Bezugsnormwahl angehender Lehrkräfte. *Zeitschrift für pädagogische Psychologie*, 1–12. doi:https://doi.org/10.1024/1010-0652/a000271

Lipowsky, F. (2006). *Auf den Lehrer kommt es an. Empirische Evidenzen für Zusammenhänge zwischen Lehrerkompetenzen, Lehrerhandeln und dem Lernen der Schüler.* Weinheim: Beltz.

Lipowsky, F. (2010). Lernen im Beruf. Empirische Befunde zur Wirksamkeit von Lehrerfortbildung. In F. H. Müller, A. Eichenberger, M. Lüders & J. Mayr (Hrsg.), *Lehrerinnen und Lehrer lernen. Konzepte und Befunde zur Lehrerfortbildung* (S. 39–58). Münster: Waxmann.

Lipowsky, F. (2015). Unterricht. In E. Wild & J. Möller (Hrsg.), *Pädagogische Psychologie* (Springer-Lehrbuch, 2., vollständig überarbeitete und aktualisierte Auflage, S. 69–105). Berlin: Springer.

Lipowsky, F. & Rzejak, D. (2012). Lehrerinnen und Lehrer als Lerner – Wann gelingt der Wollentausch? Merkmale und Wirkungen wirksamer Lehrerfortbildungen. *Reform der Lehrerbildung 3* (5), 1–17.

Lipowsky, F. & Rzejak, D. (2014). Lehrerfortbildungen lernwirksam gestalten. Ein Überblick über den Forschungsstand. *Lernende Schule 68,* 9–12.

Lipowsky, F. & Rzejak, D. (2015). Was wir über gelingende Lehrerfortbildungen wissen. *Journal für lehrerInnenbildung 15* (4), 26–32.

Lorenz, G. (2018). *Selbsterfüllende Prophezeiungen in der Schule.* Wiesbaden: Springer.

Lüdtke, O. & Köller, O. (2002). Individuelle Bezugsnormorientierung und soziale Vergleiche im Mathematikunterricht. Zeitschrift für Entwicklungspsychologie und Pädagogische Psychologie, 34(3), 156–166. doi:https://doi.org/10.1026/0049-8637.34.3.156

Lüdtke, O., Köller, O., Marsh, H. W. & Trautwein, U. (2005). Teacher frame of reference and the big-fish–little-pond effect. *Contemporary Educational Psychology 30* (3), 263–285. doi:https://doi.org/10.1016/j.cedpsych.2004.10.002

Lukas, J., Melzer, A., Much, S. & Eisentraut, S. (2017). *Auswertung von Klausuren im Antwort-Wahl-Format*. Halle (Saale): Zentrum für multimediales Lehren und Lernen.

Lüpsen, H. (2019). *Varianzanalysen – Prüfen der Voraussetzungen und nichtparametrische Methoden sowie praktische Anwendungen mit R und SPSS*. Köln: Regionales Rechenzentrum.

Madon, S., Smith, A., Jussim, L., Russell, D. W., Eccles, J. S., Palumbo, P. & Walkiewicz, M. (2001). Am I as You See Me or Do You See Me as I Am? Self-Fulfilling Prophecies and Self-Verification. *Personality and Social Psychology Bulletin 27* (9), 1214–1224. doi:https://doi.org/10.1177/0146167201279013

Mahler, D., Großschedl, J. & Harms, U. (2017). Opportunities to Learn for Teachers' Self-Efficacy and Enthusiasm. *Education Research International 2017,* 1–17. doi:https://doi.org/10.1155/2017/4698371

Mahler, D., Großschedl, J. & Harms, U. (2018). Does motivation matter? The relationship between teachers' self-efficacy and enthusiasm and students' performance. *PloS one 13* (11), 1-18. doi:https://doi.org/10.1371/journal.pone.0207252

Mammarella, I. C., Hill, F., Devine, A., Caviola, S. & Szűcs, D. (2015). Math anxiety and developmental dyscalculia: A study on working memory processes. *Journal of clinical and experimental neuropsychology 37* (8), 878–887. doi:https://doi.org/10.1080/138 03395.2015.1066759

Marsh, H. W. (2005). Big-Fish-Little-Pond Effect on Academic Self-Concept: A Reply to Responses. *Zeitschrift für pädagogische Psychologie 19* (3), 141–144. doi:https://doi.org/10.1024/1010-0652.19.3.141

Marsh, H. W., Byrne, B. M. & Shavelson, R. J. (1988). A multifaceted academic self-concept: Its hierarchical structure and its relation to academic achievement. *Journal of Educational Psychology 80* (3), 366–380. doi:https://doi.org/10.1037/0022-0663.80.3.366

Marsh, H. W. & Craven, R. G. (2006). Reciprocal Effects of Self-Concept and Performance From a Multidimensional Perspective: Beyond Seductive Pleasure and Unidimensional Perspectives. *Perspectives on psychological science : a journal of the Association for Psychological Science 1* (2), 133–163. doi:https://doi.org/10.1111/j.1745-6916.2006.000 10.x

Marsh, H. W. & Hau, K.-T. (2003). Big-fish-little-pond effect on academic self-concept. A cross-cultural (26-country) test of the negative effects of academically selective schools. *The American psychologist 58* (5), 364–376. doi:https://doi.org/10.1037/0003-066x.58.5.364

Marsh, H. W., Pekrun, R., Lichtenfeld, S., Guo, Y., Arens, A. K. & Murayama, K. (2016). Breaking the double-edged sword of effort/trying hard: Developmental equilibrium and longitudinal relations among effort, achievement, and academic self-concept. *Developmental psychology 52* (8), 1273–1290. doi:https://doi.org/10.1037/dev0000146

Marsh, H. W., Pekrun, R., Murayama, K., Arens, A. K., Parker, P., Guo, Y. & Dicke, T. (2018). An integrated model of academic self-concept development: Academic self-concept, grades, test scores, and tracking over 6 years. *Developmental psychology 54* (2), 263–280. doi:https://doi.org/10.1037/dev0000393

Marsh, H. W. & Shavelson, R. J. (1985). Self-Concept: Its Multifaceted, Hierarchical Structure. *Educational Psychologist 20* (3), 107–123. doi:https://doi.org/10.1207/s15326985
ep2003_1

Marsh, H. W., Trautwein, U., Lüdtke, O., Köller, O. & Baumert, J. (2005). Academic self-
concept, interest, grades, and standardized test scores: reciprocal effects models of causal
ordering. *Child development 76* (2), 397–416. doi:https://doi.org/10.1111/j.1467-8624.
2005.00853.x

Masitoh, L. F. & Fitriyani, H. (2018). Improving students' mathematics self-efficacy through
problem based learning. *Malikussaleh Journal of Mathematics Learning 1* (1), 26.
doi:https://doi.org/10.29103/mjml.v1i1.679

Mayer, R. (1992). Cognition and Instruction. Their historic meeting within educational psychology. *Journal of Educational Psychology 84*, 142–155. doi:https://doi.org/10.1037/
0022-0663.84.4.405

Meltzer, L., Roditi, B., Houser, R. F. & Perlman, M. (1998). Perceptions of academic strategies and competence in students with learning disabilities. *Journal of learning disabilities
31* (5), 437–451. doi:https://doi.org/10.1177/002221949803100503

Menon, V. (2016). Working memory in children's math learning and its disruption in dyscalculia. *Current Opinion in Behavioral Sciences 10*, 125–132. doi:https://doi.org/10.1016/
j.cobeha.2016.05.014

Mischo, C. & Rheinberg, F. (1995). Erziehungsziele von Lehrern und individuelle Bezugsnormen der Leistungsbewertung. *Zeitschrift für Pädagogische Psychologie 9*, 139–151.

Mohamadi, F. S. & Asadzadeh, H. (2012). Testing the mediating role of teachers' self-
efficacy beliefs in the relationship between sources of efficacy information and students
achievement. *Asia Pacific Education Review 13* (3), 427–433. doi:https://doi.org/10.1007/
s12564-011-9203-8

Mojavezi, A. & Tamiz, M. P. (2012). The Impact of Teacher Self-efficacy on the Students'
Motivation and Achievement. *Theory and Practice in Language Studies 2* (3). doi:https://
doi.org/10.4304/tpls.2.3.483-491

Möller, J. (2018). Attributionen. In D. H. Rost, J. R. Sparfeldt & S. R. Buch (Hrsg.), *Handwörterbuch pädagogische Psychologie* (S. 30–35). Weinheim: Beltz.

Moschner, B. & Dichhäuser, O. (2018). Selbstkonzept. In D. H. Rost, J. R. Sparfeldt & S.
R. Buch (Hrsg.), *Handwörterbuch pädagogische Psychologie* (S. 750–756). Weinheim:
Beltz.

Moser Opitz, E. (2013). *Rechenschwäche/Dyskalkulie. Theoretische Klärungen und empirische Studien an betroffenen Schülerinnen und Schülern.* Bern: Haupt Verlag.

Multon, K. D., Brown, S. D. & Lent, R. W. (1991). Relation of Self-Efficacy Beliefs to Academic Outcomes: A Meta-Analytic Inverstigation. *Journal of Counseling Psychology 38*
(1), 30–38. doi:https://doi.org/10.1037/0022-0167.38.1.30

Murray, H. G. (1983). Low-inference classroom teaching behaviors and student ratings of
college teaching effectiveness. *Journal of Educational Psychology 75* (1), 138–149.
doi:https://doi.org/10.1007/1-4020-5742-3_6

Natale, K., Viljaranta, J., Lerkkanen, M.-K., Poikkeus, A.-M. & Nurmi, J.-E. (2009). Cross-
lagged associations between kindergarten teachers' causal attributions and children's
task motivation and performance in reading. *Educational Psychology 29* (5), 603–619.
doi:https://doi.org/10.1080/01443410903165912

Neubrand, M., Jordan, A., Krauss, S., Blum, W. & Löwen, K. (2011). Aufgaben im COACTIV-Projekt: Einblicke in das Potenzial für kognitive Aktivierung im Mathematikunterricht. In M. Kunter, J. Baumert, W. Blum, U. Klusmann, S. Krauss & M. Neubrand (Hrsg.), *Professionelle Kompetenz von Lehrkräften. Ergebnisse des Forschungsprogramms COACTIV* (S. 115–132). Münster: Waxmann.

Nuangsaeng, B., Ketpichainarong, W., Ruenwongsa, P., Panijpan, B. & Niemi, K. J. (2011). Promoting Inquiry-based Teaching Practices through an Aquatic Toxicology Laboratory. *The International Journal of Learning: Annual Review 17* (12), 161–180. doi:https://doi.org/10.18848/1447-9494/CGP/v17i12/47375

O'Connor, R. & Korr, W. S. (1996). A Model for School Social Work Facilitation of Teacher Self-Efficacy and Empowerment. *Social Work in Education 18* (1), 45–51. doi:https://doi.org/10.1093/cs/18.1.45

O'Mara, A. J., Marsh, H. W., Craven, R. G. & Debus, R. L. (2006). Do Self-Concept Interventions Make a Difference? A Synergistic Blend of Construct Validation and Meta-Analysis. *Educational Psychologist 41* (3), 181–206. doi:https://doi.org/10.1207/s15326985ep4103_4

Oser, F. & Spychiger, M. (2005). *Lernen ist schmerzhaft. Zur Theorie des negativen Wissens und zur Praxis der Fehlerkultur* (Beltz-Pädagogik). Weinheim: Beltz.

Padberg, F. & Benz, C. (2011). *Didaktik der Arithmetik. Für Lehrerausbildung und Lehrerfortbildung.* Heidelberg: Spektrum Akademischer Verlag.

Padberg, F. & Wartha, S. (2017). *Didaktik der Bruchrechnung.* Berlin: Springer.

Pallack, A., vom Hofe, R. & Salle, A. (2013). Bielefelder Mathe-Check. https://www.schulentwicklung.nrw.de/sinus/front_content.php?idcat=1965. Zugegriffen: 17. Dezember 2020.

Pantziara, M. (2016). Student self-efficacy beliefs. In G. Kaiser (Hrsg.), *Attitudes, beliefs, motivation and identity in mathematics education. An overview of the field and future directions. ICME-13 Topical Surveys.* (S. 7–11). New York: Springer.

Pantziara, M. & Philippou, G. N. (2015). Students' Motivation in the Mathematics Classroom. Revealing Causes and Consequences. *International Journal of Science and Mathematics Education 13* (S2), 385–411. doi:https://doi.org/10.1007/s10763-013-9502-0

Paradies, L. & Linser, H. J. (2017). *Differenzieren im Unterricht.* Berlin: Cornelsen.

Parmar, R. S. & Cawley, J. F. (1997). Preparing Teachers to Teach Mathematics to Students with Learning Disabilities. *Journal of learning disabilities 30* (2), 188–197. doi:https://doi.org/10.1177/002221949703000206

Parmar, R. S., Cawley, J. F. & Miller, J. H. (1994). Differences in Mathematics Performance between Students with Learning Disabilities and Students with Mild Retardation. *Exceptional Children 60* (6), 549–563. doi:https://doi.org/10.1177/001440299406000607

Passolunghi, M. C., Marzocchi, G. M. & Fiorillo, F. (2005). Selective effect of inhibition of literal or numerical irrelevant information in children with attention deficit hyperactivity disorder (ADHD) or arithmetic learning disorder (ALD). *Developmental neuropsychology 28* (3), 731–753. doi:https://doi.org/10.1207/s15326942dn2803_1

Passolunghi, M. C. & Siegel, L. S. (2004). Working memory and access to numerical information in children with disability in mathematics. *Journal of experimental child psychology 88* (4), 348–367. doi:https://doi.org/10.1016/j.jecp.2004.04.002

Pasta, T., Mendola, M., Longobardi, C., Prino, L. E. & Gastaldi, F. G. M. (2017). Attributional style of children with and without Specific Learning Disability. *Electronic Journal of Research in Education Psychology 11* (31). doi:https://doi.org/10.14204/ejrep.31.13064

Patall, E. A. (2012). The Motivational Complexity of Choosing: A Review of Theory and Research. In R. M. Ryan & E. A. Patall (Hrsg.), *The Oxford Handbook of Human Motivation* (S. 247–279). Oxford University Press.

Patrick, B. C., Hisley, J. & Kempler, T. (2000). "What's Everybody So Excited About?". The Effects of Teacher Enthusiasm on Student Intrinsic Motivation and Vitality. *The Journal of Experimental Education 68* (3), 217–236.

Pekrun, R., Götz, T., Jullien, S., Zirngibl, A., vom Hofe, R. & Blum, W. (2002). *Skalenhandbuch PALMA 1. Messzeitpunkt (5. Jahrgangsstufe).* Universität München: Department Psychologie.

Perera, H. N., Calkins, C. & Part, R. (2019). Teacher self-efficacy profiles: Determinants, outcomes, and generalizability across teaching level. *Contemporary Educational Psychology 58,* 186–203. doi:https://doi.org/10.1016/j.cedpsych.2019.02.006

Phan, H. P. (2012). The Development of English and Mathematics Self-Efficacy: A Latent Growth Curve Analysis. *The Journal of Educational Research 105* (3), 196–209. doi:https://doi.org/10.1080/00220671.2011.552132

Pintrich, P. R. (1999). The role of motivation in promoting and sustaining self-regulated learning. *International Journal of Educational Research 31* (6), 459–470. doi:https://doi.org/10.1016/S0883-0355(99)00015-4

Prediger, S. & Scherres, C. (2012). Niveauangemessenheit von Arbeitsprozessen in selbstdifferenzierenden Lernumgebungen. *Journal für Mathematik-Didaktik 33* (1), 143–173. doi:https://doi.org/10.1007/s13138-012-0035-9

Prediger, S. & Wittmann, G. (2009). Aus Fehlern lernen – (wie) ist das möglich? *Praxis der Mathematik 51* (27), 1–8.

Puntambekar, S. & Hubscher, R. (2005). Tools for Scaffolding Students in a Complex Learning Environment: What Have We Gained and What Have We Missed? *Educational Psychologist 40* (1), 1–12. doi:https://doi.org/10.1207/s15326985ep4001_1

Quin, D. (2017). Longitudinal and Contextual Associations Between Teacher–Student Relationships and Student Engagement. *Review of Educational Research 87* (2), 345–387. doi:https://doi.org/10.3102/0034654316669434

Radtke, F.-O. (2000). Professionalisierung der Lehrerbildung durch Autonomisierung, Entstaatlichung, Modularisierung. *Onlinejournal für Sozialwissenschaften.* https://www.sowi-online.de/sites/default/files/radtke.pdf. Zugegriffen: 23. Oktober 2020.

Rakoczy, K., Buff, A. & Lipowsky, F. (2005). *Dokumentation der Erhebungs- und Auswertungsinstrumente zur schweizerisch-deutschen Videostudie. „Unterrichtsqualität, Lernverhalten und mathematisches Verständnis" Befragungsinstrumente* (Materialien zur Bildungsforschung, Bd. 13). Frankfurt am Main: GFPF.

Rakoczy, K., Harks, B., Klieme, E., Blum, W. & Hochweber, J. (2013). Written feedback in mathematics: Mediated by students' perception, moderated by goal orientation. *Learning and Instruction 27,* 63–73. doi:https://doi.org/10.1016/j.learninstruc.2013.03.002

Rakoczy, K., Klieme, E., Drollinger-Vetter, B., Lipowsky, F., Pauli, C. & Reusser, K. (2007). Structure as a quality feature in mathematics instruction. Cognitive and motivational effects of a structured organisation of the learning environment vs. a structured presentation of learning content. In M. Prenzel (Hrsg.), *Studies on the educational quality of schools. The final report on the DFG priority programme: [BIQUA* (S. 101–120). Münster: Waxmann.

Rakoczy, K., Klieme, E., Lipowsky, F. & Drollinger-Vetter, B. (2010). Strukturierung, kognitive Aktivität und Leistungsentwicklung im Mathematikunterricht. *Unterrichtswissenschaft 38* (3), 229–246.

Rasch, B., Friese, M., Hofmann, W. & Naumann, E. (2014). *Quantitative Methoden 2. Einführung in die Statistik für Psychologen und Sozialwissenschaftler.* Berlin: Springer.

Reiff, R. (2006). Selbst- und Partnerdiagnose im Mathematikunterricht. Gezielte Förderung mit Diagnosebögen. *Friedrich Jahresheft,* 68–73.

Reinhold, F., Strohmaier, A. & Grill, S. (2020). Mathematikbezogene affektive Schülermerkmale fördern: Eine explorative Untersuchung zum Potential von Fermi-Aufgaben. *mathematica didactica 43* (2), 1–17.

Renninger, K. A. & Hidi, S. (2016). *The Power of Interest for Motivation and Engagement.* New York: Routledge.

Reyes, M. R., Brackett, M. A., Rivers, S. E., White, M. & Salovey, P. (2012). Classroom emotional climate, student engagement, and academic achievement. *Journal of Educational Psychology 104* (3), 700–712. doi:https://doi.org/10.1037/a0027268

Rheinberg, F. (1980). *Leistungsbewertung und Lernmotivation.* Göttingen: Hogrefe.

Rheinberg, F. (1982a). Bezugsnormorientierung von Lehramtsanwärtern im Verlauf ihrer praktischen Ausbildung. In F. Rheinberg (Hrsg.), *Bezugsnormen zur Schulleistungsbewertung. Jahrbuch für empirische Erziehungswissenschaft* (S. 235–248).

Rheinberg, F. (1982b). Bezugsnorm-Orientierung von Lehramtsanwärtern im Verlauf ihrer praktischen Ausbildung. In F. Rheinberg (Hrsg.), *Jahrbuch für Empirische Erziehungswissenschaft* (S. 235–248). Düsseldorf: Schwann.

Rheinberg, F. (1989). *Zweck und Tätigkeit. Motivationspsychologische Analysen zur Handlungsveranlassung.* Göttingen: Hogrefe.

Rheinberg, F. (2005). Trainings auf der Basis eines kognitiven Motivationsmodells. In F. Rheinberg & S. Krug (Hrsg.), *Motivationsförderung im Schulalltag. Psychologische Grundlagen und praktische Durchführung* (S. 36–52). Göttingen: Hogrefe Verl. für Psychologie.

Rheinberg, F. (2014). Leistungsbeurteilung im Schulalltag: Wozu vergleicht man was womit? In F. E. Weinert (Hrsg.), *Leistungsmessungen in Schulen* (S. 59–71). Weinheim: Beltz.

Rheinberg, F. & Fries, S. (2018). Bezugsnormorientierung. In D. H. Rost, J. R. Sparfeldt & S. R. Buch (Hrsg.), *Handwörterbuch pädagogische Psychologie* (S. 56–62). Weinheim: Beltz.

Rheinberg, F. & Krug, S. (Hrsg.). (2005). *Motivationsförderung im Schulalltag. Psychologische Grundlagen und praktische Durchführung.* Göttingen: Hogrefe Verl. für Psychologie.

Rheinberg, F. & Vollmeyer, R. (2019). *Motivation.* Stuttgart: Verlag W. Kohlhammer.

Richardson, V. (1996). The role of attitudes and beliefs in learning to teach. In J. Sikula, T. Buttery & E. Guyton (Hrsg.), *Handbook of research on teacher education.* New York: Macmillan.

Ring, M. M. & Reetz, L. (2000). Modification Effects on Attributions of Middle School Students With Learning Disabilities. *Learning Disabilities Research and Practice 15* (1), 34–42. doi:https://doi.org/10.1207/SLDRP1501_4

Robertson, C. & Dunsmuir, S. (2013). Teacher stress and pupil behaviour explored through a rational-emotive behaviour therapy framework. *Educational Psychology 33* (2), 215–232. doi:https://doi.org/10.1080/01443410.2012.730323

Roll, I., Holmes, N. G., Day, J. & Bonn, D. (2012). Evaluating metacognitive scaffolding in Guided Invention Activities. *Instructional Science 40* (4), 691–710. doi:https://doi.org/10.1007/s11251-012-9208-7

Ross, J. A., Hogaboam-Gray, A. & Hannay, L. (2001). Effects of Teacher Efficacy on Computer Skills and Computer Cognitions of Canadian Students in Grades K-3. *The Elementary School Journal 102* (2), 141–156. doi:https://doi.org/10.1086/499697

Rotter, J. B. (1966). Generalized expectancies for internal versus external control of reinforcement. *Psychological Monographs: General and Applied 80* (1), 1–28. doi:https://doi.org/10.1037/h0092976

Rowan, B., Chiang, F.-S. & Miller, R. J. (1997). Using Research on Employees' Performance to Study the Effects of Teachers on Students' Achievement. *Sociology of Education 70* (4), 256–284. doi:https://doi.org/10.2307/2673267

Ryan, R. M. & Deci, E. L. (2004). An Overview of Self-Determination Theory: An Organismic-Dialectical Perspective. In E. L. Deci & R. M. Ryan (Hrsg.), *Handbook of self-determination research* (S. 3–36). Rochester: University of Rochester Press.

Salas, E. & Cannon-Bowers, J. A. (2001). The science of training: a decade of progress. *Annual Review of psychology 52,* 471–499. doi:https://doi.org/10.1146/annurev.psych.52.1.471

Salle, A. (2015). *Selbstgesteuertes Lernen mit neuen Medien. Arbeitsverhalten und Argumentationsprozesse beim Lernen mit interaktiven und animierten Lösungsbeispielen* (Bd. 1). Wiesbaden: Springer Spektrum.

Salle, A., vom Hofe, R. & Pallack, A. (2014). Differenzierter Unterricht mit Blütenaufgaben. *Beiträge zum Mathematikunterricht,* 1047–1050.

Salomon, G. (1984). Television is "easy" and print is "tough": The differential investment of mental effort in learning as a function of perceptions and attributions. *Journal of Educational Psychology 76* (4), 647–658. doi:https://doi.org/10.1037/0022-0663.76.4.647

Scherer, P., Beswick, K., DeBlois, L., Healy, L. & Moser Opitz, E. (2016). Assistance of students with mathematical learning difficulties: how can research support practice? *ZDM Mathematics Education 48* (5), 633–649. doi:https://doi.org/10.1007/s11858-016-0800-1

Schiefele, U. (2009). Situational and Individual Interest. In K. R. Wentzel & A. Wigfield (Hrsg.), *Handbook of motivation at school* (S. 197–222). New York: Routledge.

Schiefele, U. & Schaffner, E. (2015). Teacher interests, mastery goals, and self-efficacy as predictors of instructional practices and student motivation. *Contemporary Educational Psychology 42,* 159–171. doi:https://doi.org/10.1016/j.cedpsych.2015.06.005

Schiefele, U., Streblow, L. & Retelsdorf, J. (2013). Dimensions of teacher interest and their relations to occupational well-being and instructional practices. *Journal for Educational Research Online 5* (1), 214–233. doi:https://doi.org/10.25656/01:8018

Schipper, W. (2005). *Lernschwierigkeiten erkennen – verständnisvolles Lernen fördern.* Publikation des Programms SINUS-Transfer Grundschule.

Schmitz, G. S. & Schwarzer, R. (2000). Selbstwirksamkeitserwartung von Lehrern: Längsschnittbefunde mit einem neuen Instrument. *Zeitschrift für pädagogische Psychologie 14* (1), 12–25. doi:https://doi.org/10.1024//1010-0652.14.1.12

Schöne, C. (2007). *Zielorientierung und Bezugsnormpräferenzen in Lern- und Leistungssituationen.* Gießen: Justus-Liebig-Universität.

Schukajlow, S., Achmetli, K. & Rakoczy, K. (2019). Does constructing multiple solutions for real-world problems affect self-efficacy? *Educational Studies in Mathematics 100* (1), 43–60. doi:https://doi.org/10.1007/s10649-018-9847-y

Schukajlow, S., Kolter, J. & Blum, W. (2015). Scaffolding mathematical modelling with a solution plan. *ZDM Mathematics Education 47* (7), 1241–1254. doi:https://doi.org/10. 1007/s11858-015-0707-2

Schukajlow, S. & Krug, A. (2012). Effects of Treating Multiple Solutions while Solving Modelling Problems on Students' Self-Regulation, Self-Efficacy Expectations an Value. In T. Y. Tso (Hrsg.), *Proceedings of the 36th Conference of the International Group for the Psychology of Mathematics Education* (Bd. 4, S. 59–66). Taipei: PME.

Schukajlow, S. & Krug, A. (2014). Do Multiple Solutions Matter? Prompting Multiple Solutions, Interest, Competence, and Autonomy. *Journal for Research in Mathematics Education 45* (4), 497–533. doi:https://doi.org/10.5951/jresematheduc.45.4.0497

Schukajlow, S., Leiss, D., Pekrun, R., Blum, W., Müller, M. & Messner, R. (2012). Teaching methods for modelling problems and students' task-specific enjoyment, value, interest and self-efficacy expectations. *Educational Studies in Mathematics 79* (2), 215–237. doi:https://doi.org/10.1007/s10649-011-9341-2

Schukajlow, S. & Rakoczy, K. (2016). The power of emotions: Can enjoyment and boredom explain the impact of individual preconditions and teaching methods on interest and performance in mathematics? *Learning and Instruction 44,* 117–127. doi:https://doi.org/10. 1016/j.learninstruc.2016.05.001

Schukajlow, S., Rakoczy, K. & Pekrun, R. (2017). Emotions and motivation in mathematics education: theoretical considerations and empirical contributions. *ZDM Mathematics Education 49* (3), 307–322. doi:https://doi.org/10.1007/s11858-017-0864-6

Schulze Elfringhoff, M. & Schukajlow, S. (2021). What makes a modelling problem interesting? Sources of situational interest in modelling problems. *Revista de Investigação em Educação Matemática 30* (1), 8–30. doi:https://doi.org/10.48489/quadrante.23861

Schunk, D. H. & DiBenedetto, M. K. (2016). Self-Efficacy Theory in Education. In K. R. Wentzel & D. B. Miele (Hrsg.), *Handbook of motivation at school* (S. 34–54). New York: Routledge.

Schunk, D. H. & Pajares, F. (2005). Competence Perceptions and Academic Functioning. In A. J. Elliot (Hrsg.), *Handbook of competence and motivation* (S. 85–104). New York: Guilford Press.

Schwarz, B. (2013). *Professionelle Kompetenz von Mathematiklehramtsstudierenden. Eine Analyse der strukturellen Zusammenhänge.* Wiesbaden: Springer.

Schwarzer, R. & Jerusalem, M. (2002). Das Konzept der Selbstwirksamkeit. *Zeitschrift für Pädagogik 44,* 28–53.

Schwarzer, R. & Schmitz, G. S. (1999). Skala zur Lehrerselbstwirksamkeitserwartung (WIRKLEHR). In R. Schwarzer (Hrsg.), *Skalen zur Erfassung von Lehrer- und Schülermerkmalen. Dokumentation der psychometrischen Verfahren im Rahmen der wissenschaftlichen Begleitung des Modellversuchs Selbstwirksame Schulen* (S. 60–61). Berlin: Freie Universität Berlin.

Schwarzer, R. & Warner, L. M. (2014). Forschung zur Selbstwirksamkeit bei Lehrerinnen und Lehrern. In E. Terhart, H. Bennewitz & M. Rothland (Hrsg.), *Handbuch der Forschung zum Lehrerberuf* (S. 662–677). Münster: Waxmann.

Seaton, M., Parker, P., Marsh, H. W., Craven, R. G. & Yeung, A. S. (2014). The reciprocal relations between self-concept, motivation and achievement: juxtaposing academic self-concept and achievement goal orientations for mathematics success. *Educational Psychology 34* (1), 49–72. doi:https://doi.org/10.1080/01443410.2013.825232

Seethaler, E. (2012). *Selbstwirksamkeit und Klassenführung. Eine empirische Untersuchung bei Lehramtsstudierenden.* Dissertation, Universität Passau. Zugegriffen: 14. Februar 2021.

Seidel, T. & Shavelson, R. J. (2007). Teaching Effectiveness Research in the Past Decade: The Role of Theory and Research Design in Disentangling Meta-Analysis Results. *Review of Educational Research 77* (4), 454–499. doi:https://doi.org/10.3102/0034654307310317

Seidel, T. & Stürmer, K. (2014). Modeling and Measuring the Structure of Professional Vision in Preservice Teachers. *American Educational Research Journal 51* (4), 739–771. doi:https://doi.org/10.3102/0002831214531321

Seifert, A. & Schaper, N. (2018). Die Veränderung von Selbstwirksamkeitserwartungen und der Berufswahlsicherheit im Praxissemester. Empirische Befunde zur Bedeutung von Lerngelegenheiten und berufsspezifischer Motivation von Lehramtsstudierenden. In J. König, M. Rothland & N. Schaper (Hrsg.), *Learning to Practice, Learning to Reflect? Ergebnisse aus der Längsschnittstudie LtP zur Nutzung und Wirkung des Praxissemesters in der Lehrerbildung* (S. 195–222). Wiesbaden: Springer Fachmedien.

Selter, C., Prediger, S., Nührenbörger, M. & Hußmann, S. (Hrsg.). (2014). *Mathe sicher können. Diagnose- und Förderkonzept zur Sicherung mathematischer Basiskompetenzen.* Berlin: Cornelsen.

Shalev, R. S. & Aster, M. von. (2008). Identification, classification, and prevalence of developmental dyscalculia. *Encyclopedia of Language and Literacy Development,* 1–9. doi:https://doi.org/10.5167/uzh-12874

Shalev, R. S., Auerbach, J. & Gross-Tsur, V. (1995). Developmental dyscalculia behavioral and attentional aspects: a research note. *Journal of child psychology and psychiatry, and allied disciplines 36* (7), 1261–1268. doi:https://doi.org/10.1111/j.1469-7610.1995.tb01369.x

Shavelson, R. J., Hubner, J. J. & Stanton, G. C. (1976). Self-Concept: Validation of Construct Interpretations. *Review of Educational Research 46* (3), 407–441. doi:https://doi.org/10.3102/00346543046003407

Sherin, M. G., Jacobs, V. R. & Philipp, R. A. (2011). Situating the study of teacher noticing. In M. G. Sherin, V. R. Jacobs & R. A. Philipp (Hrsg.), *Mathematics teacher noticing. Seeing through teachers' eyes* (S. 3–14). New York: Routledge.

Sherin, M. G. & van Es, E. A. (2009). Effects of Video Club Participation on Teachers' Professional Vision. *Journal of Teacher Education 60* (1), 20–37. doi:https://doi.org/10.1177/0022487108328155

Shores, M. L. & Smith, T. (2010). Attribution in Mathematics: A Review of Literature. *School Science and Mathematics 110* (1), 24–30. doi:https://doi.org/10.1111/j.1949-8594.2009.00004.x

Shulman, L. S. (1986). Paradigms and research programs in the study of teaching: A contemporary perspective. In M. C. Wittrock (Hrsg.), *Handbook of research on teaching. A project of the American Educational Research Association* (3. ed., S. 3–36). New York: Macmillan.

Shulman, L. S. (1987). Knowledge and Teaching:. Foundations of the New Reform. *Harvard Educational Review 57* (1), 1–23. doi:https://doi.org/10.17763/haer.57.1.j463w79r5645 5411

Sideridis, G. D. (2009). Motivation and learning disabilities: Past, present, and future. In K. R. Wentzel & A. Wigfield (Hrsg.), *Handbook of motivation at school* (S. 605–625). New York: Routledge.

Siefer, K., Leuders, T. & Obersteiner, A. (2020). Leistung und Selbstwirksamkeitserwartung als Kompetenzdimensionen: Eine Erfassung individueller Ausprägungen im Themenbereich lineare Funktionen. *Journal für Mathematik-Didaktik 41* (2), 267–299. doi:https://doi.org/10.1007/s13138-019-00147-x

Siegle, D. & McCoach, D. B. (2007). Increasing student mathematics self-efficacy through teacher training. *Journal of Advanced Academics 18* (2), 278–312. doi:https://doi.org/10.4219/jaa-2007-353

Simons, K. D. & Klein, J. D. (2007). The Impact of Scaffolding and Student Achievement Levels in a Problem-based Learning Environment. *Instructional Science 35* (1), 41–72. doi:https://doi.org/10.1007/s11251-006-9002-5

Sit, P.-S., Cheung, K.-C. & Mak, S.-K. (2016). Perceived Responsibility for Failure in Mathematics: A Comparison of Macao's Grade Repeaters and Non-Repeaters in Pisa 2012. In C. Csíkos, A. Rausch & J. Szitányi (Hrsg.), *Proceedings of the 40th Conference of the International Group for the Psychology of Mathematics Education* (Bd. 1, S. 330). Szeged: PME.

Skaalvik, E. M. & Skaalvik, S. (2006). Self-concept and self-efficacy in mathematics: Relations with mathematics motivation and achievement. In S. A. Barab, K. E. Hay & D. T. Hickey (Hrsg.), *The International Conference of the Learning Sciences: Indiana University 2006. Proceedings of ICLS 2006* (S. 255–278). Bloomington: International Society of the Learning Sciences.

Smith, C. & Gillespie, M. (2007). Research on professional development and teachter change: Implications for adult basic education. In J. P. Comings, B. Garner & C. Smith (Hrsg.), *Review of adult learning and literacy. Connecting research, policy, and practice* (S. 205–244). Mahwah, N.J.: Lawrence Erlbaum.

Sproesser, U., Engel, J. & Kuntze, S. (2015). Supporting Self-Concept and Interest in Statistics. In K. Beswick, T. Muir & J. Fielding-Wells (Hrsg.), *Proceedings of 39th Psychology of Mathematics Education conference* (Bd. 1, S. 200). Hobart: PME.

Stajkovic, A. D. & Luthans, F. (1998). Self-Efficacy and Work-Related Performance: A Meta-Analysis. *Psychological Bulletin 124* (2), 240–261. doi:https://doi.org/10.1037/0033-2909.124.2.240

Stajkovic, A. D. & Sommer, S. M. (2000). Self-efficacy and causal attributions: Direct and reciprocal links. *Journal of Applied Social Psychology 30* (4), 707–737. doi:https://doi.org/10.1111/j.1559-1816.2000.tb02820.x

Stenlund, K. V. (1995). Teacher perceptions across cultures: The impact of students on teacher enthusiasm and discouragement in a cross-cultural context. *Alberta Journal of Educational Research 41* (2), 145–161.

Steuer, G. (2014). *Fehlerklima in der Klasse. Zum Umgang mit Fehlern im Mathematikunterricht.* Wiesbaden: Springer VS.

Stiensmeier-Pelster, J. & Schwinger, M. (2007). Kausalattribution. In D. H. Rost (Hrsg.), *Handwörterbuch pädagogische Psychologie* (Schlüsselbegriffe, S. 74–83). Weinheim: Beltz.

Stocké, V. (2004). Entstehungsbedingungen von Antwortverzerrungen durch soziale Erwünschtheit. Ein Vergleich der Prognosen der Rational-Choice Theorie und des Modells der Frame-Selektion. *Zeitschrift für Soziologie 33* (4), 303–320. doi:https://doi.org/10.1515/zfsoz-2004-0403

Strauß, S., König, J. & Nold, G. (2019). Fachdidaktisches Wissen, Überzeugungen, Enthusiasmus und Selbstwirksamkeit: Prüfung der Struktur von Merkmalen professioneller Kompetenz von angehenden Englischlehrkräften. *Unterrichtswissenschaft 47* (2), 243–266. doi:https://doi.org/10.1007/s42010-019-00039-6

Street, K. E. S., Malmberg, L.-E. & Stylianides, G. J. (2018). Investigating Self-Efficacy Expectations and Mastery Experience across a sequence of Lessons in Mathematics. In E. Bergqvist, M. Österholm, C. Granberg & Sumpter L. (Hrsg.), *Proceedings of the 42nd Conference of the International Group for the Psychology of Mathematics Education* (Bd. 4, S. 243–250). Umeå: PME.

Stylianides, A. J. & Stylianides, G. J. (2014). Impacting positively on students' mathematical problem solving beliefs: An instructional intervention of short duration. *The Journal of Mathematical Behavior 33*, 8–29. doi:https://doi.org/10.1016/j.jmathb.2013.08.005

Swanson, H. L., Jerman, O. & Zheng, X. (2008). Growth in working memory and mathematical problem solving in children at risk and not at risk for serious math difficulties. *Journal of Educational Psychology 100* (2), 343–379. doi:https://doi.org/10.1037/0022-0663.100.2.343

Swanson, H. L., Lussier, C. M. & Orosco, M. J. (2015). Cognitive Strategies, Working Memory, and Growth in Word Problem Solving in Children With Math Difficulties. *Journal of learning disabilities 48* (4), 339–358. doi:https://doi.org/10.1177/0022219413498771

Swanson, H. L. & Sachse-Lee, C. (2001). Mathematical problem solving and working memory in children with learning disabilities: both executive and phonological processes are important. *Journal of experimental child psychology 79* (3), 294–321. doi:https://doi.org/10.1006/jecp.2000.2587

Tabassam, W. & Grainger, J. (2002). Self-Concept, Attributional Style and Self-Efficacy Beliefs of Students with Learning Disabilities with and without Attention Deficit Hyperactivity Disorder. *Learning Disability Quarterly 25* (2), 141–151. doi:https://doi.org/10.2307/1511280

Tachtsoglou, S. & König, J. (2017). Der Einfluss universitärer Lerngelegenheiten auf das pädagogische Wissen von Lehramtsstudierenden. *Zeitschrift für Bildungsforschung 7* (3), 291–310. doi:https://doi.org/10.1007/s35834-017-0199-y

Tenorth, H.-E. (2006). Professionalität im Lehrerberuf. *Zeitschrift für Erziehungswissenschaft 9* (4), 580–597. doi:https://doi.org/10.1007/s11618-006-0169-y

Throndsen, I. & Turmo, A. (2013). Primary mathematics teachers' goal orientations and student achievement. *Instructional Science 41* (2), 307–322. doi:https://doi.org/10.1007/S11251-012-9229-2

Tõeväli, P.-K. & Kikas, E. (2016). Teachers' ability and help attributions and children's math performance and task persistence. *Early Child Development and Care 186* (8), 1259–1270. doi:https://doi.org/10.1080/03004430.2015.1089434

Tollefson, N. & Chen, J. S. (1988). Consequences of teachers' attributions for student failure. *Teaching and Teacher Education 4* (3), 259–265. doi:https://doi.org/10.1016/0742-051X(88)90005-4

Tollefson, N., Melvin, J. & Thippavajjala, C. (1990). Teachers' attributions for students' low achievement: A validation of Cooper and Good's attributional categories. *Psychology in the Schools 27* (1), 75–83.

Trautwein, U., Lüdtke, O., Marsh, H. W., Köller, O. & Baumert, J. (2006). Tracking, grading, and student motivation: Using group composition and status to predict self-concept and interest in ninth-grade mathematics. *Journal of Educational Psychology 98* (4), 788–806. doi:https://doi.org/10.1037/0022-0663.98.4.788

Trippel, C. (2012). *Selbstwirksamkeit von selbststeuernden Teams und ihren unmittelbaren Vorgesetzten: Zusammenhänge mit Konflikten, Zusammenarbeit, Führung und Leistung.* Inaugural-Dissertation, Universität Mannheim.

Tschannen-Moran, M. & Woolfolk Hoy, A. (2007). The differential antecedents of self-efficacy beliefs of novice and experienced teachers. *Teaching and Teacher Education 23* (6), 944–956. doi:https://doi.org/10.1016/j.tate.2006.05.003

Tschannen-Moran, M., Woolfolk Hoy, A. & Hoy, W. K. (1998). Teacher Efficacy: Its Meaning and Measure. *Review of Educational Research 68* (2), 202–248. doi:https://doi.org/10.3102/00346543068002202

Ulrich, I., Klingebiel, F., Bartels, A., Staab, R., Scherer, S. & Gröschner, A. (2020). Wie wirkt das Praxissemester im Lehramtsstudium auf Studierende? Ein systematischer Review. In I. Ulrich & A. Gröschner (Hrsg.), *Praxissemester im Lehramtsstudium in Deutschland: Wirkungen auf Studierende* (S. 1–66). Wiesbaden: Springer Fachmedien Wiesbaden.

Upadyaya, K., Viljaranta, J., Lerkkanen, M.-K., Poikkeus, A.-M. & Nurmi, J.-E. (2012). Cross-lagged relations between kindergarten teachers' causal attributions, and children's interest value and performance in mathematics. *Social Psychology of Education 15* (2), 181–206. doi:https://doi.org/10.1007/s11218-011-9171-1

Usher, E. L. & Pajares, F. (2006). Sources of academic and self-regulatory efficacy beliefs of entering middle school students. *Contemporary Educational Psychology 31* (2), 125–141. doi:https://doi.org/10.1016/j.cedpsych.2005.03.002

Usher, E. L. & Pajares, F. (2008a). Self-Efficacy for Self-Regulated Learning. *Educational and Psychological Measurement 68* (3), 443–463. doi:https://doi.org/10.1177/0013164407308475

Usher, E. L. & Pajares, F. (2008b). Sources of Self-Efficacy in School: Critical Review of the Literature and Future Directions. *Review of Educational Research 78* (4), 751–796. doi:https://doi.org/10.3102/0034654308321456

van der Weijden, F. A., Kamphorst, E., Willemsen, R. H., Kroesbergen, E. H. & van Hoogmoed, A. H. (2018). Strategy use on bounded and unbounded number lines in typically developing adults and adults with dyscalculia: An eye-tracking study. *Journal of Numerical Cognition 4* (2), 337–359. doi:https://doi.org/10.5964/jnc.v4i2.115

van Es, E. A. & Sherin, M. G. (2002). Learning to notice: Scaffolding new teachers' interpretations of classroom interactions. *Journal of Technology and Teacher Education 10* (4), 571–596.

van Viersen, S., Slot, E. M., Kroesbergen, E. H., van't Noordende, J. E. & Leseman, P. P. M. (2013). The added value of eye-tracking in diagnosing dyscalculia: a case study. *Frontiers in psychology 4,* 679. doi:https://doi.org/10.3389/fpsyg.2013.00679

van't Noordende, J. E., van Hoogmoed, A. H., Schot, W. D. & Kroesbergen, E. H. (2016). Number line estimation strategies in children with mathematical learning difficulties measured by eye tracking. *Psychological research 80* (3), 368–378. doi:https://doi.org/10.1007/s00426-015-0736-z

vom Hofe, R. (1995). *Grundvorstellungen mathematischer Inhalte*. Heidelberg: Spektrum Akademischer Verlag.

vom Hofe, R. (2011). Förderkonzepte. *mathematik lehren* (166), 2–7.

Voss, T., Kleickmann, T., Kunter, M. & Hachfeld, A. (2011). Überzeugungen von Mathematiklehrkräften. In M. Kunter, J. Baumert, W. Blum, U. Klusmann, S. Krauss & M. Neubrand (Hrsg.), *Professionelle Kompetenz von Lehrkräften. Ergebnisse des Forschungsprogramms COACTIV* (S. 235–258). Münster: Waxmann.

Voss, T., Kunina-Habenicht, O., Hoehne, V. & Kunter, M. (2015a). Stichwort Pädagogisches Wissen von Lehrkräften: Empirische Zugänge und Befunde. *Zeitschrift für Erziehungswissenschaft 18* (2), 187–223. doi:https://doi.org/10.1007/s11618-015-0626-6

Voss, T., Kunina-Habenicht, O., Hoehne, V. & Kunter, M. (2015b). Stichwort Pädagogisches Wissen von Lehrkräften: Empirische Zugänge und Befunde. *Zeitschrift für Erziehungswissenschaft 18* (2), 187–223. doi:https://doi.org/10.1007/s11618-015-0626-6

Voss, T. & Kunter, M. (2011). Pädagogisch-psychologisches Wissen von Lehrkräften. In M. Kunter, J. Baumert, W. Blum, U. Klusmann, S. Krauss & M. Neubrand (Hrsg.), *Professionelle Kompetenz von Lehrkräften. Ergebnisse des Forschungsprogramms COACTIV* (S. 193–214). Münster: Waxmann.

Voss, T., Kunter, M., Seiz, J., Hoehne, V. & Baumert, J. (2014). Die Bedeutung des pädagogisch-psychologischen Wissens von angehenden Lehrkräften für die Unterrichtsqualität. *Zeitschrift für Pädagogik 20* (2), 184–201.

Vygotskij, L. S., Hanfmann, E., Vakar, G. & Kozulin, A. (2012). *Thought and language*. Cambridge: MIT Press.

Wackermann, R. (2008). *Überprüfung der Wirksamkeit eines Basismodell-Trainings für Physiklehrer*. Berlin: Logos-Verlag.

Wagner, R. K. & Garon, T. (1999). Learning Disabilities in Perspective. In K. E. Stanovich, R. J. Sternberg & L. Spear-Swerling (Hrsg.), *Perspectives on Learning Disabilities* (S. 83–105). Routledge.

Wang, H. & Hall, N. C. (2018). A Systematic Review of Teachers' Causal Attributions: Prevalence, Correlates, and Consequences. *Frontiers in psychology 9*, 2305. doi:https://doi.org/10.3389/fpsyg.2018.02305

Wartha, S. & vom Hofe, R. (2005). Probleme bei Anwendungsaufgaben in der Bruchrechnung. *mathematik lehren* (128), 10–16.

Wayne, A. J. & Youngs, P. (2003). Teacher Characteristics and Student Achievement Gains. A Review. *Review of Educational Research 73* (1), 89–122. doi:https://doi.org/10.3102/00346543073001089

Weiber, R. & Mühlhaus, D. (2014). *Strukturgleichungsmodellierung. Eine anwendungsorientierte Einführung in die Kausalanalyse mit Hilfe von AMOS, SmartPLS und SPSS*. Berlin: Springer.

Weiner, B. (2010). The Development of an Attribution-Based Theory of Motivation: A History of Ideas. *Educational Psychologist 45* (1), 28–36. doi:https://doi.org/10.1080/00461520903433596

Weiner, B. (2018). The legacy of an attribution approach to motivation and emotion: A no-crisis zone. *Motivation Science 4* (1), 4–14. doi:https://doi.org/10.1037/mot0000082

Weinert, F. E. (1999). *Konzepte der Kompetenz*. Paris: OECD.

Weinert, F. E. (Hrsg.). (2014). *Leistungsmessungen in Schulen*. Weinheim: Beltz.

Weinert, F. E., Helmke, A. & Schneider, W. (1989). Individual differences in learning performance and in school achievement: Plausible parallels and unexplained discrepancies. *Learning and Instruction, 461–479.*

Wellensiek, N., Rottmann, T. & Lüken, M. (2017). Perspektiven zum Forschenden Lernen in Mathematischer Grundbildung. In R. Schüssler, A. Schöning, V. Schwier, S. Schicht, J. Gold & U. Weyland (Hrsg.), *Forschendes Lernen im Praxissemester* (S. 298–303). Bad Heilbrunn: Klinkhardt.

Wilbert, J. & Gerdes, H. (2009). Die Bezugsnormwahl bei der Bewertung schulischer Leistungen durch angehende Lehrkräfte des Förderschwerpunktes Lernen. *Heilpädagogische Forschung 35,* 122–132.

Williams, T. & Williams, K. (2010). Self-efficacy and performance in mathematics: Reciprocal determinism in 33 nations. *Journal of Educational Psychology 102* (2), 453–466. doi:https://doi.org/10.1037/a0017271

Woodcock, S. & Vialle, W. (2010). Attributional Beliefs of Students with Learning Disabilities. *The International Journal of Learning: Annual Review 17* (7), 177–192. doi:https://doi.org/10.18848/1447-9494/CGP/v17i07/47160

Yehudah, Y. B. (2002). Self-serving attributions in Teachers' explanations of Students' performance in a National Oral Essay Competition. *Social Behavior and Personality: an international journal 30* (4), 411–415. doi:https://doi.org/10.2224/sbp.2002.30.4.411

Yetkin Özdemir, İ. E. & Pape, S. J. (2013). The Role of Interactions Between Student and Classroom Context in Developing Adaptive Self-Efficacy in One Sixth-Grade Mathematics Classroom. *School Science and Mathematics 113* (5), 248–258. doi:https://doi.org/10.1111/SSM.12022

You, S., Hong, S. & Ho, H. (2011). Longitudinal Effects of Perceived Control on Academic Achievement. *The Journal of Educational Research 104* (4), 253–266. doi:https://doi.org/10.1080/00220671003733807

Zee, M. & Koomen, H. M. Y. (2016). Teacher Self-Efficacy and Its Effects on Classroom Processes, Student Academic Adjustment, and Teacher Well-Being. *Review of Educational Research 86* (4), 981–1015. doi:https://doi.org/10.3102/0034654315626801

Zeleke, S. (2004). Self-concepts of students with learning disabilities and their normally achieving peers: a review. *European Journal of Special Needs Education 19* (2), 145–170. doi:https://doi.org/10.1080/08856250410001678469

Zimmerman, B. J. (2000). Self-Efficacy: An Essential Motive to Learn. *Contemporary Educational Psychology 25* (1), 82–91. doi:https://doi.org/10.1006/ceps.1999.1016

Zimmerman, B. J., Bandura, A. & Martinez-Pons, M. (1992). Self-Motivation for Academic Attainment: The Role of Self-Efficacy Beliefs and Personal Goal Setting. *American Educational Research Journal 29* (3), 663–676. doi:https://doi.org/10.3102/00028312029003663

Zimmerman, B. J. & Martinez-Pons, M. (1990). Student differences in self-regulated learning: Relating grade, sex, and giftedness to self-efficacy and strategy use. *Journal of Educational Psychology 82* (1), 51–59. doi:https://doi.org/10.1037/0022-0663.82.1.51

Zoelch, C., Berner, V.-D. & Thomas, J. (2019). Gedächtnis und Wissenserwerb. In D. Urhahne, M. Dresel & F. Fischer (Hrsg.), *Psychologie für den Lehrberuf* (S. 23–52). Berlin: Springer Berlin.

Printed in the United States
by Baker & Taylor Publisher Services